U0466588

中国科协创新战略研究院智库成果系列丛

Science, Technology and Innovation Diplomacy in Developing Countries: Perceptions and Practice

发展中国家的科学、技术和创新外交

［德］维努戈帕兰·伊特科特（Venugopalan Ittekkot）
［印］贾斯迈特·考尔·巴韦贾（Jasmeet Kaur Baweja）◎主编
赵正国◎译

中国科学技术出版社
·北 京·

图书在版编目（CIP）数据

发展中国家的科学、技术和创新外交 /（德）维努戈帕兰·伊特科特，（印）贾斯迈特·考尔·巴韦贾主编；赵正国译 . -- 北京：中国科学技术出版社，2025. 3.（中国科协创新战略研究院智库成果系列丛书）. -- ISBN 978-7-5236-1282-8

Ⅰ . G321.5

中国国家版本馆 CIP 数据核字第 2025NJ2673 号

著作权合同登记号：01-2024-1135

策划编辑	王晓义
责任编辑	王晓义
封面设计	孙雪骊
正文设计	中文天地
责任校对	邓雪梅
责任印制	徐　飞

出　　版	中国科学技术出版社
发　　行	中国科学技术出版社有限公司
地　　址	北京市海淀区中关村南大街 16 号
邮　　编	100081
发行电话	010-62173865
传　　真	010-62173081
网　　址	http://www.cspbooks.com.cn

开　　本	720mm × 1000mm　1/16
字　　数	400 千字
印　　张	26
版　　次	2025 年 3 月第 1 版
印　　次	2025 年 3 月第 1 次印刷
印　　刷	河北鑫玉鸿程印刷有限公司
书　　号	ISBN 978-7-5236-1282-8 / G・1086
定　　价	99.00 元

中国科协创新战略研究院智库成果系列
丛书编委会

斯普林格发展研究丛书

丛书简介

“斯普林格发展研究丛书”是作为展示和传播复杂研究成果与跨学科项目研究成果的工具而推出的。出版工作致力于促进高水平创新和新技术或方法的复杂性演示。

丛书旨在促进充分、均衡和可持续的增长，因而可能采取社会、经济效果和环境效益显著或提高资源利用效率的模式，以及涉及各种干预方案的原始组合。

丛书聚焦以下主题和学科：

城市再生和基础设施、信息流动、运输和物流、环境和土地、文化遗产和景观、能源、工艺和技术创新、化学应用、材料和纳米技术，以及材料科学和生物技术解决方案、物理学成果及相关应用和航空航天、持续培训和继续教育。

作为丛书的特别合作伙伴，米兰理工大学基金会提出主题并评估关于出版新卷的建议。丛书面向世界各地的政府、工业界和公民社会的研究人员、高级研究生、政策制定者和决策者。

丛书在斯高帕斯（SCOPUS）数据库中索引。

译　序

本书是“斯普林格发展研究丛书”之一，内容聚焦发展中国家科学、技术和创新外交的认识与实践。

尽管可以看作科学技术外交的实践历史久远，但科学技术外交作为政策话语，于20世纪末才在美国出现，而后迅速向英国、日本、德国、法国等发达国家扩散。自21世纪初以来，科学技术外交的定义在2010年由英国皇家学会和美国科学促进会联合提出并被国际上广泛引用之后，科学、技术和创新外交在印度、南非、埃及等发展中国家也得到广泛认可和积极实践，而且被赋予更加丰富的时代内涵和国别特色。

鉴于科学、技术和创新外交的必要性和重要性与日俱增，位于印度新德里的不结盟和其他发展中国家科学和技术中心已在其成员国中积极推广。该中心在伊朗、印度和南非举办了研讨会和培训讲习班，邀请来自发展中国家的科技工作者、政策制定者代表和相关人士围绕这一主题深入研讨、凝聚发展共识。

本书汇集了上述研讨会的重要成果，描述了来自埃及、印度、伊朗、尼泊尔、毛里求斯、巴勒斯坦、斯里兰卡和南非等国家的政策制定者和科学技术专业人员对科学、技术和创新外交的最新理解和拓展，同时还收录了有关特邀专家撰写的主题文章。

本书包括8章，共收录23篇文章。

第一章为序章，主要概述了科学、技术和创新外交在发展中国家面临的问题和挑战。

第二章围绕科学、技术和创新外交的概念、全球倡议和机遇，探讨了发展中国家实施科学、技术和创新外交的实践经验、教训，以及所面临的机遇与挑战。

第三章以毛里求斯、尼泊尔和巴勒斯坦国为例，描述了发展中国家科学、技术和创新外交现状。

第四章从印度、南非、尼泊尔、毛里求斯的实践，阐明了科学和技术的地位及其在科学、技术和创新外交中的作用，同时还讨论了发展中国家政府在开展南南科学、技术和创新外交方面的责任。

第五章围绕科学、技术和创新外交对强化科学和技术基础的作用，梳理了印度、南非、埃及等的实践经验，另外还讨论了南非科学院对科学外交的作用。

第六章主要总结了区域和双边合作中科学、技术和创新外交的经验。

第七章以海洋科学、创新废水处理技术等具体科学合作为例，论述了南北伙伴关系中的科学外交。

第八章为终章，对发展中国家的科学外交进行了展望。

希望本书能够助力有关方面增进对发展中国家科学、技术和创新外交的了解和认识，为新时期我国更好开展科学、技术和创新外交提供有益启示。

本书的翻译和出版得到了中国科协创新战略研究院领导与智库成果出版评审专家的指导和帮助，在此表示感谢！

囿于译者的知识水平，书中内容难免会有一些不妥和错漏之处，敬请广大读者批评指正。

原版序一

关于科学外交（Science Diplomacy），2010 年英国皇家学会和美国科学促进会认为有三类活动：一是提供科学信息和支持外交政策目标［“外交中的科学”（Science in Diplomacy）］，二是促进国际科学合作的外交［“外交为了科学”（Diplomacy for Science）］，三是改善国际关系的科学合作［“科学为了外交”（Science for Diplomacy）］。尽管自 2010 年会议及相关成果出版以来科学外交一直被广泛讨论，但有关国家早已利用科学开展外交活动。例如，在“冷战”期间，科学外交让不同政治制度的国家之间的沟通渠道保持畅通。此外，非政府组织［如国际科学联盟理事会（International Council of Scientific Union），现为国际科学理事会（International Science Council）］的许多活动持续推动深化国际和国家科学联盟之间的伙伴关系，或像欧洲核子研究中心（CERN）这样的区域科学机构向非欧洲科学家开放研究设施，均可算此类活动。

科学和技术可提供工具，用以应对人类在具有巨大经济、社会和政治影响的领域——环境、卫生和能源等领域所面临的诸多挑战。联合国 2030 年发展议程（UN Development Agenda 2030）及其可持续发展目标（Sustainable Development Goals）阐明了上述挑战，并强调了国际伙伴关系在开发和应用基于科学和技术的解决方案方面的作用，以及具体实施所需的能力。要取得成功，需要借助政府和非政府行动方的广泛伙伴关系。在此方面，非政府组织（NGO）在发展理解新涌现的问题所需科学基础方面已经发挥了重要作用，随后政府就这些问题制定了科学合理的政策。大约在40年前，由国际环境问题科学委员会（SCOPE）和联合国环境规划署（UNEP）合作对“全球碳循环”（Global Carbon Cycle）进行科学评估就是这方面的重要例子。这为后来设立联合国政府间气候变化专门委员会（IPCC）奠定了基础。通过和联合国组织合作，SCOPE还助推一些会产生严重后果的新近议题摆到政治桌面上，如海洋中的塑料污染和大型海洋生态系统。

对于发展中国家而言，科学外交提供了通过更好地利用国际科学伙伴关系与合作满足特定需求以应对这些挑战的一种工具。30多年来，位于印度新德里的不结盟国家和其他发展中国家科学和技术中心（NAM S&T Centre）通过会议、培训工作坊和出版物，为持续促进发展中国家的科学和技术发展做贡献。这项工作是与国际政府和非政府科学组织，以及研究和学术网络合作进行的。目前，该中心的出版物仍侧重于发展中国家的科学外交。本书的贡献是描述了各国如何利用双边、南南与南北区域科学和技术合作，以及参与国际组织和科学项目，通过构筑所需能力来加强科学和技术基础。本书必将提高发展中国家对这一主题的认识，但更重要的是，它提供了关于该主题的普遍看法，以及当前如何实践以确定在国家层面更好地协调科学与政策所需的附加努力和广泛的伙伴关系。本书是对改善国际科学伙伴关系以实现可持续发展目标（SDGs）的及时而有益的贡献。

乔恩·萨姆塞斯

国际环境问题科学委员会主席

阿姆斯特尔芬　荷兰

原版序二

尽管科学外交已以多种形式实践了几个世纪，但自21世纪初以来，它才更具显著的重要性。这是因为需要通过应用科学和技术解决人类面临的共同问题。联合国的相关倡议，如《联合国千年宣言》(*The Millennium Declaration*)及联合国千年发展目标(MDGs)，或当前推动的2030年可持续发展议程及联合国可持续发展目标(SDGs)，需要外交官的服务以及科学界的积极参与和投入。科学和技术专家与外交政策人员之间的这种合作——换言之，科学、技术和创新外交(Science, Technology and Innovation Diplomacy; STID)——对建立实现这些目标所需的区域、全球伙伴关系和国际合作至关重要。

自2010年英国皇家学会—美国科学促进会(AAAS)的联合会议和推出相关出版物后，这一主题获得了新的发展势头，科学、技术和创新外交(STID)自身已成为一门学科。今天，世界各地均有一些项目和机构设施可用于促进"科学外交学"(Science of Science Diplomacy)发展。在新型冠状病毒感染疫情大流行期间，科学技术专业人员在促进各国之间的合作、从应对疫情的科学进步中获益方面发挥了积极作用。这进一步证明了STID的必要性。

考虑到STID对发展中国家在应用科学技术促进可持续发展方面的潜在作用，不结盟和其他发展中国家科学和技术中心已在成员国中积极推广STID。该中心先后在伊朗、印度和南非举办了关于这一主题的会议和培训讲习班，并有来自发展中国家的科学和政策制定界的人士参与。他们受到特别邀请，是因为他们在各自国家和组织中参与STID相关领域的工作并掌握了相关知识。本书汇集了上述研讨会的最新贡献，描述了来自玻利维亚、埃及、印度、伊朗、尼泊尔、毛里求斯、巴勒斯坦、斯里兰卡和南非等国家的政策制定者和科学技术专业人员对STID的最新理解和发展。此外，本书还收录了由欧洲参与“全球南方”（Global South）国家合作的科学技术专业人员撰写的特邀章节。这些章节已经通过了不结盟和其他发展中国家科学和技术中心的内部审查。

本书主要提供了来自发展中国家的视角——关于国际科学技术合作，STID及其在促进可持续发展方面的作用，以及加强STID在各国政府外交政策和战略中作用的必要性。

我们感谢不结盟和其他发展中国家科学和技术中心总干事阿米塔瓦·班多帕海亚（Amitava Bandopadhyay）博士倡议出版本书，以及在整个出版过程中给予的支持和宝贵建议。我们非常感谢施普林格自然出版集团（新加坡）的马诺普里亚·萨拉瓦南（Manopriya Saravanan）女士、雷努·布普兰（Renu Boopalan）和马迪亚（Diya Ma）女士为本书提供的建议和支持。

希望本书能成为相关主题现有文献的有益补充，并提供关于“全球南方”国家的科学技术和科学政策界如何看待科学、技术和创新外交及其对“全球北方”（Global North）合作伙伴关系的影响的信息。

维努戈帕兰·伊特科特
汉堡　德国
贾斯迈特·考尔·巴韦贾
新德里　印度

原版前言

人们普遍认为，科学、技术和创新（STI）是任何国家经济赋权和能力建设的关键驱动力。很多时候，科学和技术有助于改善国家间的关系，因为在科学领域所有人都有共同的兴趣。此外，科学可以通过科学家在政治关系薄弱的国家的交往中发挥桥梁作用。这意味着科学可以被有效地用作一种改善国家间关系的外交工具。

在当今的全球化社会中，任何国家都不可能与其他国家毫无联系地存在，除了外交关系，还必须在研发、技术转让、贸易和商业等共同关心的问题上相互合作。

在全球知识经济时代，科学、技术和创新外交已成为南南（South-South）、南北（North-South）寻求科学合作、共同创造知识的重要机制，有助于利用创新技术实现社会经济效益，实现2030年可持续发展议程及其目标。现实清楚地表明，全球南方国家需要通过科学、技术和创新深化合作，增强竞争和比较优势。因此，科学、技术和创新外交作为跨境经济发展所需知识和技术的赋能者和驱动者，发挥着关键作用。

一方面，科学技术专家可以帮助外交界在许多具有严重外交政策影响的问题上推动谈判。另一方面，从其他有影响力的国家获取科学技术知识、资源和专业技能可能面临巨大问题和瓶颈，因此需要开展适当的对话和合作来解决这些问题。在这种情况下，可能无法完全理解科学和技术复杂性的外交官需要科学家的帮助。在当今的时代背景下，还可以确保科学、技术和创新外交与研发一同对外交政策做出积极贡献。反之亦然，通过制定科学、技术和创新政策作为解决共同发展面临挑战的机制，实现强有力的全球科学技术创新治理。

总体而言，“全球南方”应当最大限度地努力加强科学、技术和创新政策、倡议、计划并增加旨在促进科学合作的投资。科学家、研究人员、创新者和企业家是通过竞争思维和合作影响全球议程的中心人物，值得大力支持。循证倡议将为科技创新合作创造更好的条件，并增加成功的区域、国家和外交政策议程。必须强化“全球南方”国家关于科学、技术和创新的国内政策，使科学建议能够影响外交政策的修正，从而直接启示各国应该如何通过科学、技术和创新外交超越政治边界进行接触。

考虑到这一主题的重要性，位于印度新德里的不结盟运动和其他发展中国家科学和技术中心会同伊朗、印度和南非等国各自的组织，分别于 2012 年、2014 年和 2019 年组织了一系列国际讲习班 / 培训项目。这些活动引起了包括东道国在内的不结盟运动和其他发展中国家与会者的极大兴趣。这些活动的经验成果和相关个人的贡献为本书奠定了基础。人们还认识到，关于科学、技术和创新外交的大部分可得信息都零散存在于期刊和电子媒体上发表的文章之中，关于这一主题的综合性书籍和专著（特别是关于发展中国家的）并不多。

本书名为《发展中国家的科学、技术和创新外交》，共有 23 章，由来自发展中国家和发达国家的专家撰写，力求汇编关于这一主题的现有知识，并涵盖南南合作和南北合作的重点。

我借此机会感谢荷兰阿姆斯特尔芬国际环境问题科学委员会（SCOPE）主席乔恩·萨姆塞斯（Jon Samseth）博士。他欣然同意撰写本书的“序言”。感谢新加坡施普林格自然执行编辑洛约拉·德席瓦尔（Loyola D’silva）博士和项目协调员——来自印度金奈施普林格自然的雷努·布帕兰（Renu Boopalan）先生在图书出版过程中提供的全面服务。感谢他们的支持和鼓励。

我向本书的两位主编——德国不来梅莱布尼茨热带海洋研究中

心（ZMT）前主任维努戈帕兰·伊特科特（Venugopalan Ittekkot）教授和印度新德里不结盟和其他发展中国家科学和技术中心项目官员贾斯迈特·考尔·巴韦贾（Jasmeet Kaur Baweja）女士表示感谢。感谢他（她）们的倡议和努力参与，感谢他们为编辑本书论文付出的辛勤劳动。我要感谢不结盟和其他发展中国家科学和技术中心高级顾问马杜苏丹·班德亚帕德耶（Madhusudan Bandyopadhyay）先生。感谢他在本书策划和推进出版项目过程中给予的建议和指导。我也感谢不结盟和其他发展中国家科学和技术中心整个团队的关注和宝贵努力。我特别感谢数据处理经理潘卡吉·巴坦（Pankaj Buttan）先生和总干事私人秘书拉胡尔·库姆拉（Rahul Kumra）先生对本书出版工作的支持。

我希望本书成为对科学家、技术人员、年轻研究人员、外交官、政府官员、政策制定者和其他直接或间接积极参与科学、技术和创新外交及相关活动的利益相关者有用的参考材料。

阿米塔瓦·班多帕迪博士

总干事

不结盟和其他发展中国家科学和技术中心

新德里　印度

目 录

概念、全球倡议和机遇

发展中国家科学、技术和创新外交现状

科学和技术地位在科学、技术和创新外交中的作用

科学、技术和创新外交对强化科学和技术基础的作用

区域和双边合作经验

南北伙伴关系中的科学外交

终　　章

本书缩略语表

4IR	第四次工业革命
4S	科学的社会研究学会
AAAS	美国科学促进会
AAS	非洲科学院
ACP	非洲、加勒比和太平洋地区国家集团
ADB	亚洲开发银行
Africa CDC	非洲疾病预防控制中心
AFTCOR	非洲新型冠状病毒防范和应对特别工作组
AGOA	《非洲增长与机遇法案》
AI	人工智能
AIDIA	亚洲外交和国际事务研究所，加德满都
AIST	日本国家先进工业科学技术研究所
ANSSI	法国国家网络安全局
ARC	农业研究委员会
ARIC	航空航天研究和创新中心
ART	抗反转录病毒治疗
ASEAN	东南亚国家联盟
ASF	非洲猪瘟
ASRT	埃及科学研究技术院
ASSA	亚洲科学院与学会协会
ASSAF	南非科学院
AU	非洲联盟
AVN	非洲甚长基线干涉测量网络
BBNJ	国家管辖范围外海洋生物多样性协定

BENEFIT	本格拉环境渔业相互作用与培训方案
BIMSTEC	环孟加拉湾多领域经济技术合作倡议
BESSY	柏林同步加速器辐射电子存储环公司
BMBF	德国联邦教育与研究部
BMZ	德国联邦经济合作和发展部
BRICS	巴西—俄罗斯—印度—中国—南非（金砖五国）
BSP	生物太阳能净化系统
CAS	中国科学院
CBD	生物多样性公约
CBPP	牛传染性胸膜肺炎
CBRC	计算生物学研究中心
CDCP	认证数据中心专业人员
CEERI	CSIR 中央电子工程研究所
CERN	欧洲核子研究组织
CII	印度工业联合会
CMERI	CSIR 中央机械工程研究所
CNPq	巴西国家科学技术发展委员会
CNR	意大利国家研究理事会
COD	化学需氧量
COP	缔约方会议
COVID-19	新型冠状病毒感染
CSIR	科学和工业研究委员会
CSSRI	（印度卡纳尔）中央土壤盐分研究所
DAAD	德国学术交流中心
DAE	印度原子能部
DAILAB	（印度理工学院德里分校）DBT-AIST 国际先进生物医学联合实验室
DeSIRA	通过农业研究促进发展—智慧创新倡议
DESY	德国汉堡电子同步加速器

DMC	发展中成员国
DSI	南非科学与创新部
DST	印度科学技术部
DUT	德班理工大学
EDB	经济发展委员会
EEZ	专属经济区
EMPHNET	东地中海公共卫生网络
ENSA	南特国立高等建筑学院
ESOCITE	拉丁美洲科学技术的社会研究协会
EU	欧洲联盟
FAO	联合国粮食及农业组织
FARC	粮食与农业研究委员会
FAREI	粮食与农业推广研究所
FASIE	（俄罗斯）小型创新企业援助基金会
FASRC	阿拉伯科学研究理事会联合会
FDI	外国直接投资
FICCI	印度工商联合会
FIDEA	东非渔业数据
FMD	口蹄疫
FSM	粪便污泥管理
FTE	全时当量
GCC	海湾合作国家
GERD	国内研发支出总额
GII	全球创新指数
GIZ	德国国际合作协会
GRC	全球研究理事会
HCD	人力资本开发
HCIE	巴勒斯坦创新与卓越高级委员会
HDI	人类发展指数

HIV	人类免疫缺陷病毒
HPC	高性能计算
HSC	高等学校证书
HSRC	人文科学研究委员会
IAC	信息访问中心
IAFS	印非论坛峰会
IAP	国际科学院组织
IARI	印度农业研究所
IBSA	印度、巴西和南非
ICAR	印度农业研究理事会
ICGEB	国际遗传工程和生物技术中心
ICMR	印度医学研究委员会
ICT	信息与通信技术
ICTA	毛里求斯信息与通信技术管理局
IDRC	国际发展研究中心
IEITCP	印度—埃塞俄比亚创新与技术商业化计划
IFA	外交事务研究所
IFCPAR/CEFIPRA	印法高等研究促进中心
IGD	全球对话研究所
IIASA	国际应用系统分析研究所
IIT	印度理工学院
IJSC	印度—日本科学委员会
IMO	国际海事组织
IMF	国际货币基金组织
INS	印度核学会
INSA	印度国家科学院
IOM	国际移民组织
IORA	环印度洋联盟
IORG	印度洋研究小组

IOTO	印度洋旅游组织
IPBES	生物多样性和生态系统服务政府间平台
IPOI	印度洋—太平洋倡议
IPR	知识产权
ISA	国际太阳能联盟
ISC	国际科学理事会
ISC-ROA	国际科学理事会非洲地区办事处
ISRO	印度空间研究组织
ISRF	印度科学和研究奖学金
ISTAD	（印度 CSIR）国际科学技术事务局
ITA	阿曼信息技术管理局
ITER	国际热核聚变实验堆
ITU	国际电信联盟
JAES	日本原子能学会
JAMSTEC	日本海洋地球科学技术中心
JAXA	日本宇宙航空研究开发机构
JINR	联合核研究所
JIRCAS	日本国际农业科学研究中心
JIRI	研究与创新联合倡议
JWG	联合工作组
KACST	阿卜杜勒 - 阿齐兹国王科学技术城
KEK	日本高能加速器研究组织
KPIs	关键绩效指标
KSP	知识共享计划
KYUTECH	九州工业大学
LAPA	地方适应行动计划
LASEE	国家行动和外交服务法
LATAM	拉丁美洲地区
LDCs	最不发达国家

MADAM	红树林动态与管理
MAFF	日本农林水产省
MCSA	南非矿产委员会
MDGs	千年发展目标
MDT	毛里求斯氘望远镜
MEA	（印度）外交部
MEDRC	中东海水淡化研究中心
MeitY	（印度）电子和信息化部
MENA	中东和北非
MERCOSUR	南方共同市场
MESC	中东科学合作小组
MEXT	日本文部科学省
MFAA	中频孔径阵列
MIC	中等收入国家
MITRA	射电天文学多频干涉望远镜
MMP	曼德拉矿区
MNRE	印度新能源和可再生能源部
MoAFW	印度农业和农民福利部
MoCIT	通信和信息技术部
MoEFCC	印度环境、森林和气候变化部
MoES	（印度）地球科学部
MoEST	尼泊尔教育、科学和技术部
MoFA	尼泊尔外交部
MoFE	尼泊尔林业和环境部
MoN	（俄罗斯）教育和科学部
MoST	（中国）科学技术部
MoU	谅解备忘录
MRC	毛里求斯研究理事会
MRIC	毛里求斯研究和创新理事会

MRT	毛里求斯射电望远镜
MTCI	毛里求斯技术、通信和创新部
MTSF	中期战略框架
NAFTA	北美自由贸易区
NAL	（印度班加罗尔）CSIR 国家航空航天实验室
NAM	不结盟运动
NAM S&T Centre	不结盟国家和其他发展中国家科学和技术中心
NASAC	非洲科学院网络
NASRC	尼泊尔农业研究理事会
NAST	尼泊尔科学技术院
NASTEC	（斯里兰卡）国家科学技术委员会
NCPOR	国家极地和海洋研究中心
NDP	国家发展计划
NEERI	（印度那格浦尔）CSIR 国家环境工程研究所
NEPAD	非洲发展新伙伴关系
NGO	非政府组织
NHRC	尼泊尔健康研究委员会
NIA	国家信息社会局
NIPR	日本国家极地研究所
NIRDA	国家工业研究和发展局
NPA	国家政策议程
NPC	国家计划委员会
NRF	国家研究基金会
NRN	非居民尼泊尔人
NRNA	非定居尼泊尔人协会
NSFC	国家自然科学基金委员会
NSI	国家创新体系
NSTDA	国家科学技术发展局
ODA	官方发展援助

OIE	世界动物卫生组织
O-RET	海洋可再生能源技术
OWSD	发展中国家妇女科学组织
PALAST	巴勒斯坦科学技术学院
PHC	休伯特·库里安伙伴关系
PICA	巴勒斯坦国际合作署
PMG	议会监测小组
PPR	小反刍兽疫
PRIO	奥斯陆和平研究所
R&D	研究和开发
RDI	研究发展与创新
RDT	研究、开发和培训
RETA	区域技术援助
RFBR	俄罗斯基础研究基金会
S & T	科学技术
SADST	南非科学技术部
SASKA	南非平方千米阵列
SAARC	南亚区域合作联盟
SACIDS	南部非洲传染病监测中心
SADC	南部非洲发展共同体
SAFIRC	南非第四次工业革命中心
SANSA	南非国家航天局
SARAO	南非射电天文台
SARGDDC	南非区域全球疾病检测中心
SATREPS	促进可持续发展的科学技术和研究伙伴关系
SCO	上海合作组织
SESAME	中东同步加速器光源实验科学与应用国际中心
SIDS	小岛屿发展中国家
SISTER	特殊培训教育和研究卫星学院

SKA	平方千米阵列
SME	中小企业
SPICE	印度尼西亚海岸生态系统保护科学组
SSC	南南合作
SSTC	南南合作和三角合作
STEM	科学、技术、工程和数学
STEPAN	亚洲科学技术政策网络
STI	科学、技术和创新
STID	科学、技术和创新外交
STIEP	科学、技术和创新驱动型创业伙伴关系
STIP	科学、技术和创新政策
STISA	非洲科学、技术和创新战略
SWIO	西南印度洋
SWIOFC	西南印度洋渔业委员会
TADs	跨界动物疾病
TAFIRI	坦桑尼亚渔业研究所
TENET	南非高等教育与研究网络
TRL	技术就绪度
TVET	技术和职业教育与培训
TWAS	世界科学院
TWAS-SAREP	TWAS—撒哈拉以南非洲地区合作伙伴
TYAN	TWAS 青年联盟网络
UAE	阿拉伯联合酋长国
UCT	开普敦大学
UKC	肯特大学
UN	联合国
UNOCHA	联合国人道主义事务协调办公室
UNTAA	联合国技术援助管理局
UNCCD	联合国防治荒漠化公约

UNCLOS	联合国海洋法公约
UNCTAD	联合国贸易和发展会议
UNDP	联合国开发计划署
UNEP	联合国环境规划署
UNESCO	联合国教科文组织
UN-ESCWA	联合国西亚经济社会委员会
UNFCCC	联合国气候变化框架公约
UNODC	联合国毒品和犯罪问题办公室
UoL	伦敦大学
UoM	毛里求斯大学
USU	犹他州立大学
VATEL	瓦岱勒国际酒店管理学院
VLBI	甚长基线干涉测量
VPN	虚拟专用网络
WASCAL	西非气候变化和适应土地利用科学服务中心
WEF	世界经济论坛
WFI	印度世界粮食大会
WFP	世界粮食计划署
WHO	世界卫生组织
WIOGEN	西印度洋治理与交流网络
WIOMSA	西印度洋海洋科学协会
WIPO	世界知识产权组织
WTO	世界贸易组织
ZMT	德国不来梅莱布尼茨热带海洋研究中心

科学、技术和创新外交与发展中国家：当前的问题和挑战

阿米塔瓦·班多帕迪 [1]

摘要：在《科学、技术和创新外交》一书的前言中，简要介绍了本文的这一主题，并概述了当前存在的各种相关问题和挑战。尽管约3个世纪前就迈出了开展科学、技术和创新外交的第一步，但许多科学家和外交官仍然不清楚科学技术学科在向竞争性“知识经济”转变的世界中带来和平、繁荣和经济利益的作用。本文讨论了科学、技术和创新外交对发展中国家的重要性和相关性，在促进国际科学技术创新合作方面的作用及其对实现联合国可持续发展议程——2030年可持续发展目标（SDGs）的重要性。本文最后总结了科学、技术和创新外交实践者面临的日益复杂的挑战。

关键词：科学、技术和创新外交；南南合作；南北合作；科学干预；知识经济；外交政策

---

① 阿米塔瓦·班多帕迪
不结盟国家和其他发展中国家科学和技术中心（NAM S&T Centre），新德里，印度
电子邮箱：amitava.nam@gmail.com

维努戈帕兰·伊特科特，贾斯迈特·考尔·巴韦贾（主编）. 发展中国家的科学、技术和创新外交，发展研究
https://doi.org/10.1007/978-981-19-6802-0_1

1 背景

近一个世纪前，马克斯·埃尔曼（Max Ehrmann）在他的著名诗歌《欲望》（*Desiderata*）中写道："在喧嚣和匆忙中平静前行，记住在沉默中可能存在的和平。"今天，战争和各种地区冲突在世界各地肆虐，和平与沉默的日子已经成为过去。随着日子一天天过去，形势不断恶化，人类生存面临严重威胁。人们曾经认为，对于世界秩序面临的所有政治问题，"外交"将提供合理的解决方案，甚至在极其困难的情况下也是如此。然而，今天的许多问题比几十年前世界各国政府面临的问题要复杂得多，需要超越外交手段的工具和解决方案。为应对气候变化和自然灾害的后果、粮食和水短缺，以及近年大流行病［新型冠状病毒感染（COVID-19）］的破坏性影响，需要采取科学技术干预措施，仅靠外交手段无法解决。

科学家和外交官分属两个不同世界——他们的工作重点通常差异较大。当科学家致力于建立真理体系时，外交官则在另一个国家为母国的利益和政策制定而努力。外交官的职能之一是"建立和改善与驻外东道国的关系"。然而，尽管科学家与外交官的认知和责任不同，但长期以来科学界一直在参与国际合作和外交活动。在过去的帝国中，学者和科学家一直在国王和王后的宫廷中扮演顾问角色，其中也包括建言和与外国交往事宜。一个引例是菲利普·亨利·佐尔曼（Philip Henry Zollman）在英国政府任命国家第一任外交大臣之前几十年当选为英国皇家学会第一任外交干事（Royal Society，2010）。

2 科学、技术和创新外交的相关性和重要性

2010 年，英国皇家学会和美国科学促进会（AAAS）联合提出了科学外交的正式定义，包括三个维度，即"科学促进外交""外交促进科学"和"外交中的科学"（Royal Society，2010）。

科学被认为是一个中立领域，没有国籍，通过科学而不是通过政治或军事交往开展国际合作相对容易。在科学领域，所有人都有“共同利益”。科学可被有效地用作外交工具——科学促进外交——在政治关系薄弱的国家之间发展更好的关系。许多北方国家过去已经利用了科学的这一潜力。

新独立的发展中国家的领导人都很清楚，科学和技术对改善本国人口状况的重要性和相关性。在从殖民国家独立后的那个时期，许多国家通过外交手段发展和增强本国的科学技术基础——外交促进科学。发展与科学技术应用之间的联系在诺贝尔奖得主、已故的阿卜杜勒·萨拉姆（Abdus Salaam）教授的话中已有充分表述（TWAS，2004）：

“我们的地球上居住着两种截然不同的人群——发达的和发展中的。是什么造就了这两类人群？是肤色、信仰或宗教？是文化遗产？

“这些回答均非正确。一个人群与另一个人群的区分在于理想、自励和激情，根本上取决于各自对当代科学技术掌握和利用的差别。”

由于认识到这一问题的重要性，许多20世纪50—60年代新独立的国家奉行了能够使它们甚至能与政治制度和意识形态截然相反的国家合作的外交政策。一个例子是印度等国奉行的“不结盟”政策。印度独立后的几十年间继续实施积极的外交政策，具体目标是增强本国的科学技术基础。这些早年打下的基础使印度在发展科学、技术和创新生态系统方面取得了显著成功。然而，在另外一些发展中国家，国家动乱、战争和自然灾害阻止或延缓了类似的发展。

3 促进国际科学、技术和创新合作

如上所述，发展中国家在外交活动中通过适宜的政策和行动，一直从为了发展与国家利益相关的科学技术领域而开展的国际合作中受益。然而，近年来科学、技术和创新外交变得更加重要，特别是在需要全球努力以应对联合国2030年议程和可持续发展目标中提出的那些能源、环境和健康相关挑战性问题方面。17个可持续发展目标及相关目标中大多数都具有很强的科学技术要求，在规定时限内实现这些目标颇具复杂性和挑战性。这需要围绕实现可持续发展目标所需的科学技术应用开展全球范围的合作和努力，它们解决同样的问题（外交中的科学）。例如在新型冠状病毒感染疫情大流行等危机情形下，科学、技术和创新外交的重要性更加彰显，过去两年的经验清楚地表明，应用科学、技术和创新外交工具来应对这场危机具有重大益处。

通过实现可持续发展目标来解决问题对发达国家和发展中国家有不同的维度，对不同发展中国家也同样如此。发展中国家在实现可持续发展目标的科学技术储备和开展科学、技术和创新外交的能力水平方面存在显著差异。在许多情形下，缺乏充足的人力资源和科学技术基础设施，以及适宜的国家科学技术战略和政策造成了严重瓶颈。促进科学技术和加强一个国家实现可持续发展目标的科学技术基础需要国际合作——包括南北合作和南南合作。后者的潜力尚未充分利用，对许多国家来说，它也是促进其科学技术能力的一个非常有效的工具。南非通过“南方论坛南非项目”（South Forum South Africa Program）与合作伙伴进行年度对话，在这方面取得了重大进展。

4 需求和挑战

对发展中国家而言，实施有效的科学、技术和创新外交需要在多个层面作出努力并建立伙伴关系。在国家层面，政府采取积极行动，以某种形式实施政策，旨在重视并接受科学技术在解决社会所面临的一些紧迫问题方面的作用的政策形式。这些政策必须保持开放，并支持双边、多边，以及区域科学技术合作和伙伴关系。

发展中国家需要通过支持学术和研究机构发展及充分履行职责来强化国家的科学技术基础。应当鼓励科学、技术、工程和数学教育以保持和加强他们有效开展科学、技术和创新外交的科学技术能力。而发展中国家面临的一个特别挑战是如何应对学生对科学、技术、工程和数学学科兴趣的下降。学术和研究机构也很适合与外交界合作，开发科学技术外交方面的专业课程和培训项目，尤其是关注科学技术在国际竞争力方面的作用。

此外，应建立能够使多个利益攸关方围绕科学、技术和相关政策问题展开交流的有效的体制机制。这需要创建适宜的平台。在过去的 30 年里，不结盟运动和其他发展中国家科学和技术中心为发展中国家的科学家和科学组织搭建一个有效的知识和信息交流平台做出了重大贡献。

尽管所有相关措施看起来简单直接，但仍存在严重的内部和外部威胁，预示着发展中国家科学、技术和创新外交的弱化。与上述提及的发展中国家科学、技术和创新外交的推动者形成对比的是，仍存在一些各种各样的停止和警示信号，正如许多专门研究这一主题的学者所描述的那样。其中包括科学中的“象牙塔文化”、外交中的“民族主义、保护主义和民粹主义”，以及许多国家“对民主、制度和专家日益增长的不信任”。在未来数十年中，国际社会需要协同努力应对这些变化，并为造福发展中国家的科学、技术和创新外交奠定坚实基础。

5 结语

科学、技术和创新外交已为发展中国家的科学技术发展提供了巨大益处。对其实践的深入认识和理解有助于设计和实施有针对性的科学、技术和创新外交政策，从而更好地利用国际合作以获得长期利益，并弥合发展中国家和发达国家之间的差距。强化科学、技术和创新生态系统将使这种环境能够超越政治边界。

科学家和研究人员、创新者和企业家是通过竞争思维与合作影响全球议程的核心内容，值得大力支持。循证举措将为科学、技术和创新合作创造更好的条件，并增加成功的区域、国家和外交政策议程。

目前，大多数可获得的出版物聚焦发达国家实施的科学外交及其在解决冲突方面的一般性作用。尽管原则可能相同，但“全球南方”国家科学外交的维度和问题不尽相同。这一点正在得到承认，需要南方国家进一步努力，在全部利益攸关方中传播信息，普及科学、技术和创新外交的概念和潜能。这也将有助于应对全球科学、技术和创新外交面临的威胁。

参考文献

The Royal Society (2010) new frontiers in science diplomacy: navigating the changing balance of power. RS Policy Document 01/10, Royal Society, London.

TWAS (2004) Building scientific capacity: a TWAS perspective. A Report of the Third World Academy of Sciences, Trieste, Italy.

概念、全球倡议和机遇

科学和外交的国际化，概念与实践：发展中国家的经验教训

卡洛斯·阿吉雷－巴斯托斯[①]

摘要：当前，科学技术的快速进步得益于广泛而日益增多的国际科学合作形式。大多数国家已认识到国际科学合作的重要性，将之作为本国国际化政策的一部分。随着发展对进一步提高科学能力的需求，以及全球问题变得更加复杂，科学与外交政策的关系在概念和实践方法上得到了深化，从而形成了不断发展的科学外交概念并使之变得更加突出。尽管科学“多年来一直被用于世界各地的国际关系目的，但科学外交已成为一个旧概念的新术语”。今天，它已成为促进国家间更紧密关系、确定全球共同目标，以及支撑科学和外交政策国际化的关键工具。随着新型冠状病毒感染疫情的暴发，科学外交的重要性再次提升，并要求采取新的方法，如进一步发

① 卡洛斯·阿吉雷－巴斯托斯
玻利维亚国家科学院，胡里奥大道 16 号，拉巴斯，玻利维亚
电子邮箱：csaguirreb@gmail.com

维努戈帕兰·伊特科特，贾斯迈特·考尔·巴韦贾（主编），发展中国家的科学、技术和创新外交，发展研究
https://doi.org/10.1007/978-981-19-6802-0_2

展“科学外交的科学”或纳入新的政策支持工具（如展望）。对国际化、科学合作、现有科学外交概念和实践的概述，以及有助于更好地理解科学和外交政策关系的新方法的开发，可使发展中国家在制定科学和外交政策时受益。

关键词：外交；科学；科学政策；国际关系；外交政策；国际化；科学合作

1 引言

多年来，科学的国际维度（the international dimension of science）一直是发达国家和部分发展中国家科学和外交政策的重要组成部分。这一维度对于发展与加强地方创造和利用知识的能力至关重要，同时也是适宜的和内生的发展概念中的一个基本要素。从历史上看，只有能够将这一理念付诸实践的国家方可取得成功。此外，科学的国际化是全球发展和治理的关键贡献者。

科学国际化的很大一部分是国际科学合作的结果（Sebastian，2019）。因此，我们可以认为，这种合作是国际化的一个关键驱动因素，在采用科学政策及其工具中发挥着根本性作用。已经很明显的是，在过去几年中，随着对进一步提高科学能力需求的增加和全球问题变得更加复杂，不断发展的科学外交概念变得更加重要，现已被视为促进国家间关系的关键工具，并通过提供科学证据为外交政策提供科学支持。

全球研究理事会（GRC）指出，科学“多年来一直被用于世界各地的国际关系目的”（GRC，2017 p.1），表明“科学外交是一个旧概念的新术语”。这的确是一个非常老旧的概念，但现在可以认为，科学外交已成为科学国际化、科学合作，以及外交政策的另一个重要驱动因素。随着新型冠状病毒感染疫情的持续发展，科学外交的重要性变得尤为突出。自这一“新术语”被采用以来，发达国家和发展中国家，包括国际组织，已经发展了一些关于科学外交的概念和实操方法。

本文首先简要讨论科学国际化和科学合作的不同特征，并在讨论中考察科学外交作为这两方面的驱动因素的作用。讨论重点将放在发展中国家。这是一个差异很大的群体，但同时在更好地制定或改进本国科学外交政策方面也有类似需求。根据上述思路，本文将回顾发展中国家为更好地制定政策所需的科学外交新方法。这些方法在某些情形下可能或者应该与较发达国家的方法不同。换言之，本文回应了应该如何激励这些国家的科学外交的问题。为此，本文讨论了现存的优缺点。

第 2 部分概述了科学国际化和科学研究合作的概念与实践，包括关于拉丁美洲地区（LATAM）国际谈判相关研究的贡献的一些历史资料。其中还就科学外交作为国际化驱动因素进行了评述。第 3 部分讨论了适用于发展中国家的现有概念和做法。第 4 部分提出了从分析中得出的主要结论，包括通过采用新的政策支持工具来深化和丰富这些概念与做法的建议。

2 科学国际化和科学外交的概念和实践概述

2.1 科学和科学合作的国际化

科学（和高等教育）的国际化是科学发展和各国可持续发展的重要组成部分已达成广泛共识，它在科学政策及其实施方面变得日益重要。近年来，由于信息和通信革命、旅行的便利、资助途径的增多、研究人员和研究生流动性的提高、研究网络的创建、技术转移，以及研究成果的传播，科学的国际化呈现指数级增长。然而，全球研究理事会（GRC，2017，p.1）指出，“尽管科学国际化已被列入所有国家的议程和讨论话题，但从综合视角促进科学国际化的明确政策并不多见”。这意味着，主要是在发展中国家，现有的国际关系和科学合作管理计划通常缺乏内部一致性和衔接性，由于职权分布在大量公共组织的现存部门中，不一定能与科学、技术和创新系统相结合。

罗德里格斯·梅迪纳（Rodriguez Medina，2018 ）广泛分析了拉丁美洲的科学技术国际化问题，声称在所谓的进步政策保护伞下，如果对包括社会运动和非民主的民粹主义政权的社会政治问题不敏感，就不可能理解国际化。作者还认为，科学技术国际化不是一个线性过程，因此，很难由简单化的政策或机构方针来推动。在梅迪纳的分析中，令人感兴趣的是出版物在“为南方学者发声”方面的作用，尤其是展示他们的研究兴趣和研究发现。这种“声音”现在包括论文和其他传统知识或本土知识的传播方式。它们被持续接受发表，从而影响主流科学。

考虑到有必要在高质量和影响力更大的专业期刊上发表文章，而不是在发展中国家的大量国家级期刊上发表，2017 年 8 月，平台期刊《塔普亚：拉丁美洲科学、技术与社会》（*Tapuya: Latin American Science, Technology and Society*）创刊。这是一份同行评审、开放获取的期刊，隶属于拉丁美洲科学技术的社会研究协会（ESOCITE）和科学的社会研究学会（4S），由泰勒 – 弗朗西斯出版社出版。希望这一期刊能成为研究人员的论坛。这些研究人员不仅希望传播自己的实证研究成果，还想推进理论和实践。这些理论和实践可以根据研究中的数据进行评估。

2010 年，在西班牙举办了第六届欧洲联盟（UN）和拉丁美洲国家元首峰会。这是国际科学技术合作的一个重要里程碑，对拉丁美洲和加勒比地区产生了很大影响。元首峰会发表的《马德里宣言》（*Madrid Declaration*）题为《迈向创新和技术促进可持续发展与社会包容的两地区伙伴关系的新阶段》。该宣言是两个地区科学界和外交界共同努力的结果，①强调了科学、技术和创新（STI）在实现可持续发展和社会包容方面的关键作用，以及两个地区通过专题网络的创新和强化，在能力建设、研究计划实施和技术转让活动方面合作的互惠互利。《马德里宣言》提出了优先支持两个地区合作，以及相关活动的意向，以使参与欧洲计划较少或没有参与欧洲计划的国家能够获得合作机会。

元首峰会决定加强部长级和高级官员会议（SOM）一级的科学、技

① https://www.europarl.europa.eu/intcoop/eurolat/keydocuments/summits_eu_alc/vi_18_5_2010_madrid_es.pdf.

术和创新对话，以确保更新和监测优先事项与联合文书；同时，考虑到各地区之间以及地区内部的利益和差异，以加强有利于社会和技术创新的环境。为了将先前的优先事项付诸实践，商定实施一项研究和创新联合倡议（JIRI），即“欧盟—拉丁美洲和加勒比海地区知识区”（Eu-LATAM Knowledge Area）倡议。该倡议以一系列原有的和新的行动为基础，将不同类型的工具以互补和协同的方式结合起来，以实现倡议目标。该倡议促成了当前正在运行的一些研究网络（生物经济、生物多样性、可再生能源、信息通信技术和健康）。

桑斯和克鲁兹（Sanz and Cruz，2014）研究了西班牙的案例，试图回答主要国家在国际化方面所提出的如何在日益复杂和多极化的世界中定位国家的问题，尽量减少全球转型和危机对该国的国际影响，以及科学如何在这一进程中发挥作用。有人提出，与发展“知识社会”和“竞争力”有关的部门政策要明确包括“国际化战略”，或提议将国际化维度纳入相应政策的核心要素。这种情形带来了潜在的问题，即指导部门层面国际战略的力量可能是相互矛盾的，尽管它也为对外行动中进行协调和战略整合提供了机会。还有人认为，许多具体干预计划缺乏赋予其意义的更大的战略框架，这样，对外行动战略可以成为一个集成要素的框架。在这种情况下，认为任何国际化行动对每个人都有好处和积极意义的观点得到了传播，而没有评估在什么条件下和为了什么目标，涉外行动带来的收益大于成本。这种不平衡在公共部门的活动中更普遍，因为公共部门不像私营部门那样需要权衡成本和收益之间的压力。

西班牙的战略方针要求确认新的国际伙伴关系和协定的具体优先领域，其中包括科学和技术基础设施，研究和创新可以助力应对的全球挑战，以及研究数据的开放获取和对开放式出版的支持。就研究基础设施而言，强调了该国的重要发展不仅可以服务于本国，而且可以服务于国际科学界。作为实施该方针的一个例子，西班牙已经提出了大量以呼吁欧洲联盟地平线 2020 框架计划部署基础设施项目为基础的提案建议，包括吸纳一些拉丁美洲研究社区参与。

国际研究可以有多种形式和合作，其驱动力也是对更多国际跨学科和多学科知识的需求。迈尔（Mayer）提出了以下被国际科学院组织（IAP）引用（2016 p.95）① 的分类方法：

- 经典模式：两位首席研究人员之间的合作；
- 首席研究人员构成的国际网络（例如全球技术大学联盟）；
- 机构网络［例如不结盟和其他发展中国家科学和技术中心（NAM S & T Centre）；国际农业研究磋商组织（CGIAR）和少数此类中心］；
- 在他国的卫星校园或附属机构（发展中国家存在大量此类机构）；
- 通过超级基础设施的连接（例如欧洲核子研究中心或智利天文综合设施）；
- 关于气候变化等全球挑战的研究。

在这种分类中，分析科学外交的作用（或不一定如此）似乎很有趣，因此可以在发展中国家采取适当的国际化和科学合作政策，以更好地定义科学外交关系。

大学和其他高等教育机构是国家科学、技术和创新体系中的关键角色。在大多数发展中国家，这些机构出版的科学出版物和研究报告占全部科学出版物和研究报告的 60% 与超 70%。阿鲁姆（Arum）和范德沃特（Van de Water，1992）深入研究了高等教育的国际化问题，将之定义为“属于国际研究、国际教育交流和技术合作的多种活动、计划和服务”。奈特（Knight ，2003）广泛分析了国际化，特别是国际高等教育，认为它在过去几十年中取得了巨大的增长，认识到这种增长包括跨国教育、无国界教育（承认边界的消失）和跨境教育（强调边界的存在）等方面，与更传统的教育定义不同。奈特认为，所有现存的方法都反映了当今的现实。在这个远程教育和电子学习教育空前增长的时期，地理边界似乎没有什么影响。然而，有人指出，当焦点转向监管责任，特别是与质量保证、资金和认证相关的责任时，人们越来越重视边界。奈特认为，越来越清楚的是，国际

① 作者略有修改。

化需要在国家和部门层面，以及机构层面得到理解。因此，作者呼吁需要一个新的定义，以涵盖所有层面以及它们之间的动态关系，并反映当今的现实。奈特认为，发展一个定义具有挑战性的是考虑其在大量不同国家、文化和教育系统中的应用，问题不在于制定一个通用的定义，而在于确保其含义适合于世界上的各种情形和国家。因此，奈特得出结论，重要的是定义不能具体说明国际化的理由、益处、结果、参与者、活动或利益相关者，因为这些要素因国家和机构而异。关键在于，国际层面涉及教育的方方面面及其在社会中发挥的作用。在所讨论的背景下，提出如下工作定义："国家、部门和机构层面的国际化被定义为将跨国别、跨文化或全球维度纳入高等教育的目的、功能和实施的过程。"

2.2 科学外交

科学外交是科学研究进步时代的一种国际关系现象，它揭示了科学是现代社会和经济发展的主要力量。它通常被确定为国家和地区之间通过科学调查和依靠科学建议合作解决复杂国际问题的关键工具之一。同时，科学外交也是一种通过科学证据确保有效外交政策的方式，并确保全球政策努力始终以这些证据为依据。通过这种方式，科学外交已成为世界各地科学和外交政策国际化的重要驱动力，尽管其范围、目标、手段和强度大不相同。

美国科学促进协会在引入、发展和理解科学外交概念方面做出了早期努力，同时为来自世界各地的科学家提供了培训。2020 年 7 月，美国科学促进协会就当时新型冠状病毒感染危机中科学外交的关键作用公开呼吁有关方面开展研讨并做出贡献[①]，这表明人们对进一步发展相关方法和做法的兴趣日益增长。该呼吁认识到，迫切需要开展正式和非正式外交，努力缓解世界各国在危机面前采取个体主义方式所造成的紧张局势，从而认识到这"将需要全球科学组织和科学家个人认识到，他们对社会的贡献不仅仅是积累知识，还包括建立关系和缓解紧张局势……"。

① https://www.sciencediplomacy.org/future-casting-science-diplomacy-twelve-months-covid-19-shaping-next-era-science-diplomacy.

现在人们普遍认为，科学外交的根本基础是三个支柱（AAAS，2017年）：

- 外交促进科学；
- 外交中的科学；
- 科学促进外交。

正如将在第2.2节中讨论的那样，除了这种传统的分类，探索“科学外交学”（science of science diplomacy）也至关重要，即如何开展科学外交、什么是有效的，以及局限性是什么。创造适宜的条件为双边和多边谈判提供科学依据，并在总体上为发展中国家的外交政策做出贡献至关重要，也是21世纪科学家和外交官面临的重要挑战。

克鲁兹·桑多瓦尔（Cruz Sandoval，2014）认为，当前的科学外交与以往做法不同，包括两个要素。第一个要素是国家和国际组织通过对外努力优先考虑的技术类型。这与新技术的存在相对应，主要是信息和通信技术，以及最近出现的其他数字颠覆性技术，如人工智能（AI）。第二个要素对应于在更多的国家开展科学外交。多年来，科学为国际关系实践做出贡献的例子不胜枚举，这些例子构成了科学外交的早期范例，远早于科学外交新概念的出现。在此，简要介绍其中几个来自发展中国家的例子。

在20世纪70年代末和80年代，大量研究提出的科学证据促进了《技术转让国际行为守则》（*International Code of Conduct for the Transfer of Technology*）（从未采用）的谈判。发展中国家非常重视该守则，希望促进以技术为基础的发展（Patel et al.，2000）。此外，发展中国家的科学界为联合国科学和技术促进发展会议（UN Conference of Science and Technology for Development）的各种投入和谈判做出了巨大贡献（Aguirre-Bastos and Gupta，2009）。

根据1969年《卡塔赫纳协定》（*Cartagena Agreement*），科学证据和外交手段为建立安第斯共同体（Andean Group）（玻利维亚、哥伦比亚、厄瓜多尔、秘鲁和委内瑞拉）一体化进程做出了贡献。在这个案例中，科学家和决策者访问了发达国家（日本和欧洲的一些国家），以提请该协定谈判人员注意这些国家在技术发展方面的最佳做法。这些做法可以作为制定联合技术发展政策和战略的范例（Jaramillo-Sierra and Aguirre-Bastos, 1989）。

最近，在拉丁美洲，博托（Botto，2010）充分讨论了知识对贸易政策的影响，特别是学术界和智库在贸易谈判中的作用。这些谈判促成了南方共同市场（MERCOSUR），（阿根廷、巴西、巴拉圭和乌拉圭）形成，以及拉丁美洲和加勒比地区的其他经济一体化进程。

托雷斯（Torres，2010，p.93）指出，就墨西哥加入北美自由贸易区（NAFTA）（加拿大、墨西哥和美国）的例子而言，“有确凿证据表明，关于墨西哥贸易和投资开放的重要决定，包括该国 1986 年加入《关税及贸易总协定》和 1994 年正式生效的《北美自由贸易协定》，都是由行政部门在少量且强大的外部和内部政治参与者的推动或赞同下做出的”。这个集团不一定包括科学家。在这种特殊情况下，学术界进行了广泛的事后研究，以评估《北美自由贸易协定》的实施情况。许多研究得出结论认为，该协定“对工资和大多数人的生活水平缺乏积极影响”（Torres，2010，p.95）。最近于 2020 年签署并将由各国议会批准的新协定将取代《北美自由贸易协定》。这种情况是否会成为现实，还有待详细研究。

泽不里根（Zurbriggen，2010）分析了乌拉圭在贸易政策领域的体制，以及专业知识在决策中的作用。他在这项研究中发现了以下 4 个主要弱点，并认为这些弱点源自拉丁美洲和加勒比海地区在政治和体制上缺乏在新的全球贸易协定中发挥战略作用的能力（Zurbriggen，p. 111 and 112）（智利、巴西和墨西哥除外）。

- 加强对贸易政策负有基本责任的组织的政治影响力，以及技术和战略能力的能力不足。
- 难以实施有效的部际协调机制，以应对当前贸易协定中的多样性问题。
- 在妥善解决贸易政策决策与政府和私人部门间的信息不对称管理问题方面存在薄弱环节。

- 限制将社会和企业行为者的部门利益联系起来，以确保国家利益至上。

换句话说，该地区大多数国家在签订自由贸易协定时几乎是盲目的（利益集团除外）。在这种情况下，这些国家的科学界通过建立强大的知识库，高度参与这一进程就显得至关重要。

最近，格鲁克曼和图雷吉安（Gluckman and Turekian，2020）在科学外交的视野下进行了分析，充分论述了科学输入对于创造更好的全球和平与发展环境的重要性。正如作者所认为的那样，这些输入尤其有助于为全球问题提供解决方案，加强双边和多边关系，包括国际谈判。格鲁克曼和图雷吉安提供的例子包括科学外交在气候变化、生物多样性丧失、可持续发展和全球健康等问题上发挥的建设性作用，其中许多以公约、条约和协定的形式出现，例如政府间气候变化专门委员会、生物多样性和生态系统服务政府间科学政策平台，以及《生物多样性公约》（*Convention on Biological Diversity*，CBD）。

以美国为例，科学外交一直是对外行动的主轴之一。美国国务院在多边和双边关系中都把科学作为基本点，利用本国在科技方面的巨大优势，同时监测外国科学发展和高价值人才，吸引世界各地的知识以加强其自身能力。弗林克和斯莱特（Flink and Schreiter，2010）对不同机构加强科学外交的努力进行了另一项分析。他们在描述中回顾了 2008 年美国国家科学委员会（National Science Board）发布的政策文件《国际科学和工程伙伴关系：美国外交政策的优先事项》（*International Science and Engineering Partner-ships: A priority for US Foreign Policy*）。该文件认为，政府在外交政策中对科学的持续忽视，以及在“9·11 事件”后对学术交流的过度限制，将阻碍并最终挥霍掉美国的科学卓越性、全球技术领先地位及其创新基础。

关于科学外交政策和实践的不同方法的实例来自其他发达国家。2008 年，日本科学技术政策委员会通过了《加强科技外交备忘录》，强调将科学技术资本化作为一个新兴的国际关系领域，“软实力”将在其中发挥越来越大的作用（Yakushiji，2009；quoted by Flink and Schreiter，2010）。作为国家合作战略的一部分，日本多年来一直通过日本国际合作机构（JICA）向发展中国家派遣科学家和技术人员。

桑兹和克鲁兹（Sanz and Cruz ，2014）充分讨论了西班牙的案例。在西班牙，科学、技术和创新外交一词已被西班牙政府正式采用[①]（外交部，2014 年），以扩展更为传统的科学外交方法。西班牙的战略指出，公共外交框架内的科学、技术和创新外交反映了每个国家和政府在制定和执行外交政策时对科学和创新技术的重视。西班牙的案例表明，"科学、技术和创新系统的代理人的国际预测构成了竞争力的关键因素"。也就是说，需要在研究体系的国际维度制定国际化政策，为此，科学外交是必不可少的。西班牙战略大力强调"竞争力和人才"的目标，并将其细分为 4 个组成部分：

- 促进稳定的国际环境，推动良好的全球经济和金融治理。与世界经济治理相关的组成部分，更多涉及对外行动的其他方面，如经济政策协调、金融稳定和自由贸易。
- 通过支持出口和融入全球价值链，有利于西班牙公司的国际竞争力。这部分的逻辑与制成品或服务出口公司的实力有关，并与其竞争力直接相关。
- 促进教育、科学和技术系统的国际化。
- 鼓励引进人才（合格移民和海外西班牙人的回归）和旨在创新的外国资本。

最后，两个组成部分更多的是关于公共部门行动的逻辑，即制度质量的提高及其有利于社会和经济的开放程度。所有 4 个组成部分都已纳入《国家行动和外交服务法》（LASEE）。该项分析的作者认为，科学、技术、创新、高等教育和外交政策的直接关系可以分为两个层面：①旨在产生共同目标和协调公共行为者的外部行动的政策；②制定与商业部门的目标相互

① http://www.exteriores.gob.es/Portal/es/PoliticaExteriorCooperacion/DiplomaciasigloXXI/Paginas/Diplomaciacientifica.aspx.

作用和产生强化机制的政策。

法国的科学外交方式在 2013 年的报告《法国的科学外交》（*Scientific Diplomacy for France*）（法国外交部，2013 年）中正式确立。法国科学外交的一个关键目标是扩大法国技术在国外的使用和转让。早在采用科学外交概念的几年前，法国就在海外代表团中任命了科学和文化代理人（许多发达国家也遵循了这种做法）。法国在一次年度会议上召集科学和文化代理人以完善科学外交战略，同时努力与高等教育、研究和创新部密切协调。从该政策可以看到，虽然后者的投入至关重要，但外交部借助科学外交（并确定政策）利用世界上的科学和研究来促进国家利益。

瑞士 2008—2011 年的教育、研究和创新计划提出，国家繁荣和突出的竞争力主要基于强大的知识基础，要求利用欧洲以外地区和美国的新知识资源（Flink and Schreiter，2010）。瑞士的国际合作机构目前在几个中低收入国家都有分支机构，不仅为发展提供宝贵的支持，同时利用当地的知识和专业知识，最终帮助该国保持在科学和技术方面的领导地位。

就欧洲而言，在钢铁共同体和欧洲共同体等的外交努力下，早期建立了“技术驱动”协议，为后来签署《罗马条约》奠定了坚实基础，诞生了欧洲共同体，以及 20 世纪 80 年代后期的欧盟。

梅尔乔等人（Melchor et al.，2020）对欧洲科学外交的发展进行了广泛的分析和讨论，指出由于新型冠状病毒感染疫情的存在，科学为更好的应对政策提供信息的能力已成为应对危机的一个重要方面。作者声称，科学外交，作为科学、技术和外交政策交叉领域的一系列结构化实践，比以往任何时候都更能成为欧盟及其成员国的一个基本外交层面。

出于对新型冠状病毒感染疫情危机的考虑，科尔格拉泽（Colglazier，2020）最近讨论了他认为的许多国家和全球科学政策界面（science-policy interface）[①] 灾难性失败的不同原因，并断言，应对新型冠状病毒感染疫情

① 定义为“科学政策界面，即由最有知识的机构和专家提供最佳科学信息和建议，由政府关键决策者采取行动，并向公众提供系统的简短描述”。（第 1 页）（或作为联结准则的交汇点，在文章中使用）。

的失败发生在科学能力强大和咨询生态系统的发达国家（除了一些明显的例外）是令人震惊的。这种失败的原因有很多，人们不仅认识到政府的无能，而且认识到科学机构和顾问的失败，即使认识到新出现的威胁，也无法及时向政治家和决策者提供建议。与此同时，科尔格拉泽也认识到全球范围内科学合作的进步和重要性，这不仅体现在研究人员之间，也体现在企业、与健康相关的公司和组织之间。当然，新型冠状病毒感染疫情防控强调科学在描述病毒、促进公民保护措施等方面的作用方面取得了重要进展。艾伦（Allen，2020）等人为国际政府科学咨询网络（INGSA）做了大量工作，跟踪正在采取的措施。这无疑将有助于科学外交，推动国际环境的变化。

在这一分析中，应该明确指出，失败也是由于许多国家实行了对抗性的内部政治。其中一个例子是美国，美国国家科学院院长玛西娅·麦克纳特（Marcia Mckenna）和国家医学院院长维克多·J. 德祖（Victor J. Dzu）于 2020 年 9 月 25 日发表的《关于在大流行病期间对科学进行政治干预的宣言》(*Declaration on Political Interference in Sciences amid Pandemic*)：

“作为国家在所有科学、医学和公共卫生事务方面的顾问，我们不得不强调各级政府基于科学的决策的价值。我国正处于新型冠状病毒感染大流行的关键时期，我们面临着重要的决策，尤其是有关疫苗有效性和安全性的决策。决策必须以现有的最佳证据为依据，不得歪曲、隐瞒或以其他方式故意误导。

“我们发现，不断出现的有关科学政治化的报道和事件，特别是公共卫生官员凌驾于证据和建议之上，以及对政府科学家的嘲弄，令人震惊。在我们最需要的时候，它损害了公共卫生机构的公信力和公众对它们的信心。结束大流行需要决策不仅要以科学为基础，还要有足够的透明度，以确保公众信任并遵守合理的公共卫生指示。任何诋毁最好的科学和科学家的行为都会威胁到我们所有人的健康和福祉。”

还应该认识到，到 2015 年，格伦（Glenn，2015）等人已经讨论过，尽管全球人类健康状况持续改善，但在前 5 年中发生了 1100 多起流行病事件。截至 2015 年 2 月，共报告了 971 例实验室确诊的人类感染冠状病毒—中东呼吸综合征—冠状病毒的病例，这些食源性流行病曾在中国出现输入性病例。科代罗（Cordeiro，2014）总结了在拉丁美洲开展的一次大型德尔菲调查，结果显示，对未来大规模疫情的识别是影响程度很高的（6.6/10），但发生的可能性并不高（36.4%），因为它造成 1 亿人死亡。幸运的是，尽管新型冠状病毒感染疫情还没有达到这样的预测结果，但它无疑要求对之前的结果进行修订，使其具有很高的影响力和可能性，特别是世界各地都出现了新的毒株。

这里需要说明的是预见的作用，因为它可以被视为制定科学外交政策的强大工具。正如阿吉雷 - 巴斯托斯（Aguirre-Bastos ，2018）等人所论述的那样，发展中国家的决策者面临着日益增长的政治和社会压力。这些压力来自对新技术和颠覆性技术的担忧、就业机会的丧失、道德困境、社会项目支出的增长、研发公共预算的减少，以及对透明度和问责制日益增长的需求。与此同时，科学作为“循证政策”基础的可信度也受到了质疑。因为众所周知，科学家也会有不同的观点，得出不同的结论，特别是在社会研究成果方面。在这种情况下，不仅只期望远见能够探索未来，而且还应对短期关切作出回应。在最近几年的突发危机中，预见被重新定义为一种有助于解决短期问题的工具。它强调发现微弱信号的重要性，从而使其成为预警系统的重要组成部分，并将之作为建立适应性“学习型社会”的工具。这与哈瓦斯（Havas，2010）等人关于预见发展的讨论是一致的。预见从一种考虑改变未来科学技术领域或社会经济系统独特视角分析工具，发展成为一种有助于决策和确定变革方向的治理元素。

2016—2017 年，开展了一项关于欧盟—拉丁美洲双边区域关系的预见活动，作为前文所提及的 2010 年马德里峰会后确定的合作计划的一部分。预见活动确定了未来十年的合作方案，两个地区的学术界和外交界都积极参与其中（Aguirre-Bastos et al.，2017）。

在最近（初步）对短期未来（2022 年）的预见中，千年项目牵头确定了 3 个后新型冠状病毒感染时代的设想方案，主要以美国为中心。

情景预见方案 1：美国经久不衰——2022 年 1 月（Glen and Herson，2020）。这是一个积极的设想，但也认识到美国和世界的复兴还面临许多社会和经济困难。在这种情景下，科学为控制大流行病提供了宝贵的工具，同时，科学也为重新思考工作的意义和教育的目的提供了机会，并帮助确定生活中新的优先事项。此外，该方案认可那些关于“全球新政可能会改善人类前景”的国际讨论（第 1 页）。

情景预见方案 2：傲慢与冷漠——失落时代的哀歌（Gordon and Watkins，2020）。这是一个灾难性的场景，在非基于科学甚至情报信息的错误政治决策面前，科学几乎没有发挥什么作用。到 2022 年，这场危机造成的死亡人数已达到峰值，超过 50 万人，带来了巨大的社会和经济后果，在未来几年将难以克服。这种情况甚至造成了对现有疫苗的不信任，以及错误地指责科学投入对危机改善的影响。

情景预见方案 3：一切顺利！（Garret and Saffo，2020）。这是一个非常积极的设想。危机初期未能采取有效行动所造成的最初影响已经完全消除。美国新政府将重点放在了“整个政府”的努力上，其中包括强有力的协调机制。科学所带来的重要创新，尤其是在测试、疫苗生产和治疗方面的创新，促成了新的设想。该方案认为，内部合作氛围的改善是一个关键因素。在对外关系方面，该方案认为美国—欧盟—中国的新兴伙伴关系将取得成效。

梅尔乔等人（Melchor et al.，2020）为应对全球挑战提供了一个简单的包括制止者、警告者、推动者的特征分类（以街道信号为例）。表 1 所示是这一特征描述（这里稍作修改，以更适用于发展中国家）对于更好地理解和定义发展中国家的科学外交政策很有价值。

生物经济问题对发展中国家非常重要。生物经济是指充分保护和利用自然资源，尤其是来自植物等生物体的资源。阿瓦尼蒂斯托（Arvanitis-to，2017）指出，生物——生命这一珍贵礼物有可能帮助摆脱领导力和价值观方面的灾难性危机。呼吁承认多样性的价值，承认所有文化的独特属性，而不是将每个邻居都视为威胁，滋生不满情绪，甚至达到相互毁灭的目的。这项研究认为，气候变化的威胁可以为联合行动提供契机，使生物外交（Bio-diplomacy）——国际环境保护合作得以蓬勃发展。生物外交能动员所有国家致力于环保行动，并通过媒体和教育渠道，努力让地球上的每一个人都参与到这场全球运动中来。阿瓦尼蒂斯托认为，生物外交旨在促进相互依存与合作，并注重差异化的价值。宗教、文化、语言和生物多样性的差异是人类的财富。正如人体的各个部分完美协调地共同发挥作用才能维持一个健康的个体一样，如果没有相互依存的共同愿景，现代社会就无法确保拥有和谐的未来。

表 1　应对全球挑战的制止者、警告者和推动者

科学		
红灯	黄灯	绿灯
科学和研究不端行为	专业化和碎片化的科学知识	科学和合作作为核心的普遍价值
研究人员不足	官僚主义和抵制承认跨界专业人员	科学咨询机制的好例子
缺乏结构化政策	科学建议机制复杂	科学的公共价值
参与科学机构	研究界缺乏外交培训	
象牙塔文化	研究和创新对政策的影响有限	
外交		
红灯	黄灯	绿灯
发展中地区的社会政治分裂	全球化、新的参与者与合作目标	发展合作的良好范例
民族主义、保护主义和民粹主义	适应数字化和信息技术	框架
政治决定压倒科学证据	协同（在经济一体化努力中）	以知识为基础的经济
哈定（Garrit Hadin）悲剧	尚未实施的外交和安全政策	科学作为外交的驱动力
	外交界缺乏科学培训	
科学外交		
红灯	黄灯	绿灯
对民主、机构和专家的不信任与日俱增	对科学外交的不同理解	全球和地区双赢行动宪章
政府部门之间不协调	不同的思维定式、文化和规则需要沟通	两个社区对培训的需求
资助计划有限或没有资助计划	竞争与合作的方法	信任、同理心、政治意愿和时限
需要加强机构	科学外交的政治领导力薄弱	

资料来源：Melchor et al.，2020。

2.3 科学研究的一个特殊维度：科学外交的科学

在对科学外交的不同概念和实践进行研究后，我们认识到，在如何开展科学外交方面还没有公认的最新技术，甚至在可以或应该如何开展科学外交方面也没有达成共识。造成这种情况的原因在于组织行为者、利害关系和问题的差异，以及与其他政策领域的许多重叠。研发活动的日益国际化导致各国及其政府之间的竞争日趋激烈，它们都在寻求竞争优势，并为关键核心技术开发做出巨大努力。

洛佩兹和塔博尔加（Lopez and Taborga，2013）从科学在科学的社会研究领域的重要性角度出发，广泛讨论了拉丁美洲科学的国际维度日益增长的相关性。这些作者认为，自 20 世纪 60 年代以来，这一领域一直是拉丁美洲学者研究最多的议题，同时也表明了科学技术作为一种公共政治的能力。特别是，这项工作从科学技术本身、国际合著出版物、国际合作计划、科学家跨境流动或研究团队开展的国际活动角度，确定了科学国际化的第一驱动力。第二个驱动力与科学技术发展的社会、政治和经济背景相关。

对最近文献的回顾还发现，在对科学的国际维度开展的不同研究中，存在着争论和紧张关系，其中关于拉丁美洲背景下知识生产条件的讨论尤为突出。围绕该地区科学技术的国际知名度和社会效用的研究比比皆是。因此，科学的社会研究为发展中国家科学外交的科学发展提供了肥沃的土壤。

2.4 科学外交的其他维度

在处理科学外交问题时，还需要考虑科学国际化的其他方面。面对科学的日益国际化，国际科学院组织（IAP，2016）充分讨论了全球研究事业中负责任的行为。它认识到，世界科学院始终坚持研究诚信和科学责任的标准，这是开展高质量研究的两个关键要素，对于向决策者提供科学证据和制定开展科学外交的新标准至关重要。国际科学组织呼吁，在制定负责任的行为标准时，应深化协调的必要性。这可能是科学外交作为科学国际化的推动力可以发挥的重要作用。重要的是要认识到，国际科学院联盟是作为科学院的会议场所而建立的，但同时也是为了确保较小和较弱的国家在国际讨论中的代表性，从而直接应对科学外交的这一维度。

科研合作可能会因科学家缺乏自由而受到损害。在许多情况下，科学家是自由和人权的拥护者，发表某些成果会给他们带来危险。国际科学院和学术团体网络记录了几起侵犯科学家权利的案件。① 该网络创建于 1993 年，旨在解决科学与人权问题，特别是世界各地的科学家、学者、工程师和卫生专业人员仅因非暴力行使个人权利而遭受严厉镇压的案例。目前，有 90 个国家的学术机构和学术团体成为该网络的成员，每个成员都有一名国际知名的人权倡导者作为代表。该网络旨在促进各国科学家和学者之间自由交流思想与观点，从而推动各国科学院及其所属机构在教育、研究和人权方面的合作发展。在其工作过程中，该网络与外交官一起行动，从而为科学外交的一个必要维度做出了贡献，即倡导科学家行使其研究和言论自由的权利。

3 讨论

通过对国际化和科学外交的概念与实践的回顾，发现了对发展中国家具有重要意义的几个问题。

多维度的国际化无疑是发展科学能力的一个关键因素。在强调这一重要性的同时，处理这一进程的政策也不能忽视地区和国家之间的巨大差异，特别是它们之间可能存在的严重不对称。联合国教科文组织（UNESCO）1999 年在布达佩斯组织召开的世界科学大会（World Science Conference）已经认识到结构性障碍的存在，这导致了某些地区和社会群体在国内和国际上的差异和边缘化。人们还认识到迫切需要通过提高发展中国家的科学能力和基础设施水平来缩小其与发达国家之间的差距。现有的所有研究都表明，科学国际化是可取和必要的，但它并不仅仅意味着精简和加强现有

① https://www.Internationalhrnetwork.org/.

的合作。应该制定新的战略，避免边缘化，增加人才数量，使科学发展摆脱民族主义偏见。

这当然也是 1979 年联合国科学和技术促进发展会议（UN Conference on Science and Technology for Development）的目标。这次会议是全球科学合作的一次短暂尝试。会议（在“经济依赖”模式即将结束时）通过了一项行动计划（Plan of Action），该计划转变为联合国开发计划署（UNDP）管理的一系列项目，直到资金耗尽（Aguirre-Bastos and Gupta，2009）。会议通过的这项行动计划被世界银行和其他多边组织在 20 世纪 80 年代末和 90 年代初推行的不断变化的新自由主义经济发展战略所淹没。

在关于国际化的不同研究中广泛讨论的另一个问题是国家的开放，这样就可以利用人才流动的优势，以及吸引专门用于研究与开发（R&D）的人才和外国资本的到来。这是发展中国家的一个关键点。这些国家当然需要新的人才，作为发展其科学和技术能力的第一步，这些人才可以从国外引进。这些国家中的许多国家都制定了限制甚至禁止这种可能性的国家法律和法规，特别是当包括国立大学在内的公共组织需要这些人才时，而这些组织在其内部法规中又有自己的限制。此外，在吸引资本方面，许多发展中国家尽管为外国投资提供激励措施，但没有适当注意到为发展本地能力而进行技术转让的必要性。

许多科学合作活动是在国家间或国际机构建立的正式框架内开展的，研究人员开展的大部分活动还是很非正式的。尽管合作以自发的方式发生，是研究人员之间联系的结果，是对个人议程的回应，但最终利用了从没有明确包含合作计划的来源获得的资金。这就是“开放”或“非正式”科学外交可以发挥作用的地方。当小国的推广计划有限，或其目标无法满足研究人员的需求时，非正式合作就显得非常重要。文献计量学研究表明，发展中国家和发达国家的研究人员在这类合作中共同发表的论文占论文总数的 70% 或 80%。

许多政策声明、规划、战略和一些研究考虑的那些健康、环境或农业问题对发展中国家（以及今天的整个世界）非常重要，并提出在政策制定中将其作为优先事项的建议。虽然这很重要，但它可能会使这些国家正在进行的研究与世界上更发达国家的科学界正在调查的问题脱节。因此，国际化只会更接近技术合作，而不是真正的科学合作。

在全球范围内，由于权力关系和支配关系或个人利益指导关系，对科学和外交产生了重要影响。因此，科学的国际化受到政治的影响，这可能会干扰有关科学的性质和功能、模式和目标及其参与者等若干问题。在这种情况下，发展中国家显然需要更强有力的推动力来确定自己的科学国际化与合作政策。这些国家必须被接受为知识生产的合作伙伴。同时，这些国家的科学界必须努力说服本国的政治决策者，使他们认识到发展科学研究的极端必要性。从以上对本文所指的概念和实践的概述中可以清楚地看出，科学外交有多重维度，第一个维度的目标是促进全球利益，第二个维度是处理双边或多边利益，第三个维度在促进国家利益方面具有相当大的价值。还应认识到，就科学家对外交关系或为一般政策制定做出了多大贡献而言，存在着不同的甚至相互矛盾的观点。

在讨论开放科学和研究质量标准等问题的新背景下，科学外交的性质发生了变化。在这一变革步伐下，对科学的理解、对科学的依赖、对风险和警示的认识、潜在的利益和成本，这些都被确定为将创新纳入外交政策的缘由。

观察科学外交的一种方法是衡量外部行动所产生的现代化效果。科学政策的不同概念和实践清楚地表明了外国行动在科学、技术和高等教育系统中的现代化效应。尽管缺乏对科学外交的共同定义，但发展科学—外交政策关系的出发点显然是强调其重要性及其现代化效应的影响。

在这个以重大政治发展、重大科学进步、颠覆性技术快速发展，以及受当前和未来流行病和气候变化的威胁为特征的世界中，科学外交的不同维度被“嵌入”其中。正如全球研究理事会（GRC，2017）所认识到的那样，还有一些基于信仰、文化和社会因素的强大因素，导致对技术创新的反应非常不同，如对转基因生物的不同看法，一些国家给予了社会许可，而另一些国家则没有，这反过来又反映在其外交政策环境中。在这种情况下，对科学外交的共同理解尚待建立也就不难理解了。全球研究理事会、美国科学促进会和联合国教科文组织等一些组织正在解决这一问题，并提供了分享经验和良好做法的平台。我们期待发展中国家也能共同努力构建类似的平台。

文献中还广泛讨论了这样一个问题，即如果通过一系列广泛的科学咨询机制建立起一个更好的学习系统，并将其应用到循证外交政策制定过程中，发展中国家的科学外交将受益匪浅。需要改变文化，为各类专业人员营造灵活、适应性强、有效和渗透性强的环境，以合作应对全球挑战。对科学外交应用过程的分析表明，科学和外交机构以及政府部门需要更好的互动空间。需要建立新的平台和网络，这些平台和网络应包括所有相关的利益攸关方，并且不依赖于现有的官僚结构。这些网络可以跨越现有的组织界限，将角色相似的人员联系起来。为此，各机构应推进科学家、外交官、决策者和其他专业人员之间的合作意识和合作新文化的发展，突出强调一系列有助于确保外交政策以科学证据为依据的机制。其中之一是通过网络。一些政府在不同的部委和部门，包括驻外使团中设立了科学顾问或咨询委员会网络。越来越多的国家在外交部设有科学顾问。

在一个以不同质量的科学出版物数量不断增加为特征的世界里，建立科学和政策之间的关系无疑是一个巨大的挑战。显然，我们需要可信赖的科学建议 / 咨询和科学交流。要使出版物有助于缩小差距，就需要对大学、研究和创新体系进行必要的改革；如果不进行这些改革，不适应日益增长的需求，不仅是对外行动本身，而且各部门的机构生存能力都可能受到损害。从新型冠状病毒感染疫情危机中汲取的一个更重要的教训是，必须建立强大的科学咨询系统，否则，过去几个月的经验表明，如果政治领导人不听取高度专业的科学建议，危机将持续到下一年。当然，众所周知，循证决策并不一定依赖科学，“但忽视科学则会带来灾难”（Colglazier，2020）。

哈桑等人（Hassan et al.，2015）广泛讨论了科学院在外交中的作用，认为科学院无论是在本国还是在集体中都具有权威性的声音。在这一分析中尤为重要的是，人们认识到这些机构在向公众和政策制定者提供信息方面所具有的公信力，因为其成员在科学方面的卓越成就是公认的，而且由于科学院是完全自主的，他们可以自由地表达意见。哈桑等人也承认，科学院的集体声音是国际层面的有力工具。事实上，考虑到这种集体声音的重要性，各科学院已联合组成一个全球网络，即目前的“国际科学院组织（Inter Academy Partnership）”，通过发布报告、建议和关于关键问题的权威性声明，为全球政策辩论充分做出贡献。

为应对全球挑战，科尔格莱齐尔（Colglazier，2020）建议将高质量科学咨询机制纳入国际组织的系统，似乎有必要对整个联合国系统进行改革，正如智利总统塞巴斯蒂安·皮涅拉（Sebastian Pinheira）在 2020 年联合国大会讲话中所呼吁的那样。所有国家的科学界都被要求研究实现这种改革的最佳途径，从而确保一个更加可持续和公平的未来。这将对改善科学和外交关系的努力构成挑战。此外，科尔格莱齐尔认为，民族国家层面的全球合作是不完整的。七国集团承诺通过加强合作和协调努力，在全球范围内应对疫情大流行，但这至多仅是一种善意的声明，对有效行动的影响甚微。要改变这种状况，科学和外交是最大的挑战。

4 结论

科学的国际化和科学合作不能仅仅被视为个人参与的知识传播过程，它们应该是不同群体参与的知识整合过程。国际合作要取得成效，应当使研究人员个人、其所在机构和国家受益。为此，科学外交在促进这种整合方面发挥着重要作用。这意味着要从个人类型国际合作活动和战略转向机构发展的优先事项，并支持和推动发展中国家的研究和创新系统能够应对全球挑战的战略。

今天，应当认识到，在发展中国家，国际化更多地遵循科学界而非明确的政府政策所引发的动态。这种情况要求科学家和政府之间建立更紧密的关系，并定义公共政策，以解决将合作和科学外交视为驱动因素的国际化问题。正如格卢克曼（Glukman，2017）充分讨论的那样，各国必须重视国内科学咨询机制对在国际层面取得进展的重要性。大多数发展中国家的科学和创新体系极为薄弱，面临着国际竞争力问题。目前的新型冠状病毒感染疫情危机肯定会加剧这种情形，但同时也为科学院和智库等系统内的参与者提供了更多机会。

为了克服这些弱点，一些发展中国家需要开放封闭的公立高等院校系统，以利用人才流动的优势。目前，许多发展中国家的公立院校无法提供灵活条件吸引、选拔和签约国际人才。高效的对外行动需要对大学、研究和创新体系进行一些基本改革。如果不进行这些改革，不适应新的要求，不仅对外行动本身，而且机构的生存能力也会受到损害。此外，还必须为外国研究人员、学生和教师提供条件，使他们能够与当地科学界合作，并将国家科学标准提升到国际水平。换句话说，就是要“国际化内部化”（internalize the internationalization），吸收外国提供的经验教训，学会克服地方需求的具体要求。

随着科学知识和技术创新步伐的加快，对科学的理解、对科学的信心、对风险和警示的认识、潜在的利益和成本，都是将科学和创新纳入外交政策的有力理由。在许多场合，人们注意到科学外交与“闭环”（Goransson et al.，2016）的理念相矛盾，即产生一个良性循环，当地的知识被用于当地的决策，而决策反过来又需要更多的知识。当今世界的经济、社会和环境日趋复杂，这就要求采取新的政策制定方法和贡献知识，以加强国家的对外关系。

从本文分析的概念和实践中可以看出，发展中国家显然需要对未来有长远的认识。正如比塔尔（Bitar，2016）所指出的，至少在拉丁美洲地区，公共政策缺乏战略深度和长远眼光。因此，必须将预见作为一项重要的政策工具纳入科学外交，如果它要服务于外交政策所追求的长期目标的话。未来的复杂性和不确定性要求在公共行政管理中引入前瞻性视角。在发展中国家，很常见的更经典的规划方法已不再够用。决策者需要在科学界的大力支持下，利用不同的未来研究工具，以前瞻性的眼光来看待国家的国际关系，例如科学外交。

从本文所研究的概念和实践中得出的一个重要结论是，通过在学术界和高级公职人员之间建立互动渠道，在社会科学与政治之间建立富有成效的联系极具重要性。要做到这一点，关键是要加强不同科学之间的联系。发展中国家的许多科学政策，特别是在更宽泛的（经济）创新政策的影响下，往往掩盖了社会科学或基础研究的重要作用，而这些研究应保持不受限制。由于新型冠状病毒感染疫情危机，政府内外的顶级经济学家呼吁采取行动，防止全球经济崩溃。① 应在科学界的大力支持下，通过外交手段来落实各项行动。这就要求制定正确的政策，确保科学合作中公认的透明度和道德规范得到遵守和执行（Colglazier，2020）。

就发展中国家而言，似乎有必要让外交部承担领导科学外交努力的挑战，这需要科学界及其提供的高质量证据的有力支持。

这一点很重要，因为正是这些部委必须正式采用科学外交政策（或技术和创新外交）。科学家、外交官、政策制定者和其他专业人员之间的新合作文化应该得到进一步发展。发展中国家还应深化对科学与外交政策关系的研究。还需要沿着这条线对科学外交进行更多的研究。除了科学外交传统分类，推进“科学外交的科学”似乎至关重要，即探索科学外交是如何进行的，什么是有效的，以及它的局限性是什么。

参考文献

AAAS（2017）Connecting scientists to policy around the world: landscape analysis of mechanisms around the world engaging scientists and engineers in policy. American Association for the Advancement of Science. Washington D.C.https://www.aaas.

---

① 早在新型冠状病毒感染疫情危机之前，斯蒂格利茨（Stiglitz，2020）就警告说，如果资本主义要生存，就需要重塑资本主义。这种模式的危机可能会导致民主制度的危机和其他意想不到的社会弊病。

org/resources/connecting-scientists-policy-around-world.

Aguirre-Bastos C, Gupta M P (2009) Treinta Años de Viena y Diez de Budapest: Dónde Estamos en América Latina? Thirty Years from Vienna and Ten from Budapest: Where are we in Latin America? Interciencia, vol. 34 no. 8, Caracas.

Aguirre-Bastos C, Weber M, Giesecke S et al (2017) An exploration of the future Latin America and Caribbean and European Union bi regional cooperation on STI. Final Report on a foresight exercise undertaken for the ALCUE Net Project, presented to the Senior Officials Meeting. Brussels.

Aguirre-Bastos C, Medina J, Weber M et al (2018) Can foresight serve short-term decision making in developing economies? Contribution proposed to the 2018 FTA Conference, Brussels Allen K, Buklijas T, Chen A et al (2020) Tracking global evidence-to-policy pathways in the coronavirus crisis. Report to the International Network for Government Science Advice. September.

Arum S, Van de Water J (1992) The need for a definition of international education in US universities. In Klasek CB (ed) Bridges to the future: strategies for internationalizing higher education, pp 191-203. Association of International Education Administrators, Carbondale.

Arvanitis A V (2017) omacy-nationalism and globalism as two sides of the same coin.

www.biopolitics.gr; https://moderndiplomacy.eu/2017/08/31/biodiplomacy-nationalism-and-globalism-as-two-sides-of-the-same-coin/.

Bitar S (2013) Global trends and the future of latin America: why and how latin America should think about the future. Inter-American Dialogue. Washington D.C.

Bitar S (2016) Why and how should Latin America think about the future? In: The dialogue, leadership for the Americas, global trends, and the future of Latin America. Interamerican dialogue, September 2016.

Botto M (editor) (2010) Research and International trade policy negotiations: knowledge and power in Latin America. International Development Research Centre. Taylor & Francis Group, Routledge. New York and London. p 226.

Colglazier E W (2020) Response to the COVID-19 Pandemic: catastrophic failure of the science-policy interface. September 4.

Cordeiro J L (2014) (Editor and General Coordinador) Latinoamérica 2030: Estudio Delphi y Esce–narios (LatinAmerica 2030: Delphi study and scenarios.) The Millennium Project. Lola Books, GbR, Berlin; printed in Spain.

Cruz Sandoval L (2014) Una nueva ola para la diplomacia científica (A new wave forsciencediplo–macy) . Asuntos Globales (Global Affairs) . Madrid. 30 September 2014 Flink T, Schreiterer U (2010) . Science diplomacy at the intersection of S&T policies and foreign affairs: toward a typology of national approaches. Sci Public Policy 37 (9) :665–677. November 2010. https://doi.org/10.3152/030234210X12778118264530.

Garret B, Saffo P (2020) Draft Scenario 3. Things went right! The Millennium Project. Washington D.C. September.

Glenn J C, Florescu E, Millennium Project Team (2015) 2015–2016 state of the future. The Millennium Project. Washington D.C., USA. info@millenium–project.org.

Glenn J C, Herson J (2020) America Endures–January 2022. The millennium project. Washington D.C. September.

Gluckman P, Turekian V (2020) Rebooting science diplomacy in the context of COVID–19. Issues in Science and Technology (June 17, 2020) .

Glukman P (2017) The global dimension of science advice: learning from each other. Presentation to the American Association for the Advancement of Science, Boston.

Goransson B, Brundenius C, Aguirre–Bastos C (eds) (2016) Innovation systems for development: making research and innovation in developing countries matter. Edward Elgar Publishing, UK, p328.

Gordon T J, Watkins A (2020) Draft scenario 2. Hubris and Apathy: a lamentation for lost times. The Millennium Project. Washington D.C. September.

GRC (2017) White paper on science diplomacy. Global Research Council (2017) . Presentation at the GRC Regional meeting held in Panama.

Hassan M, terMeulen V, McGrath P F, Fears R (2015) Academies of science as key instruments of science diplomacy. Science and diplomacy: on–line publication from the AAAS centre for science diplomacy. Washington D.C. October.

Havas A, Schartinger D, Weber M (2010) Impact of foresight on innovation policy making: recent experiences and future perspectives. Res Evaluat 19 (2) :91–104. June 2010.

IAP (2016) Doing global science: a guide to responsible conduct in the global research enterprise. Interacademy Partnership, Princeton University Press.

Jaramillo–Sierra L J, Aguirre–Bastos C (1989) La otra Integración: Ciencia y Tecnología en la Forma–ción del Grupo Andino: Evolución, alcances, y perspectiva recientes. Editorial Marens Artes Gráficas E.I.R.L, Lima, June.

Knight J (2003) Updated definition of internationalization. International higher education: international issues. www.ejournals.bc.edu.

Lopez M P, Taborga A M (2013) Dimensiones internacionales de la ciencia y la tecnología en América Latina. Latinoamérica, n 56, pp 27–48. <http://www.scielo.org.mx/scielo.php?script= sci_arttext&pid=S1665–85742013000100003&lng=es&nrm=iso>. ISSN 2448–6914.

Melchor L, Elorza A, Lacunza I (2020) Calling for a systemic change: towards a European Union science diplomacy for addressing global challenges. V 1.0. S4D4C Policy Report, Madrid: S4D4C Ministry of Foreign Affairs (2013) Science diplomacy for France. Directorate general of global affairs, development and partnerships report. Paris, France.

Ministry of Foreign Affairs (2014) La Diplomacia Pública comoreto de la política exterior (Publicdiplomacy as a challenge to foreign policy). Diplomatic School of the Ministry of Foreign Affairs of Spain and Royal Institute Elcano, Madrid, Spain.

Patel S J, Roffe P, Yusef A A (eds) (2000) International technology transfer, the origins and aftermath of the united nations negotiations on a draft code of conduct. Kluwer Law International, The Netherlands. November 24, 2000.

Paz–Lopez M, Taborga A M (2013) Dimensiones Internacionales de la Ciencia y la Tecnología en América Latina (International dimensions of science and technology in Latin America). Mirador L.A. Latinoamérica 56, Mexico, January–June 2013.

Rodriguez Medina L (2018) Internationalizing science and technology: some introductory remarks, Tapuya: Latin American Science. Technol Soc 1 (1) :216–

218. https://doi.org/10.1080/25729861. 2018.1550968.

Sanz L, Cruz L (2014) La internacionalización del sistema científico, tecnológico y de educación superior español en el contexto de una renovación estratégica de la acción exterior (The internationalization of the Spanish science and technology and highereducationsystems in thecontextof–foreignaction. Estrategia Exterior Española 8/2014–7/3/2014. Madrid.

Sebastian J (2019) Cooperation as a driver of the internationalization of research in Latin America. J CTS Sci Technol Soc 42 (14) :79–97, October.

Stiglitz J E (2019) Capitalismo Progresista: La respuesta en la era del malestar (Progressivecapitalism; the response in the era ofinconformity) . Taurus, Madrid, Spain.

Stiglitz J (2020) People, power, and profits: progressive capitalism for an age of discontent. W.W. Norton Publishing.

Torres B (2010) Mexican academia and the formulation and implementation of trade policy in Mexico. In: Botto M (ed) Research and international trade policy negotiations: knowledge and power in Latin America. International Development Research Centre. Taylor & Francis Group, Routledge. New York and London, p 226.

Zurbriggen C (2010) The management of knowledge in trade policy. In: Botto M (ed) Research and international trade policy negotiations: knowledge and power in Latin America. International Development Research Centre. Taylor & Francis Group, Routledge. New York and London, p226.

国际科学、技术和创新外交：全球倡议

马杜苏丹·班德亚帕德耶 ①

摘要： 科学、技术和创新外交通常被理解为不同国家之间制订合作计划的过程，通过国际公认的科学技术知识和应用来解决全球关注的问题。科学技术和创新外交是将科学家和外交官结合起来，创建一个共同工作的平台。已经采取了若干有关科学、技术和创新外交的全球举措，以使参与国能够共同找到人类所面临问题的可持续解决方案，如贫困和疾病，环境和生物多样性退化，空气污染和气候变化，粮食、水和能源短缺。本文介绍了一些论坛提出的科学、技术和外交的概念方面，以及多年来发起的重要国际合作计划和创建的机构设施，以应对上述挑战，帮助各国进行能力建设，实现《联合国 2030 年可持续发展议程》(*The UN 2030 Agenda for*

---

① 马杜苏丹·班德亚帕德耶
不结盟运动和其他发展中国家科学技术中心（NAMS&T Centre），新德里，印度
电子邮箱：namstct@gmail.com

维努戈帕兰·伊特科特，贾斯迈特·考尔·巴韦贾（主编），发展中国家的科学、技术和创新外交，发展研究
https://doi.org/10.1007/978-981-19-6802-0_3

Sustainable Development）中制定的可持续发展目标。

关键词：国际合作；外交 ；环境；全球；可持续发展；可持续发展目标；科学、技术和创新

1 引言

人们普遍认为，科学、技术和创新是一个国家增强经济实力和能力建设的重要手段。科学、技术和创新在保护和扩大各国战略利益方面也发挥着重要作用。随着全球化和工业化的不断发展，世界正面临着一些问题，包括人口爆炸，贫困和疾病，环境和生物多样性退化，粮食、水和能源短缺。这些共同的问题单靠一个国家是无法解决的。形成这些问题的可持续解决方案最好通过各国政治对话和共同努力，并得到适当的、国际上可接受的科学技术知识和应用的支持。在这里，科学、技术和创新往往成为促进对话、改善关系、建立联系和桥梁的工具，即使在政治上存在分歧的国家之间也是如此。这就解释了科学、技术和创新外交的必要性，在这种外交中，科学技术专家和外交界成员相互支持。科学与外交之间的联系不仅对发展国际伙伴关系很重要，也有益于实现更广泛的外交政策目标。

双边、多边和地区合作谈判应当有来自政府和非政府组织的科学家、技术专家、创新者、学者、外交官、政策制定者和专业人士的参与，他们应当对科学、技术和创新对不同国家在不同问题上关系的细微差别和影响有更深入的了解。因此，国际科学、技术和创新外交对于解决全球关注的当代问题和确保各国的可持续发展极为重要。

2 科学、技术和创新外交的概念

第二次世界大战后，科学外交的概念逐渐成为国际外交的重要组成部分。它指的是描述科学和外交事务之间的相互作用。然而，科学外交并没有一个统一的、普遍接受的定义，经常成为政策制定者和其他利益相关者

争论不休的话题。根据美国科学促进协会（AAAS）的说法，科学外交的总体目标是利用国际科学合作促进不同国家人民之间的交流和合作，促进全球和平、繁荣与稳定（Leshner，2008）。

科学外交可以被理解为国家间为解决全球性问题而制定科学技术合作计划和开展合作项目的过程。该术语可用于描述在研究与开发、人力资源开发、技术转让或任何其他形式的科学技术项目方面开展合作的任何对话。科学外交是科学技术与外交进程的复杂结合。换句话说，它是科学家和外交官的结合，以创建一个共同工作的平台。很多时候，科学外交有助于防止国家间的冲突。专家有时会使用其他术语来代替科学外交，如科学技术外交、技术外交或科学、技术和创新（STI）外交，这取决于通过特定对话寻求实现合作的性质。

2009 年 6 月 1—2 日，英国皇家学会（The Royal Society，2010）与美国科学促进会联合举办了“科学外交新前沿”会议，讨论科学外交的概念、作用和历史发展。在这方面，南加州大学（USC）公共外交中心与州立大学和平研究所（USIP）合作，于 2010 年 2 月 4—5 日举办了“科学外交和预防冲突”会议，以进一步促进对科学外交的学术认识。在这些会议上，在解释科学外交时，描述了“科学”和“外交”这两个术语之间经常重复的 3 种关系，即外交中的科学、为科学的外交和为外交的科学（RS，2010; USC 2010）。

此外，在联合国贸易和发展会议（UNCTAD）和美国哈佛大学肯尼迪政府学院合作提出的发展中国家能力建设倡议中，讨论了科学技术在国际外交中的作用问题，“科学技术外交”被认为是为多边谈判提供科学技术咨询，以及在国际和国家层面开展相关科学技术合作活动（UNCTAD，2003）。

3 践行科学、技术和创新外交

科学、技术和创新方面的合作被各国用来共同商讨全球性问题，并促进各国之间的外交关系的例子不胜枚举。世界各地的科学家一直在与外交官合作，促进就共同关心的问题开展国际合作。

3.1 机构和倡议

第二次世界大战后，知名科学家、学者、思想家和政策制定者开始关注武装冲突，尤其是核武器的使用所带来的灾难性后果，并开始讨论和解决此类全球性问题。许多政府间组织和非政府组织相继成立，合作计划和活动也相继启动，旨在通过应用科学、技术和创新来解决共同关心的问题。

3.1.1 国际科学联合会理事会（ICSU）/国际科学理事会（ISC）

国际科学理事会是世界上历史非常悠久的国际非政府组织之一，于1931年在接管原国际科学院协会（1899年）和原国际研究理事会（1919年）基础上成立，旨在促进科学进步方面的国际合作，协调解决重大社会经济问题的项目。2018年，ICSU与国际社会科学理事会（ISSC）合并成立新国际科学理事会（ISC. https://council.science）。

3.1.2 帕格沃什会议

帕格沃什科学与世界事务会议创办于1957年，旨在汇集有影响力的国际学者和公众人物，共同关注核武器和其他大规模毁灭性武器对人类构成的严重威胁，并通过各国间的合作寻求解决此类全球性问题的办法。帕格沃什会议的目标是寻求消除所有大规模毁灭性武器，减少战争风险，并讨论如何控制可能导致冲突加剧的新兴科学技术发展。帕格沃什会议还将其议程扩大到社会关注的其他问题，如环境退化、气候变化和资源紧张等可能引发国际冲突的问题（Pugwash. https://pugwash.org/）。

3.1.3 和平利用原子能

国际原子能机构（IAEA）成立于1957年，致力于促进核技术的安全、可靠与和平利用，并防止其被用于发展核武器。原子能机构促进遵守和执行在其主持下通过的有关核安全的国际法律文书，其中包括《核安全公约》（CNS）、《乏燃料管理安全和放射性废物管理安全联合公约》，以及作为国际应急准备和响应框架基础的两项公约，即《及早通报核事故公约》和《核事故或辐射紧急情况援助公约》（IAEA. https://www.iaea.org/）。

3.1.4 和平利用外层空间

联合国和平利用外层空间委员会（COPUOS）成立于1959年，旨在管理为人类和平、安全与发展而探索和利用空间的活动。该委员会的宗旨是审查和平利用外层空间方面的国际合作，研究与外层空间有关的活动，鼓励外层空间研究，并研究探索外层空间所产生的法律问题。委员会在制定外层空间5项条约和5项原则方面发挥了重要作用（COPUOS. https://www.unoosa.org）。

为了和平利用外层空间，启动了大量国际合作计划，成立了许多组织，如国际搜救卫星系统（COSPAS-SARSAT）（1979年）、国际宇宙航行联合会（IAF）（1951年）、国际宇航科学院（IAA）（1960年）、国际空间法学会（IISL）（1960年）、国际卫星对地观测委员会（CEOS）（1984年）、空间研究委员会（COSPAR）（1958年）、机构间空间碎片协调委员会（IADC）（1993年）、空间频率协调小组（SFCG）、国际气象卫星协调组织（CGMS）；国际空间探索协调组（ISECG）、集成性全球观测战略（IGOS）、国际空间大学（ISU）、亚洲遥感协会（AARS）和国际摄影测量与遥感学会（ISPRS）。

3.2 大型国际科学合作项目

一些大型国际科学研究计划已经启动，在人类长期共同关心的领域开展工作，已成为“外交促进科学”的典范。欧洲核子研究中心（CERN）成立于1954年，主要职能是开发高能物理研究所需的粒子加速器和其他设施。大型强子对撞机（LHC）是欧洲核子研究中心最重要的项目，是进行粒子物理高级研究的巨大科学仪器。在大型强子对撞机上证实了一种理论上的亚原子粒子，即希格斯玻色子，是多国科学家合作进行实验的杰出范例（CERN.https://www.home.cern）。另一个多边项目——国际热核聚变实验堆（ITER）于1985年启动，旨在开发全规模的聚变发电厂，为满足日益增长的能源需求提供可持续的能源。国际热核聚变实验堆的成员——中国、欧盟、印度、日本、韩国、俄罗斯和美国，目前正在开展一项为期35年的合作，以建造和运行国际热核聚变实验反应堆的实验装置，并共同将核聚变推向可以设计示范热核聚变实验反应堆的阶段（ITER.https://www.iter.org）。

其他一些国际合作的大型科学项目也在启动，例如，国际氢能经济伙伴关系（IPHE）、反质子和离子研究装置（FAIR）、相对论重离子对撞机（RHIC）、意大利的里雅斯特 Elettra 同步加速器的 XRD2（用于大分子晶体学）和 XPRESS（用于高压物理研究）、日本大型同步辐射光源（SpRing-8）、日本高能加速器研究组织加速器、中微子项目、30 米望远镜（TMT）项目；使命创新（MI）、国际艾滋病疫苗倡议（IAVI）、激光干涉仪引力波天文台（LIGO）、平方千米阵列（SKA）、中东同步加速器光源实验科学与应用国际中心（SESAME）等。

3.3 区域和多边倡议

为在区域集团内开展科学技术合作项目，已经形成了许多制度安排。例如，东南亚国家联盟（ASEAN）科学技术委员会（COST）成立于 1978 年，旨在为作为单一一体化经济体的东盟建立强大的科学技术基础，并重点提高其成员国的技术创新能力，以确保东盟保持全球竞争力（ASEAN.https://asean.org/）。在拉丁美洲及加勒比地区（LAC），伊比利亚美洲科学、技术和发展计划（CYTED）于 1984 年启动，拉丁美洲、西班牙和葡萄牙的 19 个国家的科学技术机构签署了一项框架协议，旨在促进西班牙和拉丁美洲科学家之间的研究合作，并促进拉丁美洲国家之间的南南合作。另一项倡议，美洲全球变化研究所（IAI）成立于 1992 年，是一个政府间组织，有 19 个美洲成员国，旨在资助与全球变化及其社会经济影响相关的区域问题的合作研究、培训和政策相关交流（Soler，2014）。非洲联盟（AU）发展机构——非洲发展新伙伴关系（AUDA-NEPAD）于 2018 年启动，旨在协调和执行六大专题领域的区域和非洲大陆优先项目，即经济一体化，工业化，环境可持续性，技术、创新和数字化，知识管理，以及人力资本和机构发展。

其他此类多边和地区组织 / 计划包括，南亚环境合作规划署（SACEP）、国际山地综合发展中心（ICIMOD），以及环孟加拉湾多领域经济技术合作倡议（BIMSTEC）下的科学技术活动、巴西—俄罗斯—印度—中国—南非（BRICS）、印度—巴西—南非（IBSA）、南亚区域合作联盟（SAARC）、亚欧会议（ASEM）、东亚峰会（EAS）、环印度洋联盟（IORA），等等。

3.4 其他国际倡议

联合国成立了许多专门机构，成功地将科学、技术和创新与卫生、食品和农业、环境、气象和气候、技术转让、贸易、商业和发展等领域的决策联系起来。除了上述机构，还成立了许多其他政府间和非政府组织，以促进科学、技术和创新方面的国际合作，并参与科学、技术和创新方面的外交磋商。表 1 列出了本文其他部分未提及的几个知名组织。

表 1　关于科学、技术和创新外交的部分政府间和非政府科学技术组织 ①

序号	组织机构和成立年份	会员目标	目　标
1	国际能源机构（IEA）（1974）	30 个成员、8 个准成员和 3 个加入国	能源安全和能源政策合作包括建立集体行动机制，有效应对石油供应可能中断的情况
2	世界自然保护联盟（IUCN）（1948）	1400 个成员的政府和非政府组织	影响、鼓励和协助世界各地的社会组织保护自然，并确保自然资源的任何使用都是公平的和生态上可持续的
3	南方科技促进可持续发展委员会（COMSATS）（1994）	来自非洲、亚洲和拉丁美洲的 27 个发展中国家	通过南南合作，适当应用科学技术，可持续地提高发展中国家的社会经济地位
4	全球环境基金（GEF）（1991）	184 个国家	助力解决地球上最紧迫的环境问题，向符合条件的缔约方提供充足和可持续的财政资源，帮助它们实施《斯德哥尔摩公约》
5	国际科学技术中心（ISTC）（1992）	10 个国家	促进国际科学项目，协助全球科学界和企业界寻找并聘用科学家和卓越的科学知识机构
6	国际科学技术教育组织（IOSTE）（1984）	来自 80 个国家的组织	促进科学技术教育，提供科学技术教育领域的学术交流和讨论
7	世界科学院 ②（TWAS）（1983 年）	来自 104 个国家的 1270 名当选会员	提升发展中国家可持续发展的科学能力和卓越水平，并通过研究、教育，以及政策制定和外交促进可持续繁荣
8	国际科学院组织（IAP）（1993 年）	104 个科学院	帮助其成员有效参与科学政策的讨论和决策，加强科学在社会中的作用
9	科学技术合作常设委员会（COMSTECH）（1981）	57 个国家	建设本土科学技术能力，促进相关领域的合作，建立规划和发展的体制结构
10	南方中心（1995）	54 个国家	开展以政策为导向的研究，支持发展中国家参与和实现可持续发展目标相关的国际谈判进程

注：① 这些只是几个说明性的例子，还有成千上万个这样的组织，特别是涉及个别专题领域的组织。
② 原名为第三世界科学院。——译者注

4 科学、技术和创新外交与可持续发展

世界环境与发展委员会（又称布伦特兰委员会）1987 年的报告将可持续发展定义为“既满足当代人的需要，又不损害后代人满足其需要的能力的发展”。可持续发展的这一概念为环境政策与发展战略的结合提供了一个框架，其目的是在保护环境的长期价值的同时，保持经济的发展和进步（UNSD. https:// sdgs.un.org）。

可持续发展的总体目标是在保护环境和生态的同时实现经济的长期稳定，而这只有通过政府在制定政策时将经济、环境和社会需求结合起来才能实现。人类面临的许多挑战，如气候变化、水资源短缺、贫困、不平等和饥饿等，只有通过促进可持续发展和科学、技术与创新外交磋商，才能在全球范围内得到解决。

在联合国的领导下，一系列国际倡议提出了实施可持续发展的必要性。1992 年 6 月，在巴西里约热内卢举行的地球问题首脑会议上，超过 178 个国家通过了《21 世纪议程》。这是一项全面的行动计划，旨在建立全球可持续发展伙伴关系，在改善人类生活的同时保护环境。随后，在 2000 年 9 月的千年首脑会议上，联合国会员国一致通过了《千年宣言》，提出了到 2015 年减少极端贫困的 8 项千年发展目标（MDGs）。此外，2002 年在南非举行的可持续发展问题世界首脑会议通过了《约翰内斯堡可持续发展宣言》和《执行计划》，重申了国际社会对消除贫困和保护环境的承诺，并在《21 世纪议程》和《千年宣言》的基础上，更加重视多边伙伴关系（UN. https://www.un.org）。

4.1 可持续发展目标（SDGs）——全球议程

在 2012 年 6 月于巴西里约热内卢举行的联合国可持续发展大会（“里约 +20”峰会）上，会员国通过了一份成果性文件——《我们想要的未来》，其中决定启动一个进程，制定一套可持续发展目标，以千年发展目标为基础，与 2015 年后发展议程相一致。2015 年 9 月在纽约举行的联合国可持

续发展峰会通过了以17项可持续发展目标为核心的《2030年可持续发展议程》，进一步推动了这些努力（UNSD. https://sdgs.un.org）。2015年是多边主义和国际政策制定具有里程碑意义的一年，通过了一些重大协议，即《2015—2030年仙台减轻灾害风险框架》（2015年3月）、《亚的斯亚贝巴行动议程》（2015年7月）、《改变我们的世界：2030年可持续发展议程》（2015年9月）和《巴黎协定》（2015年12月）。

《改变我们的世界：2030年可持续发展议程》连同17个可持续发展目标和169个具体目标，涵盖了可持续发展的3方面——经济、社会和环境。议程的基本原则是，为了社会和经济发展，必须可持续地管理地球的自然资源，因此有必要养护和可持续地利用海洋、淡水资源，森林、山脉和旱地，以及保护生物多样性、生态系统和野生动物。实现能源和粮食安全，改善营养、健康和教育，促进可持续农业发展，使城市更具可持续性，以及通过可持续发展应对气候变化，在《改变我们的世界：2030年可持续发展议程》的各项目标中占有重要地位。

4.2 可持续发展全球行动

4.2.1 保护环境和大气，减缓气候变化

在全球范围内，联合国环境规划署（UNEP）是制定全球环境议程和促进在联合国系统内协调一致地实施可持续发展的环境层面的领导机构。

如前一节所述，环境保护是“可持续发展”一词的组成部分，与保护环境和生态、保护生物多样性、空气污染和气候变化有关的目标已被纳入多个可持续发展目标，即目标11、目标12、目标13和目标15。

为了促进各国实现这些目标，已经采取了许多举措，并通过了有关环境、生物多样性、气候变化及相关领域的公约、条约和议定书。联合国可持续发展委员会成立于1992年12月，目的是有效落实1992年里约热内卢首届地球问题首脑会议的精神。1993年12月生效的《生物多样性公约》（CBD）及其补充文件《卡塔赫纳生物安全议定书》（2003年）是一项具有法律约束力的国际条约，其目标是制定保护和可持续利用生物多样性的战略。

1988年成立的政府间气候变化专门委员会（IPCC）是“外交中的科

学”的范例之一。该委员会的目标是对全球气候变化进行评估，并通过提供有关气候变化现状及其潜在环境和社会经济影响的明确科学知识，为国际政策制定者提供指导。此外，1994 年还通过了一项重要的国际条约——《联合国气候变化框架公约》(UNFCCC)，目的是将大气中的温室气体浓度稳定在一定水平，以防止对气候系统造成危险性影响。年度缔约方会议(COP)是该公约的最高决策机构，缔约方(成员国)在会上审查该公约的执行情况，并决定未来的行动方向，包括机构和行政安排。在最近的会议上，如分别于 2015 年在巴黎和 2021 年在格拉斯哥举行的该公约第 21 次缔约方会议和第 26 次缔约方会议上，就控制温室气体排放和限制大气温度上升的全球行动做出了一些重要决定。

其他保护大气层和气候变化的文书包括《保护臭氧层维也纳公约》(1988 年)、关于逐步淘汰消耗臭氧层物质生产的《蒙特利尔议定书》(1989 年)和关于减少温室气体排放的《京都议定书》(2005 年)。关于气候变化，这里需要提及联合国下属的另外两个组织。一个是世界气象组织(WMO)，该组织致力于地球大气层及其与陆地和海洋的相互作用、天气和气候，以及由此产生的水资源分布方面的国际合作与协调；另一个是联合国减少灾害风险办公室(UNDRR)，负责监督《2015—2030 年仙台减轻灾害风险框架》的实施和监测。

表 2 列出了在环境、生态和其他相关领域通过的一些著名公约。

4.2.2 清洁和可持续能源

2012 年联合国大会批准了一项决议，宣布 2014—2024 年为“联合国人人享有可持续能源十年”。这一宣言为 2015 年后的发展议程更加强调能源的长期可持续性奠定了基础，其中包括可持续发展目标 7：“确保到 2030 年人人享有负担得起的、可靠的、可持续的现代能源”，核心目标有 3 个——确保普遍享有负担得起的、可靠的现代能源服务，大幅提高可再生能源在全球能源结构中的比例，并将全球能效提高率翻一番。

国际可再生能源机构(IRENA)成立于 2009 年，是一个支持各国向可持续能源未来过渡的政府间组织，是国际合作的主要平台，也是可再生

表 2　关于环境和生态的国际公约

公约名称	生效年份	目　标
国际管制捕鲸公约	1948	保护鲸类种群，促进捕鲸业的有序发展
国际植物保护公约	1952	确保采取共同有效的行动，防止植物和植物产品害虫的传入和传播，并提供适当的控制措施
关于特别是作为水禽栖息地的国际重要湿地公约	1975	保护和可持续利用湿地及其资源
濒危野生动植物种国际贸易公约	1975	确保野生动植物标本的国际贸易不会威胁它们的生存
保护野生动物迁徙物种保护公约	1983	在陆地、海洋和鸟类迁徙物种的整个分布范围内保护这些物种
控制危险废物越境转移及其处置的巴塞尔公约	1992	保护人类健康和环境免受危险废物的不利影响
联合国防治荒漠化公约	1996	改善旱地人民的生活条件，保持和恢复土地和土壤的生产力，减轻干旱的影响
鹿特丹公约	2004	促进某些危险化学品国际贸易中的合作，以保护人类健康和环境
关于持久性有机污染物的斯德哥尔摩公约	2004	消除或限制持久性有机污染物的生产和使用

能源政策、技术、资源和资金的储存库。该机构促进各种形式可再生能源的广泛采用和可持续利用（IRENA. https://www.irena.org/）。

该领域另一项相对较新的外交举措是成立了国际太阳能联盟（ISA）。该联盟于 2015 年在巴黎联合国气候变化大会第 21 次缔约方会议之前的一次成员国会议上启动，被设想为一个太阳能资源丰富的国家联盟，以满足这些国家特殊的能源需求。该联盟在印度成立，是一个合作平台，旨在增加太阳能技术的部署，以加强能源安全和可持续发展，并改善发展中成员国（DMC）的能源获取（ISA. https://isolaralliance.org）。此外，还有许多促进可再生能源的国际组织，例如，人人享有可持续能源组织（SEforALL）、国际可再生能源和能源效率可持续能源组织（ISEO）、可再生能源和能源效率伙伴关系组织（REEEP）、世界可再生能源理事会（WEC），以及全球风能理事会（GWEC）和国际太阳能学会（ISES）。

4.2.3 可持续农业和粮食安全

可持续发展目标 2 的目标是“消除饥饿，实现粮食安全，改善营养状况，促进可持续农业发展”。联合国粮食及农业组织（简称粮农组织）是领导国际社会努力实现可持续发展目标 2 下各项具体目标的联合国节点机构。它帮助政府发展机构协调其活动，以改善和发展农业、林业、渔业，以及土地和水资源，从而实现可持续农业。

在这方面，相关公约和条约包括《粮食和农业植物遗传资源国际条约》（IPGRFA）（2001 年）和《国际植物保护公约》（IPPC）（1952 年）。国际农业研究磋商组织（CGIAR）成立于 1971 年，是一个由从事农村贫困、粮食安全、健康和营养，以及自然资源可持续管理研究的国际组织组成的全球伙伴关系网络。

4.2.4 海洋和沿海地区的保护

制定了一项专属目标，即可持续发展目标 14：水下生命，“保护和可持续利用海洋和海洋资源，促进可持续发展”。该领域的相关国际组织包括国际海事组织（IMO）、政府间海洋学委员会（IOC）、国际海洋法法庭（ITLOS）、国际海底管理局（ISA）、大陆架界限委员会（CLCS）、环印度洋联盟（IORA）、联合国海洋组织（UN Oceans）和世界海洋组织（World Ocean Organization）。在这方面，签署的国际公约和条约有《南极条约》（1961 年）、《国际防止船舶造成污染公约》（1973/1978 年）和《联合国海洋法公约》（1982 年）。

4.2.5 公共卫生

可持续发展目标 3 的宗旨是“确保健康生活，促进各年龄段所有人的福祉”，13 项具体目标包括降低孕产妇病死率、防治传染性疾病和降低非传染性疾病病死率。

在此背景下，世界卫生组织（WHO）是联合国在全球范围内致力于促进国际公共卫生的最高组织。世卫组织的目标是“确保再有 10 亿人享有全民健康覆盖，保护 10 亿人免受突发卫生事件的影响，并为 10 亿人提供更好的健康和福祉”。其主要工作领域是：卫生系统，生命过程中的健康，非传染性和传染性疾病，准备、监测和应对，以及企业服务（WHO. https://www.who.int）。

此外，联合国儿童基金会（UNICEF）致力于协调有关儿童健康的活动。还有，世界银行在制定全球卫生政策和卫生与发展投资方面也发挥着至关重要的作用。

4.2.6 可持续发展的其他领域

除了可持续发展的上述组成部分，全球还通过应用科学和技术，为实现其他可持续发展目标做出了集体努力。例如，在可持续发展目标 4“优质教育 ”方面，联合国教科文组织在许多国家协调开展了几项计划，以促进各级 STEM（科学、技术、工程和数学）教育。

关于可持续发展目标 6：清洁水和卫生，世界银行根据其以往合作活动的经验，如水和卫生计划（WSP）、水伙伴关系计划（WPP）和其他此类项目，启动了该领域的一项计划，即全球水安全和环境卫生伙伴关系，以促进各国的能力建设。此外，30 多个联合国组织开展了水和卫生计划，联合国水机制协调了这些实体和其他国际组织在这些领域的努力，并支持各国可持续地管理水和卫生设施。

国际技术转让和贸易间接影响着可持续发展目标的实现，如可持续发展目标 9：工业、创新和基础设施，以及其他相互关联的目标。联合国科学和技术促进发展委员会（CSTD）、联合国开发计划署（UNDP）、世界贸易组织（WTO）、联合国贸易和发展会议（UNCTAD），以及联合国亚洲及太平洋经济社会委员会（ESCAP）是联合国下属的主要组织，负责处理科学、技术和发展、关税和非关税壁垒、国际商品协定，以及优惠 / 自由贸易安排等广泛问题。《与贸易有关的知识产权协定》（TRIPs）是一项全面的多边协议，规定了适用于国家间贸易的知识产权监管最低标准。

5 总结与结论

科学、技术和创新外交现已成为当今多极世界秩序下国际关系的一个重要组成部分，越来越多的国家政府和非政府组织参与磋商，分享信息和专业知识，以制定合作议定书、转让技术，并就共同关心的领域和全球关切的问题制定政策。

2030 年全球议程下的可持续发展目标（SDGs）包含了经济、社会和环境转型的愿景，而只有通过明智地利用科学、技术和创新，才能实现这些目标。为有效实施 17 项可持续发展目标中的大部分目标并实现既定指标，有必要直接或间接地适当重视科学、技术和创新的应用，尤其是在发展中国家和最不发达国家（LDCs）。这就面临着各种挑战，只有政策制定者、科学技术界，以及其他发展专业人员和利益相关方密切合作，才能应对这些挑战。为实现《改变我们的世界：2030 年可持续发展议程》而采取的科学、技术和创新干预措施也为科学研究与发展方面的国际合作提供了巨大机遇。因此，科学、技术和创新外交应成为任何国家总体科学、技术和创新政策的组成部分。

即使各国在政治上存在分歧，也应通过科学、技术和创新外交保持沟通渠道的畅通，建立科学技术合作关系，这不仅有助于科学界的发展，也有利于伙伴国解决其迫切的共同发展问题。因此，在制定国际关系战略时，科学、技术和创新外交应成为国家政策的组成部分，并应为培训、专家交流、会议和与其他国家的联合项目提供专项资金。

由于缺乏科学技术方面的培训，外交官往往对正在谈判的问题的科学基础缺乏足够的知识和理解。因此，外交官在科学、技术和创新外交方面的能力建设至关重要。为了弥补这一差距，应在一个国家驻其他国家（无论是发达国家还是发展中国家）的外交使团中派驻科学参赞。然而，由于财政拮据，大多数发展中国家并不总是能够为此派驻专门的科学官员。因此，应制定和实施科学、技术和创新政策方面的人力资源开发计划，为外交官、政策制定者和其他利益相关者提供有关科学、技术和创新在国际关系中的作用的培训。同时，为使科学技术人员了解外交的复杂性，应不时地组织适当的引导性项目，向他们传授必要的技能。

参考文献

Leshner A I (2008) Written Testimony before the committee on science and technology, subcommittee on research and science education. Amer Assoc Adv Sci, Executive Publisher. Science, July 15, 2008.

Royal Society (2010) New Frontiers in science diplomacy, RS Policy Document 01/10, January 2010, RS 1619. The Royal Society, London. https://www.royalsociety.org/.

Soler M G (2014) Intergovernmental scientific networks in Latin America: supporting broader regional relationships and integration. Sci Diplomacy 3（4）. https://www.sciencediplomacy.org/ article/2014/VAAAS.

UNCTAD (2003) Science and technology diplomacy—concepts and elements of a Work Programme, UNCTAD/ITE/TEB/Misc. 5, United Nations Conference on Trade and development (UNCTAD), New York and Geneva.

USC (2010) Science diplomacy and the prevention of conflict. Proceedings of the USC Centre of public diplomacy conference. February 4–5, 2010. University of Southern California, United States. https://uscpublicdiplomacy.org/.

科学、技术和创新外交：新型冠状病毒感染疫情期间发展中国家面临的机遇与挑战

侯赛因·艾哈迈迪，阿里·莫特扎·比朗，
法特梅·阿扎迪 ①

摘要：科学、技术和创新外交在国际合作中并不是一个新概念。然而，在新型冠状病毒感染疫情带来的全球挑战背景下，它具有了新的意义。这

---

① 侯赛因·艾哈迈迪
伊朗进步与发展中心，德黑兰，伊朗伊斯兰共和国
电子邮箱：h.ahmadi@cpdi.ir
阿里·莫特扎·比朗
德黑兰，伊朗伊斯兰共和国
电子邮箱：birang@gmail.com
法特梅·阿扎迪
伊朗进步与发展中心国际事务办公室，德黑兰，伊朗伊斯兰共和国
电子邮箱：azadi@cpdi.ir

维努戈帕兰·伊特科特，贾斯迈特·考尔·巴韦贾（主编），发展中国家的科学、技术和创新外交，发展研究
https://doi.org/10.1007/978-981-19-6802-0_4

一流行病表明，世界是如此相互关联，而克服这一危机的唯一途径就是通过地区和全球科学、技术和创新外交开展有效的国际合作。本文件概述了地区和国际组织的早期反应。这些组织认识到，有必要在全球范围内做出努力并结成伙伴关系，共同抗击这一流行病，并采取相应措施减少其经济和社会后果，特别是对发展中国家的影响。

关键词： 科学、技术和创新外交；国际合作；发展中国家；新型冠状病毒感染

1 引言

近年来，科学、技术和创新外交在区域和国际合作发展中发挥了重要作用。每个人都非常清楚，科学和技术知识对于解决世界面临的许多问题至关重要，例如全球环境问题、传染病和应对自然灾害等问题。

今天，由于新型冠状病毒感染大流行病的蔓延，人类正面临着前所未有的全球性挑战。2020 年 2 月 28 日，世界卫生组织（WHO）将新型冠状病毒感染在全球暴发的风险升级为“非常高”。世卫组织总干事于 2020 年 3 月 11 日宣布，新型冠状病毒感染可被定性为大流行病。这是历史上第一次由冠状病毒引起的大流行病。[①] 全球新型冠状病毒感染危机对人类、经济和地球产生了巨大影响。冠状病毒的传播正在广泛影响与贸易和投资、移民、和平与安全、地区一体化、气候变化、粮食安全和私营部门有关的政策和进程。然而，这场前所未有的危机也为进一步加强和推进国际合作带来了机遇。[②③]

① 世卫组织总干事在 2020 年 3 月 11 日新型冠状病毒感染新闻发布会上的开幕词。

② 丹尼斯·戈里奇（基尔世界经济研究所），朱莉安·斯坦 – 扎莱（基尔世界经济研究所），在新型冠状病毒感染危机期间振兴多边合作：G20 的作用，2020 年 6 月 10 日 | 最后更新：2020 年 6 月 25 日。

③ 保罗·巴斯，塞巴斯蒂安·托巴，新型冠状病毒感染和卫生国际合作机会，2020 年 3 月。

欧洲联盟最初的新型冠状病毒感染应对文件强调了国际伙伴关系的重要性，并提到 4 方面建议“新型冠状病毒感染影响到我们所有人。它不管我们是谁，也不管我们身在何处：每个人都处于危险之中。只要新型冠状病毒感染还存在于世界的某个角落，就没有人是安全的。在世界各地，人们正在失去收入来源，发现自己无法养活自己和家人。对于欧盟以外的合作伙伴国家来说，这种流行病尤其令人担忧，因为这些国家的医疗保健系统和经济都很脆弱。一旦这些国家度过了大流行病的紧急阶段后，它们就必须促使经济和社会的恢复，从而塑造一个能更好地应对未来大流行病的新世界。正如大家所证实的那样，现在这是一个跨国界的问题，因此不能仅靠民族国家来解决，而需要政府间谈判、运作良好的多边机构和集体行动。虽然冠状病毒导致了与以往不同的国际关系，但以各国科学即时能力为基础的科学、技术和创新外交可以将其转化为地区和国际合作新形式和新方向的契机”。

2 全球卫生领域的国际合作

新型冠状病毒感染大流行严重威胁着社会所有成员的身心健康。在大多数重要的正式会议和谈判都以虚拟方式进行的情况下，坚持科学、技术和创新外交的原则对于促进地区和国际合作至关重要。

雷蒙多·特雷韦斯（Raymundo Treves）[①] 对全球卫生领域国际合作的起源和结构作了如下追溯：

全球卫生领域国际合作的起源可以追溯到 19 世纪，当时国家和非国家行为主体都希望减少国家检疫立法对国际贸易的干扰。因此，各国召开了国际卫生会议，以寻求摆脱国家检疫的措施。如今，公共卫生已被《联合国宪章》确认为一项合作宗旨，并围绕世界卫生组织（WHO）建立了组织结构。根据《世界卫生组织组织法》第 1 条，该组织的目标是：“使全世界

① 雷蒙多（2020 年）。

人民获得可能达到的最高健康水平”。该章程的序言将健康定义为“健康是身体、精神和社会的全部的美满状态，不仅是免病或残弱”。

对这方面合作历史的概述表明，全球卫生法方面的国际合作是围绕以下方面开展的：①将卫生概念化为全球关切问题和共同目标；②因此需要协调国家行动；③需要非国家行为者的参与。就国家而言，这转化为两套义务：①有责任保持和加强核心能力并保持警惕（内向型义务）；②有责任在发生世界性大流行病时与其他国家协调行动（外向型义务）。

尤其是在新型冠状病毒感染大流行病方面，特雷韦斯（Treves ）写道：

新型冠状病毒感染是人类面临的第一个威胁，需要全球立即做出反应。联合国秘书长指出，在这一历史时刻，世界正面临着“全球健康危机”，甚至是“人类危机”。这种前所未有的情况与人类历史上其他类似事件的不同之处在于，似乎没有安全的地方。问题不再是遏制病毒传播，避免病毒进入其他国家。现在的问题已变成在任何地方立即遏制病毒，以确保我们社会的生计。因此，在人类历史上，世界上只有一次在处理问题时没有出现派别分裂。既不存在一国利益与另一国利益对立的战争，也没有“受影响”国家制衡“未受影响 ”国家。

然而，病毒的直接性和全球性破坏了我们的社会秩序，迫使人类画地为牢，但关注这一威胁的共性可能会成为改善社会变革的契机。

病毒可以使现行国际法发生转变，从共存法转变为国际合作法。然而，要实现这种转变，就需要制定一项政治和社会计划，其基础是将世界视为一个面临日益倍增的全球性威胁的统一体。有了这样的愿景，就可以在汇聚各国力量的基础上，针对各国的具体需求，采取全球性的应对措施。

3 新型冠状病毒感染及其带来的全球挑战

新型冠状病毒感染大流行给全世界人民带来了许多健康、医疗、社会、经济、环境和财政问题和挑战。全世界已有数百万人感染了这一疾病，目前正在努力识别、预防和治疗这一疾病。桑切斯和柯伊拉腊[①]以及其他外交声明[②]描述了世界各国当局面临的多重挑战。

健康挑战：新型冠状病毒感染大流行病给世界各地的健康和医疗带来了许多挑战。这些挑战包括检测、跟踪和追踪计划，以及有效和安全的患者护理计划。这些领域的其他挑战还包括对医疗产品的需求大幅增加，这导致各国因国内需求旺盛而减少出口。然而，对重要商品出口的限制将推高全球价格，给较贫穷的国家带来压力（OECD，2020）。因此，各国政府应在其议程中考虑以负担得起的价格开展药品和医疗设备贸易。

财政挑战：自新型冠状病毒感染大流行病暴发以来，各国政府采取了各种财政措施，以改善局势，摆脱经济危机。但是，政府间的协调行动肯定会带来全球经济效益。如果不同国家和政府分享其贸易激励措施和经济解决方案，它们的共同利益就会增加，较贫穷的国家也能从其积极行动的成果中受益（OECD，2019）。

信息挑战：鉴于新型冠状病毒是一种未知的新病毒，及时准确地传播信息至关重要，因为错误的信息可能会夺走人们的生命。在这方面，各国政府应努力防止蓄意传播任何有关病毒传播和如何预防病毒传播的虚假与不真实信息。此外，各国政府应相互协作，发布有关预防、治疗的各种药物与疫苗的可信和可靠的消息。

预防挑战：鉴于新型冠状病毒感染的广泛流行和治疗药物的低效，控制该病毒的最佳方法是预防。而预防的最佳方法显然是使用疫苗。当然，重要的是，在各国政府的帮助下，疫苗的价格会变得低廉，并能很快为每个人所用。政府在这一领域的合作，防止疫苗价格过高和富裕国家对疫苗的垄断，有助于尽快消除世界上的这一危机，并使较贫穷的国家也能获得疫苗。这场危机的长期后果也应得到解决。世界必须为更好应对下一次大流

① 加强国际合作应对新型冠状病毒感染的 8 个优先事项，阿依达·卡尔德拉·桑切斯和沙希沃特·柯伊拉腊，经合组织经济部，2020 年。

② 2020 年 8 月 5 日多边主义联合声明，2020 年 4 月 16 日多边主义联盟 4 月部长级会议宣言。

行的冲击做准备。抗击大流行的关键物资，如外科口罩、面罩、一次性手套和防护服、呼吸机，以及制造此类产品的零部件。在永久性无贸易壁垒的全球市场背景下，全世界的制造商都可能投资增加这些关键产品的生产。

4 伊朗应对新型冠状病毒感染挑战的措施

自 2020 年 2 月 19 日伊朗报告首例病例后，新型冠状病毒感染大流行病就开始影响伊朗。虽然伊朗过去也曾面对过流行病，但新型冠状病毒感染的规模、快速传播和后果令整个系统都感到惊讶。自疫情暴发以来，伊朗的经济和社会状况，以及医疗保健系统面临着许多新的挑战。下文概述了伊朗应对挑战的措施。①—⑦

伊朗与这一全球性问题进行了认真和持续的斗争，在这一疾病蔓延到伊朗之前和之后采取了必要措施来应对。世界卫生组织代表认为，伊朗在动员政府设施、社区和民间社会方面的表现是一种公平合理的做法。他们还表示，伊朗医务人员的知识和承诺给他们留下了深刻印象。根据世界卫

① 阿拉伯马扎尔等（Arab-Mazar et al.，2020）

② 伊朗国际独家报道。世卫组织报告显示伊朗掩盖了冠状病毒的暴发。在线查阅：https://iranintl.com/en/world/exclusive-who-report-shows-regime-iran-covered-coronavirusoutbreak（2020 年 5 月 4 日访问）。

③ Goh，G. 流行病计算器 2020. 在线查阅：https://gabgoh.github.io/COVID/index.html?fbclid=IwAR1U6uuiTfyJ3gWQvYi8Bli3406AuR3MK2NQV-b31Iu4SRsmE-QnSRwHTU（2020 年 3 月 12 日访问）。

④ IMUNA 模拟教育。伊朗伊斯兰共和国，国家概况。在线查阅：https://imuna.org/resources/country-profifiles/iran-islamic-republic/（2020 年 3 月 12 日访问）。

⑤ 联合国。数据国家概况．伊朗（伊斯兰共和国）。在线查阅：http://data.un.org/en/iso/ir.html（2020 年 3 月 12 日访问）。

⑥ 联合国经济和社会事务部。伊朗，世界人口展望修订版，2019 年。在线查阅：https://population.un.org/wpp/（访问日期：2020 年 3 月 12 日）。

⑦ 世界数据。伊朗气候。在线查阅：https://www.worlddata.info/asia/iran/climate.php（访问日期：2020 年 3 月 13 日）。

生组织的报告，尽管伊朗最近出现了经济问题，但伊朗在全国范围内实施卫生计划方面表现良好，甚至可以成为其他国家的榜样。取得成功的最重要原因是伊朗人民的努力和耐力，以及他们高水平的社会资本。这是伊朗抗击新型冠状病毒感染的力量所在。

伊朗在其领土上迅速应对了新型冠状病毒感染疫情的蔓延。政府的措施可能没有得到公众的大力支持，但随后实施的限制性措施确实重新获得了公众的支持。卫生措施有效地大幅降低了病毒在伊朗的流行率。第一波疫情的结束应使卫生当局能够落实已取得的成果。①

4.1 非药物措施

自疫情在伊朗暴发之初，伊朗政府就开始在各方面采取严格的非药物干预措施。社会媒体、电视和广播被用来提高社会对新型冠状病毒感染预防措施的认识。伊朗中央银行宣布，在疫情暴发期间，政府开始尽量减少纸币的使用。为控制病毒在监狱中的传播，3 月初释放了 70000 多名因非暴力犯罪而被判处 5 年以下徒刑的囚犯。释放之前，新型冠状病毒感染检测结果确认为阴性。②

2020 年 2 月下旬，伊朗卫生部开通了新型冠状病毒感染国家和地区热线。此外，还设计了不同的网站，通过使用简短的问卷调查来跟踪并将人们转介到医疗中心。这些网站还提供有关城市高风险社区的信息。伊朗卫生部有关新型冠状病毒感染的官方网站是“http://corona.behdasht.gov.ir”。除了这个来源，还有其他主要网站，如通过卫生部在线平台进行疾病筛查的

① 伊朗国际独家报道。世卫组织报告显示伊朗掩盖了冠状病毒的暴发。在线查阅：https://iranintl.com/en/world/exclusive-who-report-shows-regime-iran-covered-coronavirusoutbreak（2020 年 5 月 4 日访问）。

② 伊朗国际独家报道。世卫组织报告显示伊朗掩盖了冠状病毒的暴发。在线查阅：https://iranintl.com/en/world/exclusive-who-report-shows-regime-iran-covered-coronavirusoutbreak（2020 年 5 月 4 日访问）。

网站“salamat.gov.ir”。[①]

一些行业缩短了工作时间，2020 年 2 月，中小学和大学停课。学校停课的开始日期取决于疫情流行情况。据政府代表称，城市之间的交通也将停止。此外，在 2020 年 3 月新年假期之前和期间，德黑兰消防部门对德黑兰的主要街道进行了反复消毒。[②③]

据伊朗总统官方网站报道，2020 年 3 月 19 日，伊朗宣布在多个省份关闭所有非必要的商业和服务机构，为期 15 天。此外，确定年度预算的 20% 用于应对新型冠状病毒感染。其中一部分拨款专门用于医疗和失业保险，并声称保留劳动力的雇主将获得低息贷款。[④]

另外，政府和保险公司还宣布，对于新型冠状病毒感染检测结果呈阳性的患者，将承担其治疗总费用的至少 90%，所有额外费用将根据公共价格计算。

现行方法的主要内容包括①积极的临床筛查：最好是在线或电话筛查；②管理有限的临床前资源：将其作为诊断工具而不是流行病学工具；③轻中度病例的门诊治疗趋势：无论是确诊病例还是可疑病例，都应积极安排随访；④应尽可能避免药物治疗：住院患者或被界定为高危人群的患者更应如此。[⑤]

---

① Goh，G. 流行病计算器 2020. 在线查阅：https://gabgoh.github.io/COVID/index.html?fbclid=IwAR1U6uuiTfyJ3gWQvYi8Bli3406AuR3MK2NQV-b31Iu4SRsmE-QnSRwHTU（2020 年 3 月 12 日访问）。

② 阿拉伯马扎尔等（Arab-Mazar et al.，2020）

③ Goh，G. 流行病计算器 2020. 在线查阅：https://gabgoh.github.io/COVID/index.html?fbclid=IwAR1U6uuiTfyJ3gWQvYi8Bli3406AuR3MK2NQV-b31Iu4SRsmE-QnSRwHTU（2020 年 3 月 12 日访问）。

④ 伊朗国际独家报道。世卫组织报告显示伊朗掩盖了冠状病毒的暴发。在线查阅：https://iranintl.com/en/world/exclusive-who-report-shows-regime-iran-covered-coronavirusoutbreak（2020 年 5 月 4 日访问）。

⑤ IMUNA 模拟教育。伊朗伊斯兰共和国，国家概况。在线查阅：https://imuna.org/resources/country-profiles/iran-islamic-republic/（2020 年 3 月 12 日访问）。

4.2 疫苗接种

伊朗目前有 4 种不同的冠状病毒疫苗供应方式，包括直接从外国购买、从世界卫生组织的 COVAX 设施采购、与古巴一家公司联合生产，以及在国内生产疫苗。据伊朗卫生和医学教育部称，伊朗将很快成为世界上新型冠状病毒感染疫苗的重要生产国之一。伊朗开始大规模接种俄罗斯生产的 Sputnik V疫苗，优先接种对象是医务人员、老年人和患有基础疾病的人群；该疫苗也将由两国共同生产。从 COVAX 进口疫苗也已提上日程，COVAX 是一项全球倡议，旨在确保快速、公平地获得新型冠状病毒感染疫苗。在 2020 年 12 月 29 日举行的仪式上，伊朗伊玛目命令执行总部研究人员研制的第一种冠状病毒疫苗——COVIRANBAREKAT 正式亮相，并被注射到 3 名志愿者体内。此外，由伊朗历史最悠久的科研中心拉齐疫苗和血清研究所开发的 COV-Pars 疫苗是第二种进入人体试验阶段的国产疫苗。与此同时，伊朗和古巴已结成“战略联盟”，共同致力于一个生产潜在冠状病毒疫苗的项目。①②

伊朗卫生部长赛义德·纳马基（Saeed Namaki）表示，最优先接种疫苗的人群是在医院重症监护室工作的医生、护士和其他医务人员。65 岁以上人群和慢性病患者将是第二批接种人群。③

5 结论

开展国际合作以建立和加强综合、强大的卫生系统，以及危机防备能力建设、公平和普遍获得优质卫生服务、公众获得医疗产品的权利和卫生

---

① 联合国。数据国家概况 . 伊朗（伊斯兰共和国）。在线查阅：http://data.un.org/en/iso/ir.html（2020 年 3 月 12 日访问）。

② 世界数据。伊朗气候。在线查阅：https://www.worlddata.info/asia/iran/climate.php（2020 年 3 月 13 日访问）。

③ IMUNA 模拟教育。伊朗伊斯兰共和国，国家概况。在线查阅：https://imuna.org/resources/country-profiles/iran-islamic-republic/（2020 年 3 月 12 日访问）。

产品技术转让等，都在控制严重急性呼吸综合征（SARS）、埃博拉出血热（EBHF）、甲型 H1N1 流感、中东呼吸综合征（MERS）等流行病方面发挥了非常重要的作用。科学和技术外交也可以成为国际合作的加速器和最重要的催化剂，在当前的危机中控制新型冠状病毒感染和拯救世界及其财产。①

随着新型冠状病毒感染在全球的广泛流行，世界各国之间的研究合作网络不断扩大。为建立和加强综合、强大的卫生系统而开展的国际合作有所增加。在科学家和政治家之间建立合作关系，共享科研成果，包括疫苗和可能的药物成果，是遏制新型冠状病毒感染传播所需的至关重要的措施之一。各国之间的合作对于从新型冠状病毒感染造成的经济损失中恢复过来也至关重要。科学、技术和创新外交可以使各国团结起来，确定并实施联合行动，有效应对这一固有的世界性威胁。②

面对新型冠状病毒感染大流行病带来的前所未有的挑战，我们必须齐心协力，遏制、对抗和防止其蔓延。只有通过加强国际合作，运用适当的科学、技术和创新外交于政策，建设一个更可持续、更具复原力的世界，我们才能战胜这一人类威胁。

参考文献

Arab-Mazar Z，Sah R，Rabaan A A，Dhama K，Rodriguez-Morales A J（2020）Mapping the incidence of the COVID-19 hotspot in Iran—implications for travellers. Travel Med Infect Dis 34:101630.［CrossRef］.

Raymundo T T（2020）The health of international cooperation and UNGA resolution. Quest Int Law 70:21-36.

① 基尔世界经济研究所（Dennis Görlich），朱莉安娜·斯坦因 - 扎莱（Juliane Stein-Zalai），重振新型冠状病毒感染危机期间的多边合作：20 国集团的作用，2020 年 6 月 10 日 | 最新更新：2020 年 6 月 25 日。

② 雷蒙多，2020 年（Raymundo，2020）。

发展中国家科学、技术和创新外交现状

毛里求斯科学、技术和创新外交的最新发展

马德维·马德侯①

摘要：毛里求斯正在努力成为一个创新驱动型经济体，因此，科学、技术和创新方面的国际合作至关重要，特别是考虑到其小岛屿和发展中国家的脆弱性。这就引起了对科学、技术和创新外交的需要。这项桌面研究通过对最近举措的评估和批判性分析，介绍了毛里求斯科学、技术和创新外交的最新发展，并试图证明创新成分是如何在这种背景下产生的。与印度和法国等国，以及欧盟等国际组织建立新的或巩固已有的合作伙伴关系，为毛里求斯带来了新的基础设施、研究人员的流动性增强、高等教育的国际化，以及智慧农业等特定领域的新项目。澳大利亚高级委员会对促进妇女参与科学的支持，以及国际社会对毛里求斯面对持续的生态灾难就是进

① 马德维·马德侯
毛里求斯研究与创新委员会（MRIC），6层，埃本高地，赛博城，埃本，毛里求斯
电子邮箱：m.madhou@mric.mu

维努戈帕兰·伊特科特，贾斯迈特·考尔·巴韦贾（主编），发展中国家的科学、技术和创新外交，发展研究
https://doi.org/10.1007/978-981-19-6802-0_5

一步的例子。传统科学外交的一个新维度是引入创新措施，吸引当地创新者，让他们进入更大的国际市场。科学、技术和创新外交的潜力需要加强应对创新需求的国际合作，提高行业参与度。

关键词：国际合作；科学、技术和创新外交；合作伙伴关系；创新

1 引言

毛里求斯共和国是一个发展中国家，位于印度洋的小岛屿，距非洲东南海岸约 2400 千米。面积为 2040 平方千米，包括毛里求斯主岛（1865 平方千米）、罗德里格斯岛（108 平方千米）、两个阿加莱加岛和卡加多斯 - 卡拉约斯 - 群岛。鉴于毛里求斯作为小岛屿发展中国家固有的脆弱性，当前的全球金融和经济危机对其构成威胁。该岛依赖的创收部门范围狭窄，容易受到与气候变化、能源危机和粮食安全有关的不利条件的影响。在当前前所未有的全球新型冠状病毒感染危机中，病毒的传播对该国的贸易、投资、粮食和能源安全造成了不利影响。这些挑战超越了国界，需要开展国际科学技术合作。在当时的危机中，毛里求斯为成为创新驱动型经济体所做的努力受到了进一步的挑战，为促进创新而开展的国际合作变得至关重要。因此，科学、技术和创新外交已成为毛里求斯的优先事项。这是一个超越传统科学技术（S&T）外交的层面，同时也考虑到知识产权（IPR）、贸易和外国投资等其他因素。

马后等人（Madhou，2017）强调了毛里求斯通过科学技术外交加强国际合作和科学伙伴关系的努力。然而，该国还需要促进创新方面的国际合作。创新外交似乎只是科学外交在商业领域的延伸。然而，它要复杂得多，要考虑的问题也更多，其中包括：通过一个国家、地区或集群作为创新中心的吸引力（人才、思想和投资）来发挥软实力的影响；在企业之间或企业与大学之间发展早期阶段的预商用及商业合作伙伴关系，为未来的国家经济增长和竞争力增强播下种子；为区域和全球创新伙伴关系的蓬勃发展创造框架条件（知识产权制度、移民规则、贸易条件，以及有关机遇和威

胁的信息）；鼓励并促成公共、私营和非政府行为体之间的合作，以应对从健康大流行病到气候变化等全球重大挑战（Bound，2016）。

本文展示了毛里求斯如何通过国际合作和不同类型的伙伴关系在科学、技术和创新方面不断发展。本文还将展示从科学技术外交向科学、技术和创新外交的演变。

方法

这项研究是一项桌面研究，涉及以下活动：

简要分析政府开展科学、技术和创新外交的主要方法。

毛里求斯已经启动并可能影响外国科学政策目标和活动的科学、技术和创新计划。

确定可影响国际科学和创新倡议的政策措施。

2 政府采用的主要方法

科学、技术和创新外交没有一个广泛使用的定义，但人们普遍认为科学、技术和创新外交是科学、技术和创新政策与外交事务的结合点。维基百科的定义为："科学外交是利用国家间的科学合作来解决共同的问题，并建立建设性的国际伙伴关系。"这种合作可能是为了实现共同的科学技术目标（外交促进科学），也可能是为了更广泛的政治目的，如建立互信（科学促进外交）。"(……）创新外交的概念和实践包括弥合距离和其他鸿沟（文化、社会经济、技术等），采取重点突出、有的放矢的举措，将想法和解决方案与愿意欣赏它们并充分发挥其潜力的市场和投资者联系起来"（Leijten，2017）。

虽然毛里求斯一直在积极实施科学技术外交措施，但创新外交的概念对该国来说可能还很陌生的。马后等人（Madhou，2017）提到了毛里求斯实施的 4 种科学技术外交手段。它们是签订谅解备忘录和协议，参与区域和国际计划，签署国际公约，成为地区和国际机构的成员 / 附属机构。

马后等人（Madhou et al.，2017）特意提到了毛里求斯的一些国际科学技术合作计划。这些计划包括与科学有关的国际条约和建立科学技术基础设施的国际合作计划；还强调其中涉及了毛里求斯和塞舌尔之间的双边关系和外交联系，这是因为关于塞舌尔和毛里求斯对马斯卡林海台地区扩展大陆架共同行使主权权利和共同管理扩展大陆架的两项条约生效。在过去的几年中，传统的科学技术外交发生了变化，在该体系中引入了创新措施。已经出台了促进创新国际化的监管措施。

3 国际科学技术合作

3.1 毛里求斯—印度伙伴关系

为鼓励国际合作，巩固与其他国家的伙伴关系或建立了新的伙伴关系。这些合作最终形成了新的计划、新的基础设施和组织结构，增强了研究人员的流动性，加强了外交关系。这些伙伴关系体现了外交促进科学，即外交促进国际合作以推动实现科学目标。

印度和毛里求斯签署了一系列与科学有关的双边协议和谅解备忘录。其中包括:《信息技术合作协定》(2000 年)、《生物技术合作谅解备忘录》(2002 年)、《环境领域合作谅解备忘录》(2005 年)、《水文领域合作谅解备忘录》(2005 年)、《消费者保护和法定计量合作谅解备忘录》(2005 年)、《关于建立遥测、跟踪和遥控的合作协定》、《科学技术合作谅解备忘录》(2012 年)、《拉吉夫—加尔各答与毛里求斯科学技术合作谅解备忘录》(2012 年)、《拉吉夫·甘地科学中心信托基金与国家科学博物馆理事会关于建立混合天文馆的谅解备忘录》(2012 年)、《海洋经济合作谅解备忘录》(2015 年)，以及《传统医学系统领域的谅解备忘录》(2015 年)。

毛里求斯和印度于 2005 年 10 月 24 日签署了《水文地理领域的谅解备忘录》。该谅解备忘录规定促进两国在水文地理学领域的发展与合作，并为贾斯梅特·考尔·巴韦贾在(Jasmeet Kaur Baweja)在毛里求斯建立水文基础设施和办事处提供海图制作、工作人员培训和专业知识方面的援助。该谅解备忘录于 2015 年续签，为两国继续合作铺平道路，并协助毛里求斯进一步巩固其水文组织。

与印度的合作最终促成了毛里求斯在住房和土地部设立水文局，以发展毛里求斯的水文基础设施（Government of Mauritius，2018）。水文局作为水文测量的节点机构，拥有非常完善的组织结构。协议规定的合作领域包括印度海军舰艇定期勘测，为广阔的毛里求斯专属经济区（EEZ）绘制海图，以及毛里求斯水文地理学家的各类能力建设措施和技能发展。这一合作是促进毛里求斯发展海洋经济的重要一步。

毛里求斯和印度正在就一系列项目开展合作，努力加强外交和经济关系，并在共同关心的领域加强双边合作。

3.2 高等教育和研究的国际化

毛里求斯和法国于 2019 年 7 月 18 日签署了一项通过运作机制在毛里求斯开展研究的协定，从而加强了两国长期的双边关系。目的是通过两国间研究人员的流动，促进形成研究伙伴关系（Government Information Service，2020）。

休伯特·居里安伙伴关系（PHC）是一项资助研究人员在与外国合作伙伴联合研究项目框架内流动的双边计划。该计划在法国科学界得到广泛传播和认可，重点是通过鼓励年轻研究人员的积极参与，支持法国和外国团队之间建立新的科学伙伴关系。有了这个新的法国—毛里求斯 PHC，两国之间的关系将出现新的转机，符合毛里求斯政府将该岛国转变为“知识中心”的目标，使毛里求斯研究人员能够通过对该国具有战略意义的创新研究项目加入国际科学界。

随着毛里求斯国际奖励机构的建立，以及通过政府间伙伴关系实现教育民主化，研究人员的流动性也在增强。因此，我们注意到国际颁奖机构的强大存在，例如法国南特国立高等建筑学院（ENSA）、法国瓦岱勒国际酒店管理学院（VATEL）、英国肯特大学（UKC）、英国伦敦大学（UoL）和美国犹他州立大学（USU），等等。还应指出的是，目前在该国建立了国际大学的分支机构，包括米德尔塞克斯国际（毛里求斯）有限公司（英国）、作为阿伯里斯特威斯大学（毛里求斯分校）（英国）的阿伯里斯特威斯有限公司和格林威治奥尔巴尼有限公司（格林威治大学）。

3.3 毛里求斯—欧盟促进智慧农业伙伴关系

2020 年 2 月启动了由欧盟制定的通过农业研究促进发展—智慧创新倡议（DeSIRA），旨在提高毛里求斯粮食和农业研究及推广研究所（FAREI）的研究和发展能力，促进可持续的现代农业发展（2020 年非洲—欧洲农业研究促进发展伙伴关系平台）。

毛里求斯被选中在“支持可持续农业，改善毛里求斯的粮食安全和保障”倡议下开展具体活动。毛里求斯粮食和农业研究及推广研究所获得了 1 亿毛里求斯卢比的赠款。这笔赠款的目的是通过提高该研究所的研发能力，应对气候挑战，开发气候智能做法，促进可持续生产，从而推动农业创新。这将增强毛里求斯在全球应在气候变化行动方面的能力，同时增强欧盟帮助地球免受气候变化影响的效果。

通过农业研究促进发展—智慧创新倡议将使毛里求斯能够促进科学和创新，以提高影响力。从长远来看，毛里求斯可以积累专业知识，成为印度洋地区甚至非洲的榜样。

4 通过科学技术加强外交关系

到目前为止，已经讨论了毛里求斯的科学合作措施，不过，海外外交使团也参与了当地的科学、技术和创新活动，以加强与该国的联系。这些都可归类为科学外交措施。

作为加强与毛里求斯共和国关系的外交努力的一部分，澳大利亚高级委员会为毛里求斯发展中国家妇女科学组织（OWSD）分会的成立提供了支持。发展中国家妇女科学组织是一个国际非政府组织，致力于促进妇女获得科学和技术研究的机会，并使她们更多地参与国家和国际科学界发展的决策过程（Australian High Commission，2020）。

自 2018 年 2 月启动以来，发展中国家妇女科学组织毛里求斯分会逐渐获得了发展和认可，越来越多地受到包括多个非政府组织在内的各种机构的邀请。国家分会共有 46 名成员，目前正在继续扩大联网活动，以期建立更多的合作关系，开展联合项目和活动，促进该国的科学研究和认识。

澳大利亚科学和技术高级委员会的参与显然是朝着促进毛里求斯与澳大利亚关系迈出的一步，可以被视为科学促进外交的典范。

5 科学、技术和创新外交的创新视角——一个新的方向

毛里求斯政府正在努力成为创新驱动型经济体。这方面的主要体制和政策措施包括：2014 年首次设立了一个负责监督创新的部委，2018 年制定了国家创新框架（NIF），2019 年将毛里求斯研究理事会（MRC）合并为毛里求斯研究和创新理事会（MRIC）。

研究理事会（MRC）成立于 1992 年 5 月（1992 年第 10 号法令），是促进和协调国家研究投资的最高机构。随着毛里求斯从仅以甘蔗为基础的单一作物经济发展成为以创新驱动、面向新兴行业的多元化经济，人们感到有必要更加注重创新，而不仅仅是研究。因此，2014 年，毛里求斯政府首次设立了一个专门负责监督创新的部门，即技术、通信和创新部（MTCI）（现更名为信息技术、通信和创新部）。研究理事会隶属于技术、通信和创新部，是就所有与科学、研究和技术有关的事务向政府提供建议的最高机构。后来，研究理事会法案（1992 年）被废除，新的科学、研究和创新委员会法（MRIC）于 2019 年 9 月颁布，该法授权理事会促进高质量研究并推动创新。

在将研究理事会合并为研究和创新理事会的同时，研究和创新理事会于 2018 年制定了《国家创新框架（2018—2030 年）》。该框架概述了政府将国家转变为创新型国家的愿景，内容涉及创新的诸多方面，包括私营部门更多地参与研究和创新、公私合作伙伴关系，以及研究国际化。国家创新基金通过新的资助方式激励国际合作。毛里求斯研究与创新桥梁计划（MRIC Research and Innovation Bridges Scheme）下的匹配资金允许研究 / 行业伙伴关系通过双边和多边合作为毛里求斯公司建立可持续的合资企

业（Ministry of Technology，Communication and Innovation，2018）。

促进创新外交的国家监管措施

5.1.1 所得税措施

外国直接投资（FDI）越来越被认为是一个国家技术转让和科学进步的重要因素。越来越多的国家正在努力创造一个吸引外国直接投资的有利环境，并将此作为政策优先事项（UNCTAD，2000）。某些类型的税收激励措施是专门为此目的而设计的。一些国家，如新加坡和马来西亚，针对研发活动和技术项目（先驱产业）推出了一套专门的激励措施，包括免税技术开发基金、研发支出税收抵免，以及与研发有关的人力资源升级（UNCTAD，2000）。因此，2017 年，毛里求斯政府为从事医药产品、医疗器械和高科学技术产品制造的新公司推出了为期 8 年的所得税免税期。2019 年，出台了另一项措施，允许新设立的公司从毛里求斯开发的知识产权资产所得的收入中享受 8 年的免税期（毛里求斯政府，2017 年；毛里求斯政府，2019 年）。这项措施有望吸引国际上对毛里求斯研究和发展的投资，将促进在毛里求斯建立国际公司，并促进国内技术转移。这种技术和专业知识的转让也将对毛里求斯的国家创新体系产生影响。

5.1.2 知识产权措施

需要保护从科学发展中获得的创新和知识资产。国际协议对帮助创新者保护在其他国家的创新作品至关重要。世界知识产权组织（WIPO）制定了国际条约，允许它们在多个国家保护其创新和知识资产。其中包括发明（专利）、商标、工业品外观设计和原产地名称的国际保护，以确保单一国际注册或申请在任何相关签署国都具有效力。毛里求斯的知识产权监管框架已得到加强，使毛里求斯的创新成为此类国际协定的一部分。在毛里求斯，知识产权曾经受到 2002 年《工业品外观设计和商标法》和 2014 年《版权法》的保护。2019 年 7 月 30 日，毛里求斯议会通过了新的《2019 年工业产权法案》，旨在以统一的方式更新和加强知识产权保护，以应对全球化产业的挑战。新的知识产权立法将为毛里求斯加入世界知识产权组织的各项国际条约，包括《商标国际注册马德里协定有关议定书》《专利合作条约》和《工业品外观设计国际注册海牙协定》，从而加快该国的创新铺平道路。这一举措将加强该国的创新，并使其融入全球经济。

6 科学外交与生态灾难

灾害可以为科学和与灾害有关的外交开辟机会。毛里求斯最近就是这样。毛里求斯政府宣布进入环境紧急状态，因为沿海地区在1000吨石油泄漏后面临生态灾难。据信，日本“若潮”号货轮载有4000吨燃油，于2020年7月25日在印度洋岛附近的珊瑚礁搁浅。毛里求斯呼吁国际社会支持应对这场可能是有史以来最严重的生态灾难，尤其是它是一个依赖旅游业的岛屿。

各种国际机构联手支持毛里求斯应对这场灾难。其中包括联合国开发计划署（UNDP）提供的环境影响评估技术支持和社区支持，联合国教育、科学及文化组织（UNESCO）海洋研究所提供的技术支持，世界卫生组织（WHO）提供的公共卫生支持信息，国际移民组织（IOM）提供的高危人群分布图，以及联合国毒品和犯罪问题办公室（UNODC）提供的法医调查和法律支持。国际海事组织（IMO）、联合国环境规划署（UNEP）、联合国人道主义事务协调厅（OCHA）、国际移民组织（IOM）和联合国毒品和犯罪问题办公室（UNODC）为专家组的部署提供了便利，世界粮食计划署（WFP）负责飞行安排（联合国2020年区域协调员）。

印度和法国等国也迅速提供了支持。印度用飞机运送了30多吨技术设备。此外，一个由印度海岸警卫队官员组成的10人小组已被部署到毛里求斯，协助清理工作。一架法国军用飞机和一艘载有污染控制技术设备、吊杆和吸收剂的海军舰艇也提供了援助（Renee，2020）。法国甚至派遣海外领土部长评估情况（Smith，2020）。

毛里求斯政府还要求船东长崎船运公司给予赔偿。不同的国际公约可能会决定毛里求斯最终获得多少赔偿。由于毛里求斯和日本批准了不同版本的《海事索赔责任限制》，而船舶注册地巴拿马尚未批准任何版本的《海事索赔责任限制》，因此情况变得更加复杂（Deutsche Welle，2020）。然而，为了采取强有力的国际领导立场，日本政府已开始考虑提供经济援助，日本外相甚至在2020年12月访问了毛里求斯和受影响的地点，开始与毛里求斯政府讨论日本如何在这种情况下援助毛里求斯（Degnarain，2020）。

7 未来机会

毛里求斯在双边或多边科学关系方面开展的科学、技术和创新外交最终促成了一些倡议。然而，由于毛里求斯作为小岛屿发展中国家的脆弱性，其科学、技术和创新外交影响外交政策目标的潜力仍有待探索。

传染病和非传染性疾病的管理是科学、技术和创新外交可以加强的一个领域。在这方面，新型冠状病毒感染的暴发明确要求制定一项区域协调计划，对感染者进行快速诊断、隔离和治疗。区域共同努力研究药物开发和医疗设备制造是应对这一流行病的关键。这些措施建立在政治意愿和国家间信任的基础上，可以通过科学、技术和创新外交来实现区域协调。因此，毛里求斯必须利用其所有外交关系的一个领域将是在其海岸发生“若潮”号沉船事故后恢复受影响的生态环境。

迄今为止，毛里求斯一直侧重于科学外交：促成国际科研伙伴关系，并以科学证据和建议影响外交政策。现在需要促进创新方面的国际合作。前面讨论过的知识产权监管框架的变化已经朝着这个方向迈出了一步。它们将使创新者能够通过世界知识产权组织管理的条约，在多个司法管辖区保护自己的创新。创新外交的一个重要因素是产业。这意味着要有保护权利和经济利益的机制，帮助公司进入市场，为解决现在被政府、公司、非政府组织、私人倡议、研究和技术组织视为全球性问题的解决做出贡献。

毛里求斯在非洲有5个外交使团和10位名誉领事。该国可以考虑向这些使团和领事派驻创新外交官。他们将通过促进毛里求斯与东道国之间的科学、技术和创新合作关系发挥重要作用，这反过来又会改善两国之间的双边关系，最终导致促进更大的创新联系。创新外交官可以促进合作，保护和加强战略利益，建立国际联盟和协议，以促进共同利益。

致谢：感谢 S. A. 帕滕－拉曼（S. A. Patten-Ramen）女士在本文排版过程中给予的支持。

参考文献

Australian High Commission in Mauritius（2020）Australia supports the creation of a National.

Chapter of the Organisation of Women in Science for the Developing World in Mauritius. https://mauritius.embassy.gov.au/plut/OWSD.html. Accessed 11 August 2020.

Bound K（2016）'Innovating together? the age of innovation diplomacy' the global innovation index 2016: winning with global innovation. WIPO，Geneva.

Degnarain N（2020）Japan Foreign Minister's three tests in Mauritius oil spill visit https://www.for bes.com/sites/nishandegnarain/2020/12/11/japan-foreign-ministers-three-tests-in-mauritius-oil-spill-visit/?sh=170a2b7d7665. Accessed 9 February 2021.

Deutsche Welle（2020）Who will pay for the Mauritius oil spill? https://www.dw.com/en/mauritius-oil-spill-compensation-pay/a-54725675a. Accessed 9 February 2021.

Government Information Service（2020）Hubert Curien Le Réduit Partnership's calls for proposals for 2020 projects. http://www.govmu.org/English/News/Pages/Hubert-Curien-Le-R%C3%A9duit-Partnership%E2%80%99s-calls-for-proposals-for-2020-projects-.aspx. Accessed 11 August 2020.

Government of Mauritius（2017）Budget speech 2017/2018. Rising to the challenge of our ambition. Republic of Mauritius.

Government of Mauritius（2018）National report-Mauritius. 18th meeting of north Indian hydro-graphic commission. GOA，India，9th-12th April 2018. https://iho.

int/mtg_docs/rhc/NIOHC/ NIOHC18/NIOHC18–06n.1–National_Report–MUS. pdf. Accessed 11 August 2020.

Government of Mauritius（2019）Budget speech 2019/2020. Embracing a brighter future together as a nation. Republic of Mauritius.

Leijten J（2017）Exploring the future of innovation diplomacy. Europ J Future Res 5:20 This copy belongs to ‘chen04’Recent Developments in STI Diplomacy ... 69.

Madhou M，Suddhoo A，Gokulsing P（2017）“S&T diplomacy：” status and opportunities for the republic of Mauritius for our book on “S&T diplomacy and sustainable development in the developing countries” edited by Miremadi T，Arabzai AH，Relia S; published by Astral International Pvt. Ltd. with ISBN: 978–93–5124–823–1.

Ministry of Technology，Communication and Innovation（2018）National innovation framework（2018–2030）. Government of Mauritius Platform for African—European Partnership in Agricultural Research for Development（2020）Supporting sustainable agriculture for improved food security and safety in the Republic of Mauritius. http://paepard.blogspot.com/2020/02/supporting–sustainable–agriculture–for.html. Accessed 11 August 2020.

Renee G（2020）Oil spill in Mauritius causes ecological disaster，France and India assist. https://thegrio.com/2020/08/16/oil–spill–mauritius/. Accessed 24 August 2020.

Smith M（2020）How divers can help Mauritius oil spill clean–up efforts.https://www.scubadiving.com/how–divers–can–help–mauritius–oil–spill–clean–up–efforts. Accessed 9 February 2021.

UNCTAD（2000）Tax incentives and foreign direct investment a global survey. ASIT Advisory Studies No. 16. UNITED NATIONS New York and Geneva.

UN Regional Coordinator（2020）UN deploys expertise to Mauritius to support oil spill response. https://reliefweb.int/report/mauritius/un–deploys–expertise–mauritius–support–oil–spill–response. Accessed 24 August 2020.

以巴勒斯坦国为重点的阿拉伯地区科学、技术和创新外交

马梅森·易卜拉欣[①]

摘要：科学、技术和创新外交应该成为每个国家工具包中重要而关键的组成部分，无论这个国家是发展中国家还是富裕国家，大国还是小国。它需要一个包含促进国际科学的结构，明确关注国家、地区和国际层面的问题。国际科学、技术和创新合作有两种定义：确保科学技术能力和知识进步，以及促进更广泛的国家利益。最近，阿拉伯国家开始了解并探索科学、技术和创新外交的作用和重要性。本文探讨了阿拉伯国家政府和外交官，特别是巴勒斯坦国如何看待科学、技术和创新外交。它揭示了几个值得注意的科学、技术和创新外交进展，如现有的地区、国际科学、技术和创新网络与伙伴关系，并重点介绍了该地区科学、技术和创新外交的最新

① 马梅森·易卜拉欣
创新与卓越高级理事会（HCIE），拉马拉，巴勒斯坦国
电子邮箱：maisonib@hotmail.com

维努戈帕兰·伊特科特，贾斯迈特·考尔·巴韦贾（主编），发展中国家的科学、技术和创新外交，发展研究
https://doi.org/10.1007/978-981-19-6802-0_6

统计数字，包括主要的外国研发合作者、按就业领域分列的研究人员、制成品出口中的高技术出口、利用社交媒体促进外交和公共政策等。文章最后提出了一些战略建议，供阿拉伯政界和政府采纳，以促进科学、技术和创新外交。

关键词：科学外交；技术外交；创新外交；研究和开发（R&D）；阿拉伯地区、巴勒斯坦国

1 引言

当今世界瞬息万变，全球挑战影响着所有国家，尤其是阿拉伯地区的国家，科学、技术和创新现已成为社会和经济进步的引擎之一，也是促进全球化的一个因素。事实上，科学、技术和创新对当今和未来世界的重构具有重大影响。此外，科学、技术和创新在包括国际关系在内的所有社会领域的影响日益增大，使其在加强各国的国际关系、提高各国在世界上的形象和存在度方面发挥着越来越重要的作用。

科学、技术和创新外交是一个新的、快速发展的研究、学习和实践领域。它致力于更好地理解和加强科学、技术和创新如何与国际事务相结合，以应对国家和全球挑战。目前，科学、技术和创新外交已成为主要国际关系议程（包括可持续发展议程）的核心议题。它也被用作了解国际冲突与合作动态的一把钥匙，不仅有能力在本地努力的基础上更上一层楼，而且有能力通过合作倡议，发现和利用可能的外国资源，如知识和经验。科学、技术和创新外交已成为一个总括性概念，包括国家和社会之间以研究为基础的多种学术、科学和工程交流。在过去的几年里，科学、技术和创新外交在实践中和作为一个研究领域得到了广泛关注。作为一种实践，科学、技术和创新外交在科学与外交政策之间提供了一种有前途的联系，而作为一个研究领域，科学、技术和创新外交在概念和理论上仍处于发展阶段。

无论是科学外交还是技术和创新外交，都没有普遍使用的定义。不过，人们普遍认为，这一概念是指利用科学作为一种“软实力”，使两个或多个

国家之间的科学合作和政治关系更加顺畅，以解决共同的问题，建立建设性的国际伙伴关系（Leijten，2017；Government of Spain，2017）。英国皇家学会（2010）和美国科学促进协会（AAAS，2010）将科学外交定义为一个概念，主要包括三方面，即“科学促进外交”“外交促进科学”和“外交中的科学”。前者指国家之间建立双边或多边科学合作，以解决共同的问题（如气候变化、淡水短缺或联合太空计划）。“外交促进科学”是指利用外交和资源促进国际科学和技术合作。而“外交中的科学 ”则是指利用科学知识和建议来支持外交政策目标并为其提供信息（Royal Society，2010; AAAS，2010）。

在“知识经济”时代，知识作为国家经济繁荣的一个因素发挥着至关重要的作用，科学、技术和创新外交顺势而生，并日益成为国家关系中需要考虑的一个重要问题。这使知识从科学知识扩展到技术和创新知识。技术知识包括与所有权有关的问题，以及如何在产品和服务中使用新技术，包括大数据技术和与第四次工业革命（4IR）有关的技术。创新知识则是指创造新产品、系统和服务以创造社会和经济价值的能力。这种概念上的拓展是由于人们日益认识到，科学、技术和创新外交可以创造诸多机会，并为许多社会面临的不同类型的挑战提供潜在的解决方案。将科学、技术和创新纳入各国的外交政策，不仅是为了促进国家利益，也是为了以适宜和一致同意的对策应对共同面临的全球挑战。

近年来，阿拉伯国家开始了解和探索科学、技术和创新外交的作用和重要性。阿拉伯国家的政治领导人和科学家认识到科学、技术和创新外交作为支持阿拉伯国家政策制定的工具的潜力。在这些国家，科学、技术和创新外交可以应对共同的地区挑战，并鼓励跨境合作以应对这些挑战。他们也开始将科学、技术和创新外交视为一种潜在的催化剂，以加强他们之间的合作，增强他们在全球的地位。对于阿拉伯地区面临的许多紧迫的政治、经济和安全问题，单靠科学、技术和创新外交无法提供所有解决方案。然而，它在应对与卫生、能源、水、粮食和环境有关的各种挑战方面可以发挥显著而重要的作用，这些挑战造成了该地区的不稳定。这些共同的挑战超越了国界，需要不同类型的地区和国际合作来解决。鼓励科学、技术和创新合作还可以加强阿拉伯国家之间的外交关系，并建立一个可共享的地区专业知识和资源库，从而能够在决策中利用科学、技术和创新外交来应对这些共同挑战。

作为知识生产方式之一（Snyder，2019），世界各地的许多早期职业科学家和年轻外交官对学习更多知识和参与科学、技术和创新外交表现出越来越浓厚的兴趣。本研究从阿拉伯地区的角度探讨了科学、技术和创新外交这一快速发展领域的重要性，强调了弱点和挑战，并确定了与该地区科学、技术和创新外交有关的现有知识差距。本研究也展示了阿拉伯地区，特别是巴勒斯坦国科学、技术和创新外交的现状。后者得到了从现有地区和国际数据库中提取的最新统计数据的支持。本研究还提供了现有相关区域合作倡议和计划的实例，显示了未来可能从该地区科学、技术和创新外交中获得的一些机会和方向。文末向阿拉伯政治领导人和决策者提出了几项建议，以加强科学、技术和创新外交在阿拉伯世界的作用。最后，值得注意的是，这类研究在文献中很少见，这进一步凸显了在阿拉伯国际事务中加快采用科学、技术和创新外交的地区努力的必要性。

2 阿拉伯地区的科学、技术和创新外交

今天，由包括巴勒斯坦国在内的 22 个阿拉伯国家组成的阿拉伯地区面临着一系列严峻的政治、经济和安全挑战。气候变化是大多数阿拉伯国家面临的巨大挑战，因为它削弱了大多数公民获得粮食、能源和水的机会。该地区许多国家仍在努力从 2008 年金融危机及其影响，以及天然气和石油价格下跌中恢复过来。此外，该地区的失业率很高，尤其是年轻人和妇女（World Bank，2020）。

该地区是世界上不少战争的发源地，包括利比亚、叙利亚和也门的战争，这增加了与难民有关的额外挑战。例如，叙利亚内战已造成约 500 万名难民，其中许多人定居在黎巴嫩和约旦。这些难民一直在为满足日常生

活需求而挣扎（UNESCO，2015; ILO，2018）。安全问题也是阿拉伯各国政府极为关注的问题。因此，许多国家的政府在军事预算和整体安全方面加大了投入。除此之外，由于新型冠状病毒感染大流行病及其对卫生、教育、旅游、进出口、社会生活等各个层面的巨大影响，所有阿拉伯国家目前都在经历经济衰退。而巴勒斯坦是唯一一个仍在遭受占领之苦的国家，占领加剧了经济、社会和环境挑战，特别是与城市和社区发展有关的挑战。

作为应对造成地区不稳定的各类挑战的重要角色，一些显著的努力凸显了阿拉伯地区科学、技术和创新外交的潜力。国家科学院的全球网络——国际科学院组织（IAP）——是科学外交的一个范例，涉及该地区的一些国家，特别是埃及、摩洛哥、苏丹和约旦。该全球网络旨在建设科学方面的所有可能的能力，并提供所需的科学证据，为国家和国际政策制定提供信息。另一个值得一提的例子是东地中海公共卫生网络（EMPHNET）。该网络将 6 个阿拉伯国家（埃及、伊拉克、约旦、摩洛哥、沙特阿拉伯和也门）的卫生工作者联系起来，在传染病和非传染病、突发事件（如新型冠状病毒感染事件）中的公共卫生、疾病监测、卫生安全和利用数据进行决策等领域提供流行病学讲习活动和培训。其他例子包括奥斯陆和平研究所（PRIO）中东中心。该中心的成员包括几个阿拉伯国家，旨在对该地区的和平与安全动态进行调查和研究；1996 年成立的中东海水淡化研究中心（MEDRC）是支持研究并就海水淡化和与水有关的问题组织培训项目和讲习班。

阿拉伯地区也在考虑未来的技术。2019 年，沙特阿拉伯政府与世界经济论坛（WEF）签署协议，在该地区建立首个第四次工业革命（4IR）及其相关技术中心。该中心由阿卜杜勒 – 阿齐兹国王科学技术城（KACST）与世界经济论坛（WEF）合作管理。该中心旨在为沙特阿拉伯制定第四次工业革命计划、机制和应用提供所需的空间，并为在地区和全球范围内采用第四次工业革命技术和做法做出贡献。阿卜杜勒 – 阿齐兹国王科学技术城还负责监督沙特阿拉伯国家科学、技术和创新计划。此外，“智慧迪拜”与国际电信联盟（ITU）于 2015 年 5 月签署了一项合作协议，以实施国际电信联盟的智慧可持续城市（SSCs）关键绩效指标（KPIs）。该协议通过与地区和国际社会分享迪拜的智慧城市经验，为全球实践做出了贡献。最后，同样重要的是，2013 年 3 月，阿曼启动了阿拉伯地区首个国际电联网络安全创新中心。该中心由阿曼信息技术管理局（ITA）主办，旨在满足阿拉伯地区的网络安全需求和创建共享活动，以加强各种可能的区域合作与协作，应对日益增加的网络威胁，并通过最佳实践共享信息。

在创新方面，世界银行集团的气候企业创新网络是全球网络的一个范例，旨在帮助 21 个发展中国家（包括本地区国家）的本地企业创新。该网络于 2016 年在摩洛哥启动，通过创新解决方案、清洁技术和先进的气候行动，为合作伙伴向清洁能源和其他气候智能型道路转型提供所需的支持。涉及该地区，特别是海湾合作国家（GCC）的科学和技术外交的另一个值得注意的例子是海湾合作委员会科学和技术国际合作网络。该网络成立于 2010 年，为期两年，目的是发展和支持海湾合作国家与欧盟之间的双区域对话。后者是通过将这两个地区的政策制定者和利益相关者聚集在一起推动相关活动而实现的。这些活动是促进发展、监测和促进两个地区之间各种科学、技术和创新合作计划之间的协同作用所需要的。由于该网络的成功，欧盟在 2014—2017 年在欧盟和阿拉伯海湾合作国家之间建立了另一个网络，名为“科学、技术和创新国际合作网络”，旨在为实现 2020 年欧洲“地平线 2020”计划（HORIZON，2020）进行双区域协调。另一个例子是 2012 年在阿拉伯联合酋长国（阿联酋，UAE）成立的航空航天研究和创新中心（ARIC）。该中心的重点是制造和表征新型轻质材料和结构的特性，以满足先进的航空航天应用。该中心被视为全球研究中心，与全球许多在航空航天技术领域处于领先地位的大学开展合作，并在整个航空航天领域开发研究机会、协助创新和技术转让。2018 年，韩国和阿联酋同意建立一个联合研发中心，以加强和扩大双方在科学和技术领域的合作与协作。

表 1 所示是联合国教科文组织统计研究所（UIS，2020）提供的 2013—2019 年阿拉伯地区研发人员总数。

表 1　科学、技术和创新——2013—2019 年阿拉伯地区每百万居民、每千名劳动力、每千名总就业人数中的研发人员总数

（单位：全时当量）

国家 / 年份	2013	2014	2015	2016	2017	2018	2019
埃尔及利亚	—	—	—	—	38045.6	—	—
巴林	—	562.0	—	—	—	—	—
埃及	101246.0	111601.8	112751.6	115640.5	122141.9	125347.8	—
伊拉克	—	3861.4	3656.5	3740.7	5040.7	5615.3	—
约旦	—	—	3348.0	—	—	—	—
科威特	—	3403.4	2631.0	2763.0	3002.0	3020.0	—
利比亚	—	—	—	—	—	—	—
毛里塔尼亚	—	—	—	—	—	—	—
摩洛哥	—	37859.1	—	40543.5	—	—	—
阿曼	1070.9	1320.9	1566.5	1543.9	1642.9	1911.6	—
巴勒斯坦	5160.7	—	—	—	—		—
卡塔尔	—	—	3016.3	—	—	3336.0	—
沙特阿拉伯	—	—	—	—	—		—
苏丹	—	—	—	—	—		—
叙利亚	—	—	2860.0	—	—		—
突尼斯	20850.0	21177.0	21294.0	23590.0	—	21663.0	—
阿联酋	—	—	—	—	—	40064.4	—

注：①联合国教科文组织统计研究所数据库（2020 年）。
②科摩罗、吉布提、黎巴嫩和也门因教科文组织未提供数据而未列出。“FTE = 全时当量”，“—”表示无数据。

鉴于阿拉伯国家之间的合作研发，以及与外国合作研发的重要性，该地区大多数国家都制定了地区和国际合作研发计划。表 2 显示了 2008—2015 年本地区国家的主要外国合作伙伴（联合国教科文组织，2015 年）。表 2 按学科列出了 2015 年一些阿拉伯国家的主要外国合作者（Moed, 2016）。由于缺乏有关外国合作者的数据和信息，表 3 中涉及的阿拉伯国家数量有限。

最后，研究和发展需要有一个完善的、管理有序的电子基础设施，以

实现国内研究机构之间和国家之间的数据通信。阿拉伯国家研究和教育网络是该地区的一个范例，其重点是发展泛阿拉伯研究与教育电子基础设施。该网络的主要目标是管理、实施和扩展阿拉伯国家研究和教育界专用的现有电子基础设施。它还通过高速数据通信网络和电子服务，促进成员国与外部世界的科学研究与合作。

表 2　2008—2014 年阿拉伯国家主要研发合作国及合作发表的科学作品

（单位：篇 / 部）

国家	第 1 合作者	第 2 合作者	第 3 合作者	第 4 合作者	第 5 合作者
阿尔及利亚	法国（4883）	沙特阿拉伯（524）	西班牙（440）	美国（383）	意大利（347）
巴林	沙特阿拉伯（137）	埃及（101）	英国（93）	美国（89）	突尼斯（75）
埃及	沙特阿拉伯（7803）	美国（4735）	德国（2762）	英国（2162）	日本（1755）
伊拉克	马来西亚（595）	英国（281）	美国（279）	中国（133）	德国（128）
约旦	美国（1153）	德国（586）	沙特阿拉伯（490）	英国（450）	加拿大（259）
科威特	美国（566）	埃及（332）	英国（271）	加拿大（198）	沙特阿拉伯（185）
黎巴嫩	美国（1307）	法国（1277）	意大利（412）	英国（337）	加拿大（336）
利比亚	英国（184）	埃及（166）	印度（99）	马来西亚（79）	法国（78）
毛里塔尼亚	法国（62）	塞内加尔（40）	美国（18）	西班牙（16）	突尼斯（15）
摩洛哥	法国（3465）	西班牙（1338）	美国（833）	意大利（777）	德国（752）
阿曼	美国（333）	英国（326）	印度（309）	德国（212）	马来西亚（200）
巴勒斯坦	埃及（50）	德国（48）	美国（35）	马来西亚（26）	英国（23）
卡塔尔	美国（1168）	英国（586）	中国（457）	法国（397）	德国（373）
沙特阿拉伯	埃及（7803）	美国（5794）	英国（2568）	中国（2469）	印度（2455）
苏丹	沙特阿拉伯（213）	德国（193）	英国（191）	美国（185）	马来西亚（146）
叙利亚	法国（193）	英国（179）	德国（175）	美国（170）	意大利（92）
突尼斯	法国（5951）	西班牙（833）	意大利（727）	沙特阿拉伯（600）	美国（544）
阿联酋	美国（1505）	英国（697）	加拿大（641）	德国（389）	埃及（370）
也门	马来西亚（255）	埃及（183）	沙特阿拉伯（158）	美国（106）	德国（72）

表 3　2015 年按学科划分的选定阿拉伯国家的主要外国合作者

阿拉伯国家	合作国家	学科	阿拉伯国家	合作国家	学科
沙特阿拉伯	加拿大	计算机科学	约旦	美国	医学
		医学	黎巴嫩	法国	化学
	中国	数学			物理学和天文学
	法国	物理学和天文学		美国	医学
	德国	农业和生物科学	卡塔尔	美国	物理学和天文学
		物理学			
	印度	药理学、毒理学			
	意大利	物理学和天文学			
	日本	物理学和天文学			
	韩国	化学工程			
		材料科学			
		物理学和天文学			
	西班牙	数学			
		物理学和天文学			
	突尼斯	计算机科学			
		物理学和天文学			

3 巴勒斯坦国的科学、技术和创新外交

巴勒斯坦国的社区，包括东耶路撒冷、约旦河西岸和加沙的社区，一直处于反复占领和冲突的不利情形下，对国家的发展进程产生了负面影响。这些不利的情形包括以色列在西岸不同地区之间实行的隔离政策、对耶路撒冷东部地区的隔离、加沙封锁、武装冲突、军事入侵、没收土地、开采自然资源（例如，控制巴勒斯坦 80% 的水资源）、以色列隔离墙，以及限制生产、投入、进口和出口等。此外，约旦河西岸和加沙之间领导权的分裂，以及耶路撒冷东部地区与被占领约旦河西岸其他地区的隔离，阻碍了许多发展计划在这些城市的实施。这些地缘政治挑战促使巴勒斯坦人开始投资于当地的人力资本，以建立以知识为基础的经济，这种经济由不同领

域的科学、技术、创新、创造力和批判性思维所推动。

相信科学、技术和创新外交的力量，巴勒斯坦国际合作署（PICA）于 2016 年根据总统令成立。这是巴勒斯坦外交政策的发展合作部门，重点支持阿拉伯地区内外的发展中国家。该机构的主要作用是成为巴勒斯坦国的公共外交工具，作为南北和南南合作的国家协调者。该机构的目标之一是与不同领域的合作伙伴实施双边和多边合作项目，包括和平建设、教育、信息技术、卫生、农业、环境和法律。它还旨在协助实施合作计划，以实现联合国可持续发展目标，在巴勒斯坦国和世界之间交流专业知识，创建全球伙伴关系网络，建立区域和国际伙伴关系并达成协定等。巴勒斯坦国际合作署合作伙伴包括但不限于黎巴嫩、沙特阿拉伯、突尼斯、苏丹、土耳其、马里、塞内加尔、南非、德国、意大利、波兰、巴基斯坦、阿根廷、厄瓜多尔、智利、委内瑞拉和美国。此外，2014 年，巴勒斯坦科学技术学院（PALAST）启动了科学、技术和创新观察站。该观察站是在联合国西亚经济社会委员会（UN-ESCWA）的支持下建立的，主要作用是定期收集有关科学、技术和创新的数据，并促进国家、区域和国际层面的联通。

包括巴勒斯坦国在内的联合国所有会员国于 2016 年通过了《改变我们的世界：2030 年可持续发展议程》。该议程的一个主要组成部分是可持续发展目标，通过具体目标详细阐述了可持续发展的主要支柱，即社会、经济和环境支柱。巴勒斯坦国是阿拉伯地区率先调整和实施 2030 年议程并建立支持其实施所需的政府机制的国家之一。总统令和部长会议决议是政府承诺在巴勒斯坦实施可持续发展目标的基础。因此，成立了国家可持续发展目标工作组，负责领导、协调、监测和实施可持续发展目标。该小组由所有利益攸关方组成，包括公共和私营部门、民间团体、大学、非政府组织、发展专家等。该小组还与相关地区和国际组织，特别是联合国机构合作实施可持续发展目标。实施和跟进可持续发展目标的机构安排如图 1 所示（PMO，2018）。

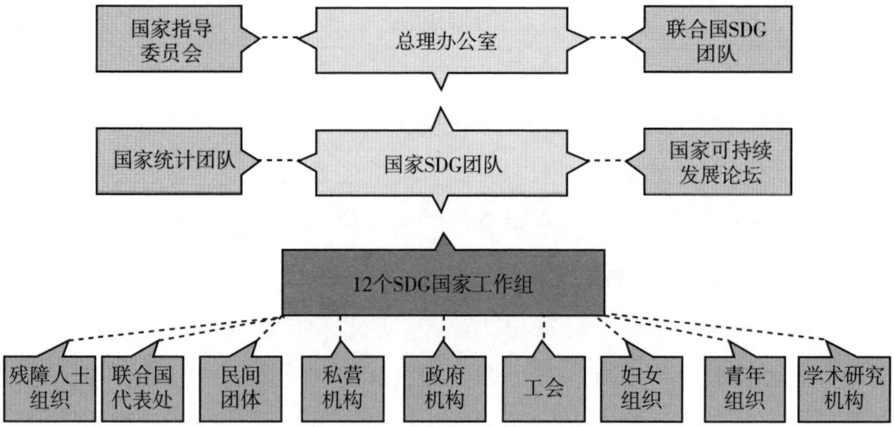

图 1　可持续发展目标实施和后续行动的制度安排

2017—2022 年国家政策议程（NPA）的三大支柱（独立之路、政府改革和可持续发展）也涉及可持续发展目标。巴勒斯坦将通过 10 个国家优先事项和 30 项国家政策在巴勒斯坦实施可持续发展目标。每个国家优先事项都是根据《国家行动计划》的三大支柱之一及其相关政策确定的。反过来，每项政策又分为一系列政策干预措施。

表 4 描述了国家议程的主要支柱、可持续发展目标国家优先事项和政策之间的联系（PMO，2016）。

表 4　巴勒斯坦的国家优先事项、国家政策与《国家政策议程》三大支柱的联系

国家政策议程三大支柱	相关的可持续发展目标国家优先事项	相关的一套国家政策
1. 独立之路	结束占领；实现独立	动员国家和国际支持追究以色列的责任
	国家统一	一片土地，一个民族实施民主原则
	加强巴勒斯坦的国际地位	扩大巴勒斯坦的国际参与，拓展巴勒斯坦的双边关系
2. 政府改革	以公民为中心的政府	反应迅速的地方政府，改善对公民的服务
	有效政府	加强问责制和透明度，有效、高效的公共财政管理
3. 可持续发展	经济独立	建设巴勒斯坦未来经济，创造就业机会，改善巴勒斯坦的商业环境，促进巴勒斯坦工业，摆脱贫困
	社会正义与法治	加强社会保护，改善诉诸司法的机会，两性平等和赋予妇女权力；我们的青年—我们的未来

续表

国家政策议程三大支柱	相关的可持续发展目标国家优先事项	相关的一套国家政策
3. 可持续发展	有质量的全民教育	改善幼儿和学前教育，提高学生入学率和在校率，改善中小学教育，从教育到就业
	全民优质医疗保健	更好的医疗保健服务，改善公民健康和幸福
	有韧性的社区	确保社区和国家安全、公共安全和法治，满足我们社区的基本需求，确保可持续环境并适应气候变化，振兴农业和加强农村社区，保护民族特征和文化遗产

巴勒斯坦国旨在通过实施可持续发展目标，在农业研究和推广服务、农村基础设施、技术开发、卫生和福利等领域开展区域和国际合作。这还包括加强区域、国际、北南和南南合作，以共同商定的条件获取科学、技术和创新成果和分享知识，以及加强科学、技术和创新能力建设机制，特别是在教育、水收集、废物管理，以及加强使用赋能技术和改善对公民的服务方面（PMO，2018）。

在技术和创新方面，巴勒斯坦国成立了许多组织，旨在支持受过良好教育的年轻人将他们的创新思想，特别是与技术创新有关的创新思想转变为中小企业（SME）。这些组织大多投资于有前景的中小企业，这些中小企业可以为国家、地区或国际市场生产技术创新产品和服务（Ibrahim，2020）。例如，除了投资于有前途的初创公司，巴勒斯坦创新与卓越高级委员会（HCIE）每年都会举办国家论坛，以了解科学、技术和创新领域的最新全球进展，并为初创公司提供国家、区域和国际伙伴关系平台，分享论坛重点领域的良好做法。后者还包括为国际投资者敞开大门，让他们接受并为有前途的中小企业提供所需的财政支持。

通常，一个国家的创新成功率是用全球创新指数（GII）来衡量的。全球创新指数是通过创新措施和产出对国家和经济体进行的年度全球排名。该指数每年对包括巴勒斯坦国在内的全球 131 个国家进行排名。

该指数包括两个分指数，即①创新投入分指数；②创新产出分指数。第一个分指数基于五大支柱，即人力资本和研究、基础设施、制度、市场成熟度和商业成熟度。第二个分指数基于两个主要支柱，即知识与技术产出和创意产出。每个支柱又分为一系列子支柱，每个子支柱由单个指标组成（Cornel University et al.，2019）。就巴勒斯坦而言，创新指数由 4 个主要指标衡量，即信息技术出口、高科技出口、高科技出口占制成品出口的百分比和研发支出（Ibrahim，2020）。

根据联合国统计数据（The Global Economy，2020），2007—2016 年，巴勒斯坦信息技术出口指标的平均值为 0.68%，2015 年最低为 0.35%，2010 年最高为 1.35%，如图 2 所示。相比之下，2016 年 142 个国家的世界平均水平为 4.14%。

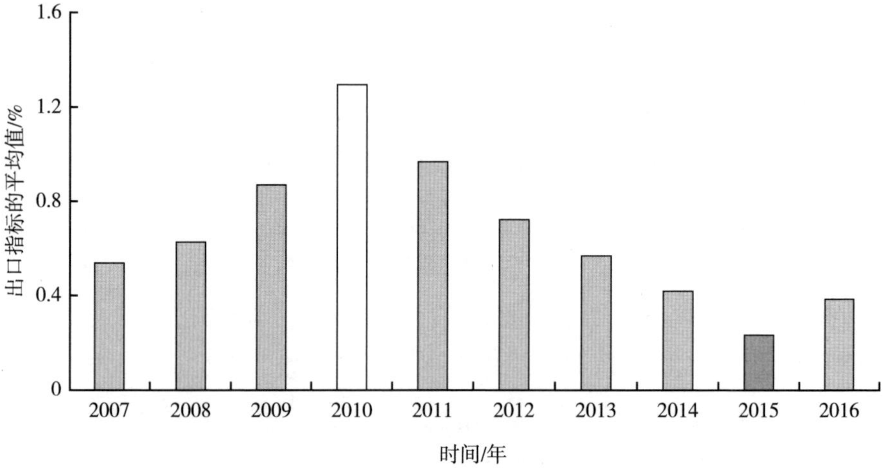

图 2　2007—2016 年巴勒斯坦国信息技术出口情况

就高科技出口指标而言，2007—2008 年，巴勒斯坦的年平均出口值为 217 万美元，2007 年最低为 17 万美元，2018 年最高为 624 万美元。相比之下，2018 年 130 个国家的世界平均水平为 2252802 万美元。图 3 显示了 2007—2018 年该指标的发展情况（The Global Economy，2020）。

联合国的数据还显示，2000—2016 年，巴勒斯坦高科技出口（占制成品出口的百分比）指标的平均值为 0.32%，2007 年的最低值为 0.06%，2015 年的最高值为 0.96%，如图 4 所示（The Global Economy，2020）。相比之下，2016 年 148 个国家的世界平均水平为 11.8%。

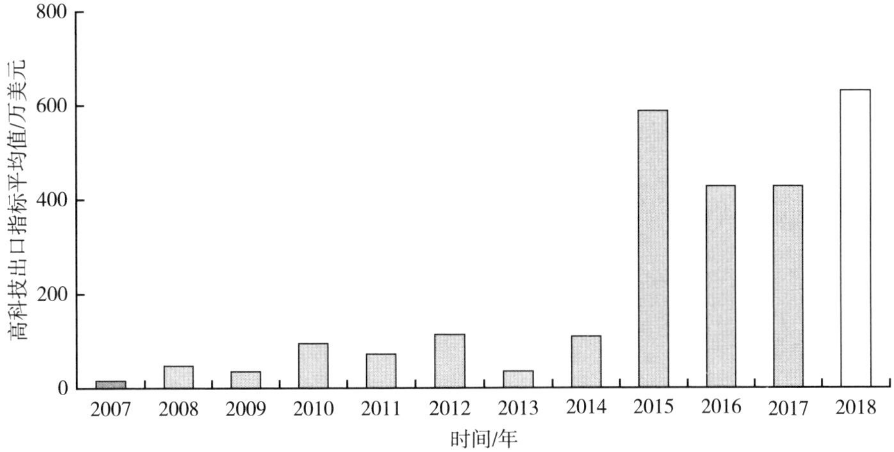

图 3　2007—2018 年巴勒斯坦国高科技产品出口

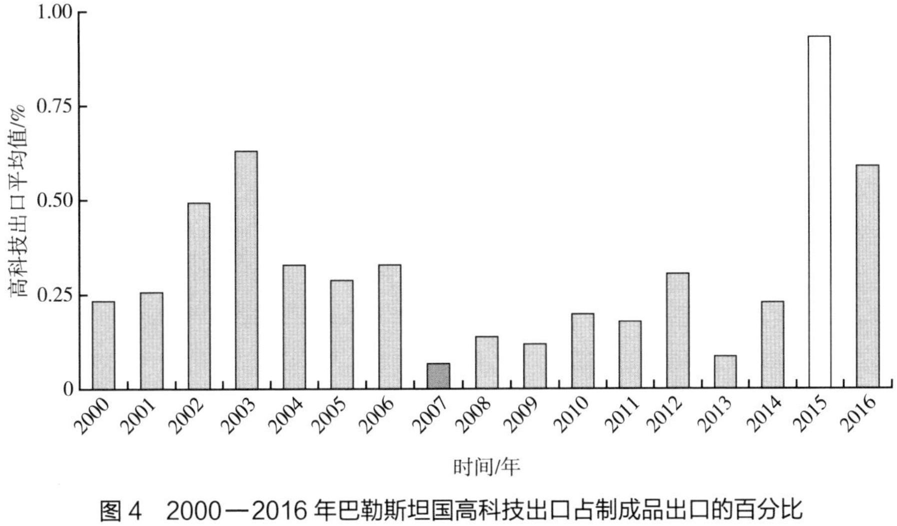

图 4　2000—2016 年巴勒斯坦国高科技出口占制成品出口的百分比

关于巴勒斯坦国的研发（R&D），巴勒斯坦中央统计局（PCBS）发布的一份调查报告强调了巴勒斯坦不同数量的研发人员（PCBS，2017），如表 5 所示。报告显示，2013 年巴勒斯坦的研发人员人数为 8715 人，其中包括 4533 名研究人员，以及管理人员等行政人员、为研发提供所需支持任务的行政助理、会计师、技术人员和熟练专业人员。此外，报告显示，每百万居民中有 566 名全职研究人员，接近中低收入国家的总体平均水平

（PCBS，2017; MAS，2017）。

根据世界银行数据显示[①]，巴勒斯坦约 53% 和 26% 的研究人员分别拥有博士学位和硕士学位。按部门划分，学术机构从事研发的研究人员有 4694 人（约占研究人员总数的 54%），公共部门有 2873 人（约占 33%），非政府组织部门有 1148 人（约占 13%）。按研究领域划分，34.2% 的研究人员从事人文科学研究，27.7% 从事社会科学研究，约 11% 从事工程和技术研究，16.5% 从事自然科学研究，5.8% 从事医学研究，4.8% 从事农业科学研究等（Ibrahim，2020）。

表 5　2013 年巴勒斯坦研发的主要指标

指　标	值
研发人员数量 / 人	8715
研发人员全时当量（FTE）	5162
研发人员中研究人员数量 / 人	4533
研发人员中男性研究人员数量 / 人	3510
研发人员中女性研究人员数量 / 人	1023
研发人员中研究人员全时当量	2492
每百万居民中从事研发的 FTW 的研究人员数量 / 人	566
研发总支出 / 百万美元	61.4
用于研究和开发的外部资金百分比 /%	26.9
每全时当量研究人员的研发支出 / 百万美元	24.6

表 6 提供了巴勒斯坦和其他阿拉伯国家 2013 年或最近一年按就业领域划分的研究人员人数的比较，提供了可用的区域数据。

2013 年，研发支出达到 6140 万美元，占 2013 年巴勒斯坦国内生产总值（GDP）的 0.49%（The Global Economy，2020），与许多其他阿拉伯国家相比，这一比例极低。这与财政资源不足，以及各方对研发作为经济主要杠杆的重要性的兴趣和认识薄弱有关。在这方面，统计研究表明，公

① 世界银行，https://data.worldbank.org/indicator/SP.POP.SCIE.RD.P6?locations=PS.

共部门支出占总支出的 65.1%，其次是大学（部分大学属于公共部门）23% 和非政府组织 20.9%。在研发资金方面，最多的是 26.9% 的外部支持，其次是 22.3% 的政府机构支持，21.8% 的非政府组织支持，18.7% 的自筹资金，最后是 4.1% 的学术机构支持，这也是最少的（MAS，2017）。

表 6　2013 年或最近年份按就业领域划分的阿拉伯研究人员（HC）

国家	年份	自然科学		工程技术		医学健康		农业科学
		总	女性	总	女性	总	女性	总
科威特	2013	14.3	41.8	13.4	29.9	11.9	44.9	5.2
阿曼	2013	15.5	13.0	13.0	6.2	6.5	30.0	25.3
卡塔尔	2012	9.3	21.7	42.7	12.5	26.0	27.8	1.6
沙特阿拉伯	2009	16.8	2.3	43.0	2.0	0.7	22.2	2.6
埃及	2013	8.1	40.7	7.2	17.7	31.8	45.9	4.1
伊拉克	2011	17.7	43.6	18.9	25.7	12.4	41.4	9.4
约旦	2008	8.2	25.7	18.8	18.4	12.6	44.1	2.9
巴勒斯坦	2013	16.5	—	10.9	—	5.8	—	4.8
利比亚	2013	14.3	15.0	17.0	18	24.4	0.1	11.5
摩洛哥	2011	33.7	31.5	7.6	26.3	10.4	44.1	1.8

国家	年份	农业科学	社会科学		人文科学		其他	
		女性	总人数	女性	总人数	女性	总人数	女性
科威特	2013	43.8	8.8	33.4	13.3	35.6	33.2	36.5
阿曼	2013	27.6	24.3	23.7	13.2	22.1	2.2	33.3
卡塔尔	2012	17.9	14.3	34.4	4.8	33.7	1.3	31.8
沙特阿拉伯	2009	—	0.0	—	0.5	—	36.4	—
埃及	2013	27.9	16.8	51.2	11.4	47.5	20.6	41.0
伊拉克	2011	26.1	32.3	35.7	9.3	26.7	0.0	28.6
约旦	2008	18.7	4.0	29.0	18.1	32.3	35.3	10.9
巴勒斯坦	2013	—	27.7	—	34.2	—	0	—
利比亚	2013	0.1	2.0	20.0	12.4	20.0	32.4	20.0
摩洛哥	2011	20.5	26.1	26.6	20.4	27.8	0	0

资料来源：联合国教科文组织统计研究所（UIS），2015 年 6 月。

注：就埃及而言，只有高等教育部门的研究人员分布情况；政府部门的相关数据“未分类”。“HC= 人数”；“—”表示无数据。

如图 5 所示（The Global Economy，2020），2007—2013 年，巴勒斯坦的联合研发支出（占国内生产总值的百分比）指标的平均值为 0.33%，2008 年最小值为 0.16%，2013 年最大值为 0.49%。相比之下，2013 年 94 个国家的世界平均值为 0.99%。值得注意的是，国际统计机构或巴勒斯坦政府均未提供 2014—2020 年的统计数据。

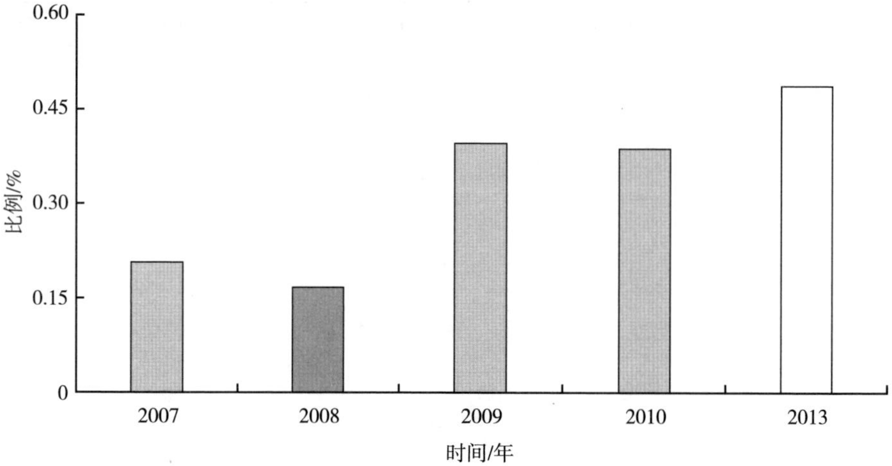

图 5　2007—2013 年巴勒斯坦国国研发支出占国内生产总值的百分比

一些巴勒斯坦研究人员参与了巴勒斯坦合作伙伴国家的合作研究。与埃及研究人员的国际合作比例最高，其次是德国、美国、马来西亚和英国（表 2）。

虽然巴勒斯坦国没有制定全国性的科学、技术和创新政策，但巴勒斯坦政府已开始实施一项很有前景的新的非官方政策，以支持国家各部门的创新，特别是技术创新。它还设立了一个新的“创业和赋权部”，作为企业家和自营职业者的新的政府保护伞，目的是赋予青年、妇女和边缘化群体权利。该部门的主要目标之一是制定必要的政策、标准和程序，为巴勒斯坦的领导能力和科技创新赋权创造适宜的环境。

4 关于调查结果的讨论

科学、技术和创新外交对各国的国际外交有着积极的影响。世界上许多国家的政府，尤其是发达国家的政府，都采取科学、技术和创新政策来加强对外关系，交流知识和经验，加强研究、科学和技术合作，为提高本国的竞争力打下坚实的基础。这些措施丰富了创新能力，吸引了人才和外国投资，有助于提高出口生产率，创造技术岗位，改善国家的海外形象。

不出所料，国际指标显示，阿拉伯国家在科学、技术和创新外交方面表现不佳。直到最近，除了少数例外情况，科学、技术和创新外交一直不是阿拉伯国家政府的优先事项。阿联酋是本地区唯一一个已经制定了明确的国家科学、技术和创新政策的国家，这是其 2021 年愿景的一部分，目前正在国家创新战略的框架下实施。该地区的其他国家将科学、技术和创新或技术和创新纳入其国家战略和政策，但没有将科学、技术和创新外交作为一项单独的、非常重要的政策来实施。值得注意的是，阿联酋的科学、技术和创新政策每年都会更新，以反映最新的全球技术发展和国家需求。这项政策的主要目标之一是与全球知名的研究机构建立国际伙伴关系，并通过这些机构交流知识和经验。

阿拉伯地区许多国家都因缺乏国际联合研发的长期战略而深受其害，导致外国资源没有得到战略性利用。尽管这种情况与本地区并无具体关联，但在本地区却更为严重。根据联合国教科文组织 2017 年的数据，该地区国内研发支出总额（GERD）仅占 2016 年全球研发支出的 1.0%，高于南亚的 0.6%，但低于所有其他地区。对比各地区研发支出占国内生产总值的平均值可以发现，2016 年阿拉伯国家的这一数值仅为 0.30%，而同年的世界平均值为 1.70%。此外，大多数阿拉伯国家的研发投资低于 0.5%。不过，不同阿拉伯国家的费用率也不尽相同。例如，摩洛哥、阿联酋、埃及和突尼斯的研发投资值从 0.6% 到 1.0% 不等（UNESCO，2018）。摩洛哥的研发投入占比最高，为 0.71%；其次是阿联酋的 0.7%；然后是埃及和突尼斯的 0.68%（图 6）。相比之下，中国的比例高于 2%，韩国高于 4%（ESCWA，2017；Fig. 6）。表 7 列出了阿拉伯国家国内研发支出总额的最新数据（ESCWA，2017；UIS，2020）。

就技术而言，高科技是指一个国家的高科技产业和信息投资服务部门。该术语基于需要科学、技术和创新的先进科学技术专业知识，并以研发支出为基础。注重研发支出的国家已经能够成功地增加高科技出口（Meral，2019）。不足为奇的是，阿拉伯国家的高科技出口尚未达到预期水平。2019 年，高科技出口仅占制成品出口总额的 1.696%，而拉丁美洲和加勒比地区为 14.779%，欧盟为 16.096%（World Bank，2020）。统计数据显示，阿拉伯地区的高科技出口从 2015 年的 1.819% 跃升至 2015 年的最高值 3.951%，随后几年开始下降。然而，所有这些数字仍然远远低于其他地区。表 8 显示了 2013—2019 年阿拉伯国家的高技术出口（占制成品出口的百分比）（世界银行最新数据，2020）。

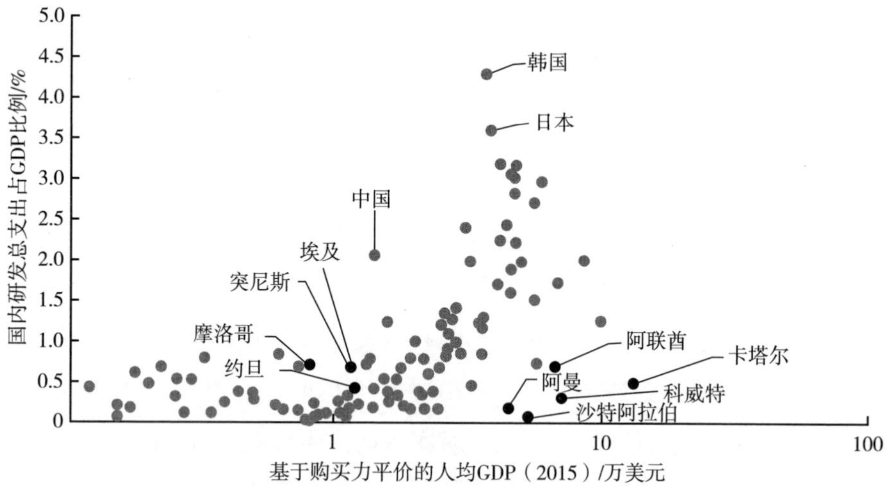

图 6　2016 年阿拉伯国家与其他国家的国内研发总支出比较

来源：ESCWA（2017），USECSO Institute of Statistics（2016），World Bank（2017）。

注：PPP= 购买力平价；GERD（国内研发总支出）占 GDP 的百分比是指某一国家领土或地区在特定年份内进行的研发活动的内部支出总额，以占该国家领土或地区 GDP 的百分比表示。

表 7　2016 年阿拉伯国家的国内研发总支出，2016 年最新数据

（单位：%）

国　家	GERD/GDP	资本形成总额 / GDP	企业执行的 GERD/GDP	源于企业的 GERD/GDP	源于国外的 GERD/GDP
阿尔及利亚	—	49.05	—	—	—
巴林	—	17.62	—	—	—
埃及	0.68	14.78	0.05	8.09	0.12
伊拉克	0.30	—	—	—	—
约旦	0.43	20.32	—	—	—
科威特	0.30	20.81	—	1.41	1.18
黎巴嫩	—	—	—	—	—
摩洛哥	0.71	33.44	0.21	29.94	1.71
阿曼	0.17	29.50	0.04	24.55	0.00
巴勒斯坦	—	—	—	—	—
卡塔尔	0.47	—	0.12	24.18	2.42
沙特阿拉伯	0.07	29.67	—	—	—
苏丹	—	—	—	—	—
突尼斯	0.68	21.47	—	18.70	4.40
阿联酋	0.70	24.24	0.52	74.29	—
也门	—	2.33	—	—	—

来源：ESCWA 2017 and UIS 2020（访问日期：2020 年 9 月 7 日）。
注：GERD= 国内研发总支出；GDP= 国内生产总值。

表 8　2013—2019 年阿拉伯国家等地区高科技出口占制成品出口的比重

（单位：%）

国　家	时间 / 年						
	2013	2014	2015	2016	2017	2018	2019
阿尔及利亚	0.569	0.191	0.328	0.233	0.489	0.960	—
巴林	0.592	1.499	0.936	1.058	0.625	0.449	—
科摩罗	—	2.126	3.136	0.452	27.244	0.172	3.032
吉布提	—	—	—	—	—	—	—
埃及	0.535	1.253	0.794	0.504	0.565	0.866	2.340
伊拉克	—	—	—	—	—	—	—
约旦	1.680	1.807	2.577	3.378	1.813	1.509	1.369

续表

国家	时间 / 年						
	2013	2014	2015	2016	2017	2018	2019
科威特	1.659	0.134	0.127	0.147	0.204	4.122	0.903
黎巴嫩	2.701	2.521	2.188	2.822	7.904	2.355	—
利比亚	—	—	—	—	—	—	—
摩洛哥	—	—	3.704	3.745	3.863	4.027	4.899
阿曼	3.444	4.361	3.243	1.521	1.116	1.258	—
巴勒斯坦	0.095	0.234	0.962	0.717	0.615	0.850	0.903
卡塔尔	0.001	0.049	5.196	0.001	0.001	1.799	0.002
沙特阿拉伯	0.712	0.590	0.787	1.305	0.735	0.544	0.648
索马里	—	—	—	—	—	—	—
苏丹	—	—	—	—	—	—	—
叙利亚	—	—	—	—	—	—	—
突尼斯	6.459	6.765	7.785	7.930	7.389	6.697	6.886
阿联酋	3.607	10.358	5.311	2.618	2.721	3.052	2.163
也门	0.302	1.451	8.017	—	—	—	—
阿拉伯地区	1.819	3.951	3.228	1.872	1.761	2.123	1.696
拉丁美洲和加勒比地区	13.849	14.045	14.562	15.356	15.317	14.749	14.779
欧盟	16.605	16.645	17.354	17.562	15.969	15.535	16.096
世界	19.046	19.057	20.040	20.115	20.566	20.495	21.228

来源：世界银行（2020 年）（2020 年 9 月 7 日查阅）。
注："—" 表示数据不可得。

最近，技术外交（又称数字外交）被视为阿拉伯地区公共外交的一种工具。该地区大多数国家的政府已经采用电子政务解决方案，以加强和促进公民与政府之间的伙伴关系，提高公共价值，从而促进包容性。为此，大多数阿拉伯国家建立和发展了电子政务门户网站，旨在向公民提供数字服务，并鼓励公民就政策和活动提出反馈意见。此外，阿拉伯领导人，尤其是海湾合作国家的领导人，正在利用脸书（Facebook）和推特（Twitter）等社交媒体来丰富他们与民众之间的关系。例如，海湾合作国家和其他一些阿拉伯国家的所有领导人都有一个 Twitter 账户。他们利用 Twitter 账户与公民沟通，发布他们的日常活动和成就，回复公民的评论，并向有需要的人提供帮助。阿拉伯国家政府还将互联网视为外交工具，向公众和全球宣传和分享其想法、观点和行动。后者是大多数阿拉伯国家通过外交部和大使馆网站和 / 或 Facebook 与 Twitter 账户采用的一种技术。

关于巴勒斯坦国，作为一个被占领国家的特殊情况决定了它很难效仿数字外交领域的成功模式。这种占领对国家的整体发展进程产生了重大影响，反过来又反映在各方的整体外交进程中。巴勒斯坦在数字外交方面没有具体的战略来满足官方机构和公共政策的需要；巴勒斯坦外交部也没有专门负责"数字外交 "的部门。不过，巴勒斯坦数字外交可以被归类为互联网外交，即取决于 Facebook 和 Twitter 等社交媒体平台的使用。在这些平台上，巴勒斯坦政治家和全球各地的活动家团体在互联网上推动巴勒斯坦独立事业，并加强公共政策。

尽管巴勒斯坦的数字外交还很薄弱，但大多数巴勒斯坦官员都在 Facebook 和 Twitter 上开设了账户，以分享他们的日常活动，与居住在巴勒斯坦或世界各地的巴勒斯坦人交流，建立与国际社会的沟通渠道，并促进巴勒斯坦的独立事业。后者包括（但不限于）马哈茂德·阿巴斯总统，在 Facebook 上有超过 93 万名追随者（已验证账户）；总理穆罕默德·阿什塔耶博士，在 Facebook 上有 41.5 万名追随者（已验证账户），在 Twitter 上有 1.94 万名追随者（@DrShtayyeh）；巴勒斯坦解放组织（巴解组织）秘书长，在 Facebook 上有 1.72 万名追随者（未验证账户），在 Twitter 上有 2.25 万名追随者（@ErakatSaeb）；巴勒斯坦解放组织执行委员会成员哈南 - 阿什拉维博士在 Twitter 上有 3.71 万名追随者（@DrHananAshrawi）（当前信息截至 2020 年 9 月 8 日）。值得注意的是，外交部长里亚德·马利基博士和巴勒斯坦常驻联合国观察员里亚德·曼苏尔博士没有 Facebook 或 Twitter 账户。

巴勒斯坦驻联合国代表团有一个推特账号（@Palestine_UN），拥有 5.68 万名关注者。不过，只有外交部长和 5 个国际新闻组织，以及许多与联合国有关的多边组织（如联合国妇女署、国际电联和联合国西亚经济社会委员会）关注这一账户。而巴解组织谈判事务部在 twitter（@nadplo）上吸引了约 4.93 万名关注者，其中仅有 6 家国际新闻机构，没有外交部长。尽管巴勒斯坦外交和侨民事务部有一个 3 种语言（阿拉伯语、英语和西班牙语）的网站，但该部推特账户（@pmofa）仅有 3769 名追随者，其中包括 2 个与联合国有关的多边组织，即联合国亚洲及太平洋难民机构（UNHCR Asia Pacific）和联合国难民署（UNHCR），1 个国际新闻组织，以及埃塞俄比亚、丹麦和立陶宛的 3 位外交部长和马耳他主权教团常驻联合国观察员。

5 建议

科学、技术和创新外交正在引起现代社会的兴趣。将科学、技术和创新与外交政策联系起来，可以通过启动国家间的科学和技术合作来解决现有的全球共同问题，加强各国的国际地位，建立建设性的国际伙伴关系。科学、技术和创新外交没有标准的、放之四海而皆准的模式和方法。国家内部和跨国界科学和技术合作的演变始终是历史紧急情况的一种表现形式，需要不同国家和国际各方之间的合作。

作为全球国际社会的一部分，阿拉伯国家必须参与通过谈判解决复杂的地区和国际问题，如安全、气候变化、移民、水和能源，所有这些问题都需要科学、技术和创新建议与机制。此外，加强阿拉伯国家的国际地位，特别是巴勒斯坦国的国际地位，需要深刻理解和认识科学、技术和创新在这方面的影响。阿拉伯国家需要采用适当的科学、技术和创新咨询生态系统和明确的战略，以确保政治领导人，包括在国际谈判中代表他们的外交官，能够获得他们可能需要的科学、技术和创新机制与建议。要做到这一点，阿拉伯国家政府就必须彻底改变对科学、技术和创新外交及其在国家、地区和国际关系中具有潜在作用的思维定式和传统看法。

为促进阿拉伯国家的科学、技术和创新外交，本文提出了以下建议，供阿拉伯国家领导人和政府选择采纳。

- 对科学、技术和创新外交对阿拉伯国家外交政策和国际地位的影响形成清晰、交互和全面的认识。这也包括科学、技术和创新外交加强国家公共政策的能力。
- 为科学、技术和创新外交制定具体的战略愿景和明确的政策计划，将其作为阿拉伯国家愿景和战略的主要部分之一。必须将这一战略放在其地区和国际外交工作优先事项的首位。
- 将阿拉伯国家“政府首席科学顾问”的职位制度化。
- 通过制定必要的立法 / 法规，赋予科学咨询法律地位。
- 为阿拉伯国家的科学咨询（即科学、技术和创新咨询）制定明确、全面的路线图和 / 或框架，以创建一个坚实的科学、技术和创新外交咨询生态系统。
- 阿拉伯国家的政府在外交部设立一个小组或部门，专门负责跟踪和监测本国各级科学、技术和创新外交的进展情况。
- 通过专门计划培训外交人员，使其具备科学、技术和创新外交的能力。这不仅应包括外交部雇员，还应包括在全球各地的阿拉伯大使馆和领事馆工作的所有工作人员。
- 鼓励实施与科学、技术和创新领域相关的可持续发展目标的双边和多边计划。这也包括地区和国际层面的联合研发和专利项目。

6 结论

科学、技术和创新是社会和经济进步的引擎和驱动力之一。科学、技术和创新目前被视为包括可持续发展议程在内的主要国际关系议程的中心议题。将科学、技术和创新纳入各国的外交政策，不仅是为了促进国家利益，也是为了以适当和商定的对策应对共同的全球挑战。近年来，阿拉伯国家已开始了解和探索科学、技术和创新外交在促进阿拉伯国家政策制定方面的作用与重要性，以应对水、健康和粮食等共同挑战，并鼓励跨境合作。他们也开始将科学、技术和创新外交视为一种潜在的催化剂，以加强他们之间的合作，并巩固他们在全球的地位。然而，该地区仍然缺乏明确、清晰的战略来加强各国的科学、技术和创新外交。

参考文献

Cornell University, INSEAD, and WIPO（2019）Global Innovation Index 2019: creating healthy lives—the future of medical innovation. World Intellectual Property Organization（WIPO）, Geneva, Switzerland.

ESCWA（2017）The innovation landscape in Arab countries: a critical analysis. United Nations Economic and Social Commission for Western Asia（UN-ESCWA）.

Government of Spain（2017）Report on science, technology and innovation diplomacy. Government of Spain, Spain.

Ibrahim M（2020）Implementing the 2030 agenda for sustainable development in Palestine: an innovation-centric economic growth perspective. United Nations Department of Economic and Social Affairs（UNDESA）. New York, NY, USA.

ILO（2018）The ILO Response to the Syrian refugee crisis. International Labour Organization（ILO）, Geneva, Switzerland. http://www.exteriores.gob.es/Portal/en/PoliticaExteriorCooperacion/DiplomaciasigloXXI/Paginas/Diplomaciacientifica.aspx. Accessed 28 Aug 2020.

Leijten J（2017）Exploring the future of innovation diplomacy. Eur J Fut Res 5:20.

MAS（2017）Nurturing and institutionalizing creativity and innovation in the Palestinian industrial sector: reality and challenges. Palestine Economic Policy Research Institute（MAS）, Ramallah, Palestine.

Meral Y（2019）High technology export and high technology export impact on growth. Buss econ Rev Financ Bank 1（1）:26-31.

Moed HF（2016）Iran's scientific dominance and the emergence of South-East Asian countries as scientific collaborators in the Persian Gulf Region. Scientometrics 108:305-3014.

PCBS (2017) Palestine in figure 2016—in Arabic. Palestinian Central Bureau of Statistics (PCBS), Ref. (2212) . Palestine, Ramallah.

PMO (2016) State of Palestine's 2017–22 National Policy Agenda: putting citizens first, Prime Minister Office (PMO), State of Palestine, Ramallah, Palestine.

PMO (2018) Palestinian National Voluntary Review on the implementation of the 2030 agenda. Prime Minister Office (PMO), State of Palestine, Ramallah, Palestine.

Snyder H (2019) Literature review as a research methodology: an overview and guidelines. J Bus Res, Elsevier 104:333–339.

The Global Economy (2020) . Palestine: Innovation Index. https://www.theglobaleconomy.com/Palestine/GII_Index/. Accessed 4 Sept 2020.

UIS (2020) UNESCO Institute for Statistics. http://data.uis.unesco.org/index.aspx?queryid=61. Accessed 31 Aug 2020.

UNESCO (2015) UNESCO Science Report: towards 2030. United Nations Educational, Scientific and Cultural Organization UNESCO), Paris, France, pp 431–469.

UNESCO (2017) Global Investment in R&D. Fact Sheet No. 42, United Nations Educational, Scientific and Cultural Organization (UNESCO), Paris, France.

UNESCO (2018) R&D Data Release. United Nations Educational, Scientific and Cultural Organization (UNESCO), Paris, France. http://uis.unesco.org/en/news/rd-data-release. Accessed 5 Sept 2020.

World Bank (2006) The knowledge economy, The KAM Methodology and World Bank Operations. World Bank Institute, Economist, Knowledge for Development Program, Washington, DC, USA.

World Bank (2020) The World bank, Washington, DC, USA. https://data.worldbank.org/. Accessed 28 Aug 2020.

尼泊尔科学外交现状

吉兰吉维·雷格米[①]

摘要： 科学外交是利用国家间的科学合作来建立建设性的国际伙伴关系，以解决共同的问题。这已成为描述若干正式或非正式技术、研究、学术或工程交流的总称。尼泊尔属于“最不发达国家（LDCs）”，在财政和技术方面受到限制，国家发展仍然依赖国际机构和相关国家的支持。随着民主制度的建立，尼泊尔通过建立学术、研究和发展组织，提高了科学技术能力，并培养了一大批科学家和技术人员。科学外交的实践仍处于起始阶段，需要做出更多努力，通过汇集科学家、技术人员和外交官的知识和专长，加强外交使团的科学外交能力。

关键词： 科学；技术；外交使团；创新；尼泊尔；大学；国际伙伴关系

---

① 吉兰吉维·雷格米
尼泊尔科学技术院，库马尔塔尔，拉利特普尔，尼泊尔
电子邮箱 :info@nast.org.np; planning@nast.org.np

维努戈帕兰·伊特科特，贾斯迈特·考尔·巴韦贾（主编），发展中国家的科学、技术和创新外交，发展研究
https://doi.org/10.1007/978-981-19-6802-0_7

1 引言

科学技术在一个国家的经济发展中发挥着至关重要的作用。当地的科学技术发展或发达国家先进技术的转移都能促进经济发展。科学技术外交可以促进国家间的科学合作，解决共同的问题，建立有益的国际伙伴关系。科学和技术外交的重要方面在于技术转移的潜力、增加国家和国际机构间合作研究的机会，以及由此产生的创新及其传播，以促进国家经济发展。

目前，世界各国根据经济发展状况分为“发达国家、发展中国家和最不发达国家”。它们之间的差异主要在于对最新科学技术的掌握和利用程度不同（Salam，1989）。尼泊尔属于最不发达国家（LDCs），既因为它不完全有能力自己开发所需的技术，也因为资金和技术方面的限制而无法从国外引进新的技术。在这种情况下，尼泊尔可以选择通过科学外交来发展科学和技术能力。

本文概述了尼泊尔科学技术的发展、现有的学术和政府机构，以及科学外交在尼泊尔整体外交策略中的作用。

当今世界竞争日趋激烈，在与国际机构和国家进行谈判时，特别是在科学合作方面，既需要外交技能，也需要科学技能。因此，科学外交的作用变得更加重要。

2 从尼泊尔历史看科学技术的发展

1743 年，普里特维·纳拉扬·沙阿（Prithvi Narayan Shah）国王统一了不同的小国，建立了现代尼泊尔。尼泊尔始终保持独立，尽管它不得不与当时统治印度并试图将其殖民化的英国殖民帝国进行斗争。直到 1950 年，尼泊尔在拉纳政权统治下长达 104 年。1951 年，民主运动推翻了拉纳政权，尼泊尔进入了长达 9 年的民主过渡时期，直到当时的国王马亨德拉实行了长达 30 年的潘查亚特制度（Bajracharya，2001）。1990 年，尼泊尔建立了多党民主制度，并实行君主立宪制。2005 年废除君主制，尼泊尔成为联邦共和国。

值得注意的是，尼泊尔的科学和技术发展与当时的政治制度有关。表 1 按时间顺序列出了尼泊尔科学技术发展的背景、政治事件和转折点。制度越民主，越能通过建立教育机构和研发组织增强科技能力。

表 1　从尼泊尔政治制度的演变看科学技术的发展

时期 / 制度体制	科学技术状况	评　　述
1743—1846 年，绝对君主制	原始阶段，只有战争工具是根据统一王国和保护国家免受英国殖民主义侵扰的战争需要而发展起来的	没有正规的教育机构
1846—1950 年，拉纳政权	建立了几所学校和一所学院（特里钱德拉学院）。后来，还建立了培训学校：医疗（辅助医疗）和工程（副监理）。在帕尔平（Pharping）建立了第一个水电站，在加德满都建立了比尔医院，修建了索道（拜斯—加德满都）和一些吊桥	政府争取英国为这些活动提供财政和技术支持
1951—1959 年，过渡时期（前班查亚特制度）	第一所大学，特里布万（Tribhuwan）大学于 1955 年成立。全国各地建立了几百所中学和几所大学。建立了地质矿产、森林、勘察和中央统计局等技术部门，并加强了畜牧和农业部门建设。第一位联合国顾问托尼・哈根（Tony Hagen）编写了关于尼泊尔地质和国家概况的报告，首次将尼泊尔展现在外界面前	尼泊尔与联合国系统的伙伴关系开启，与其他国家的外交关系也得到了发展
1960—1990 年，班查亚特制度	特里布万大学于 20 世纪 60 年代末开始提供理科（数学、物理、化学、植物学和动物学）硕士高等教育。1975 年成立了 5 所学院：农业、林业、工程、医学和科学技术学院，开始提供技术领域的高等教育（学士学位）。还成立了一些政府研究机构：中央食品研究实验室、水和能源委员会、马亨德拉国王自然保护信托基金和尼泊尔科学技术学院，以加强研究和开发活动	政府启动科伦坡计划，与印度、英国、美国、日本、俄罗斯、德国等国家发展双边关系，开展合作，以加强本国的科学和技术能力
1990 年至今	建立了几所大学和相当于大学的高等教育机构、部门和其他机构 / 研究所	有关详细信息参阅本文后续章节

3 高等教育机构和大学的状况

1918 年，尼泊尔成立了特里・钱德拉（Tri Chandra）学院，开始了中级理科教育。1945 年，理科教学升级为学士学位（B.Sc.）教育。第一所大学特里布万大学成立于 1959 年，1965 年才开始研究生或硕士（理学硕士）层次的理科教学（另见 Upadhyay，2018）。

3.1 大学和同等机构

1991 年建立民主制度后，尼泊尔政府和私营部门建立了几所高等教育机构。目前，全国共有 9 所大学和 5 所相当于大学的机构（表 2）。

表 2　尼泊尔的大学和高等教育机构

（单位：个）

大学 / 机构的名称	成员校区	附属校区	总数
特里布万大学，加德满都	62	1085	1147
加德满都大学，杜利切尔	7	15	22
普班查尔大学，比拉特纳加尔	8	115	123
尼泊尔梵语大学，达兰	14	11	25
博卡拉大学，博卡拉	9	58	67
蓝毗尼佛教大学，蓝毗尼	1	5	6
农林科学大学，兰普尔	1	0	1
远西大学，马亨德拉纳格尔	15	0	15
中西部大学，苏尔凯特	16	1	17
BP 柯伊拉腊卫生科学研究所，达兰	1	0	1
国家医学科学院，加德满都	1	0	1
帕坦健康科学院，拉利特普尔	1	0	1
拉普提医学学院，达兰	1	0	1
卡尔纳利医学科学院，朱姆拉	1	0	1
总计	137	1290	1427

来源：Anonymous（2020），Upadhyaya（2018）。

3.2 人力资源

1995—2010 年的数据（表 3）显示，尼泊尔科学技术人力资源的发展呈现出良好的态势。如今，该国培养出了包括自然科学、医学、农业、工程学、林业等领域博士在内的高技能人才。友好国家也为大量尼泊尔学生提供高等教育做出了贡献。在过去的 30 年里，尼泊尔科学技术各学科的人力资源显著增加。

表 3　尼泊尔科学技术人力资源开发情况（累计数字）

（单位：人）

序号	学科	1995	2005	2008	2010
1	工程	2389	11234	15801	20693
2	自然科学	1909	7347	8819	10022
3	医学	1658	5496	5732	7769
4	农学	1396	3004	3334	3616
5	林学	719	798	919	925
6	食品技术	165	224	275	332
7	药剂师	—	—	—	687
总数		8236	28103	34880	44044

来源：科学与技术状况报告，磊哥米等（Regmi et al.，2010）。

3.3 政府科学技术组织

尼泊尔有多个从事科学和技术工作的政府组织和相关机构。

通信和信息技术部（MoCIT）——成立于 1991 年，负责引进国外先进技术。它的主要目标是在私营部门的积极参与下，以基础设施建设的形式将信息和通信设施推广到地区一级，以促进社会和经济发展。尼泊尔电信公司在该部的领导下负责与通信有关的工作。

教育、科学和技术部（MoEST）——成立于 1996 年。该部于 2019 年制定了“科学、技术和创新政策”。该政策明确提出要从国外引进现代技术，促进本国生产型产业的工业化进程。该部门是尼泊尔科学技术院的联系部委，双方在国家科学技术研究与发展的不同方面开展合作。所有大学和学术机构都隶属于该部门，并在工作中密切协作。

尼泊尔科学技术院（NAST）的目标是：推动科学和技术的发展，促进国家的全面发展，保护本土技术并使之进一步现代化，促进科学和技术研究，确定并促进适宜的技术转让。该院主要活动是：①就科学技术发展计划、技术转让政策的制定，以及建立新的科学技术研发机构或实验室向尼泊尔政府提供建议；②建立并加强与区域和国际机构的关系，以促进相互合作；③调动内部和外部资源，包括技术和财政资源，促进科学和技术发展；④与国家和国际组织合作实施科学技术计划。

尼泊尔科学技术院一直是一些国际组织的协调中心，如第三世界科学院（TWAS）、国际科学联合会理事会（ICSU）、国际发展研究中心（IDRC）、国际科学基金会（IFS）、不结盟和其他发展中国家科学和技术中心（NAM S&T Center）、亚洲科学院与学会协会（ASSA）和亚洲科学和技术政策网络（STEPAN）。该院与超过 15 个国家的研究组织和科学院签订了双边协议备忘录。印度国家科学院（INSA）、印度科学和工业研究理事会（CSIR）、中国科学院（CAS）、日本国家微生物研究所（NIMS）、中国台湾的中央研究院（Academia Sinica）、意大利国家研究理事会（CNR）、英国爱丁堡皇家植物园（Royal Botanical Garden，Edinburgh）、泰国国家科学和技术发展署（NSTDA）等都是与该院有积极合作关系的机构或组织。尼泊尔政府负责制定战略计划，以发展国家在科学和技术领域的能力。

尼泊尔农业研究理事会（NARC）成立于 1991 年。它有两个分支机构：国家农业研究所和国家动物科学研究所。该会的目标是开展农业研究。它还负责引进种质资源，开发作物和牲畜新品种。它与国际玉米小麦改良中心（CYMMIT）、国际水稻研究所（IRRI）、国际马铃薯研究中心（CIP）等国际农业研究所 / 中心密切合作。

尼泊尔健康研究委员会（NHRC）成立于 1991 年。委员会是一个国家最高级别的自治机构，负责在全国开展符合最高道德标准的健康研究。主要工作是促进和协调健康研究，以改善尼泊尔人民的健康状况。它与世界卫生组织密切合作，特别是在新型冠状病毒感染大流行病背景下。

尼泊尔林业和环境部（MoFE）的主要宗旨是促进森林和水利部门的可持续增长，管理生物多样性、植物和动物，以及促进与森林相关的企业的发展，以消除尼泊尔农村地区的贫困。它还负责生物材料的交流和开展必要的研究。该部门于 2006 年制定了《国家生物安全框架》，在保护国家生物多样性方面发挥了重要作用。

尼泊尔外交部（MoFA）的主要目标是制定尼泊尔的外交政策，并通过外交使团予以实施。外交使团是负责与其他国家 / 国际机构就包括科学和技术在内的各方面合作进行谈判的官方渠道。外交事务研究所（IFA）成立于 1993 年，是外交部的一个组成部分。该研究所与国内外的政府和非政府伙伴组织合作，实现与外交政策问题及其与政治、经济、社会和文化方面的互动有关的目标。

作为外交部的一个组成部分，外交事务研究所成立的目标是：①就短期和长期政策的制定向尼泊尔政府（GoN）提出意见和建议；②组织研讨会、讲习班、会议和大会，讨论和审议外交政策问题，并提出建议；③为外交部和其他部委的官员提供有关外交政策问题和目标的培训；④更新和系统地汇编有关外交政策方面的所有历史文献和信息，并在必要时予以出版；⑤与外国政府、国际非政府组织、非政府组织和知名人士建立联系，以实现共同的目标和计划。

4 对外政策和外交关系

尼泊尔的外交政策以《联合国宪章》和不结盟运动成员国的原则为基础，还以国际法和其他公认的国际关系准则为指导。外交关系不仅限于国家主权、领土完整和国籍，还包括国家的经济、安全、社会、环境和其他利益。外交部和外交使团参与政治外交、文化外交、军事外交，以及最近采用的经济外交，以促进社会经济进步。

在 1951 年建立民主政体之前，尼泊尔只与 4 个国家建立了外交关系，即英国（1816 年）、美国（1947 年）、印度（1947 年）和法国（1949 年）。目前，尼泊尔已与 168 个国家建立了外交关系，在 30 个国家设有常驻外交使团。25 个国家在尼泊尔设有常驻外交使团。

尼泊尔是不结盟运动的积极成员。不结盟运动成员国于 1995 年成立了不结盟运动科学和技术中心。该中心是在成员国间科学技术合作中发挥重要作用的组织之一。它组织国际科学和培训讲习班，促进许多科学和技术领域的合作研究，并出版与这些活动有关的科学出版物。尼泊尔从一开始就是该中心的成员，并通过积极参与活动而获益。

尼泊尔是南亚区域合作联盟（SAARC）的创始成员，也是该联盟各种科学活动的积极参与者。

联合国系统与尼泊尔的合作早在1950年就开始了，当时联合国技术援助管理局（UNTAA）任命瑞士人托尼·哈根（Tony Hagen）对尼泊尔的矿产资源进行调查。1950—1958年，哈根是第一位访问尼泊尔全境的外来者。他编写了《尼泊尔地质报告》（Tony Hagen，1959，1960）。他还就尼泊尔的总体性质、人种学、人民生活、经济和发展潜力等问题撰写了观察报告。这些报告被视为非常重要的文件，有助于国家宣传和动员对科学和技术合作的支持。从那时起，尼泊尔一直与联合国环境规划署（UNEP）、联合国教科文组织（UNESCO）、世界卫生组织（WHO）、联合国粮食及农业组织（FAO）、世界气象组织（WMO）、世界知识产权组织（WIPO）和国际电联（ITU）等联合国机构合作，处理科学和技术问题（Regmi，2017）。一些政府和非政府组织、学术机构和研究机构也积极参与，动员它们提供财政和技术支持，以促进本国的研究和发展活动（Regmi et al.，2010）。

尼泊尔有充裕的机会接触外部世界。一个国家与外部世界的和平外交关系在分享和引进有益的、比本土技术更先进的技术方面一直发挥着至关重要的作用。许多国家和发展中机构都愿意与尼泊尔合作，并为其发展做出贡献。尼泊尔改善了外交政策以及科学、技术和创新政策。尼泊尔必须有能力通过科学和技术外交动员这种支持。在尼泊尔，上述经济外交中发起的一些活动可以归入科学外交。1992年《外国直接投资法》为外国直接投资（FDI）开辟了新的领域。最近，尼泊尔政府倡议建立“经济特区”，以吸引外国直接投资和技术转让。然而，在尼泊尔的科学外交中还没有任何具体规定（Gautam，2013）。

科学和技术知识的增长有两个主要特征是国际谈判的核心。其一，科学知识日益专业化，因此需要更多的专家参与国际谈判。其二，应用科学和技术促进发展需要有能力整合解决具体问题所需的不同学科。现在的国际外交要求政府谈判人员既要处理专业化问题，又要处理整合问题。因此，为尼泊尔制定科学和技术外交政策的时机已经来临。

尼泊尔外交官之间有一些讨论，尼泊尔应该停止国家乞讨心态。现在是时候利用国家迄今为止在科学和技术能力方面取得的进步，在外交方面为国家利益进行国际和双边谈判及达成相关协议。现在讨论的是合理利用科学和技术。

5 科学和技术外交的作用

科学外交是利用国家间的科学合作来解决共同的问题并建立建设性的国际伙伴关系。科学外交已成为描述若干正式或非正式技术、研究、学术或工程交流的总称（联合国贸易和发展会议，2003）。美国科学促进协会（AAAS）在一份关于科学外交新领域的报告（2010）中提出了与科学外交有关的 3 个角色：外交中的科学、外交促进科学和科学促进外交（美国和国际全球科学政策与科学外交，2012 年研讨会报告）。详见本书各章节。

以下是尼泊尔的例子。

外交中的科学——科学可用于为外交决策或协议提供依据，这可称为外交中的科学。经过尼泊尔科学技术院令人信服的论证，尼泊尔政府获得了不结盟运动科学和技术研究中心、国际原子能机构和国际遗传工程中心的成员资格。尼泊尔研究人员很高兴能与这些享有盛誉的国际组织合作，并为本国人民的利益发展自己的能力。

外交促进科学——这一作用通常是指旗舰国际项目。在这些项目中，各国共同合作开展高成本、高风险的科学项目，否则这些项目将无法开展。尼泊尔签署了相关条约，如《联合国气候变化框架公约》（UNFCCC）、《生物多样性公约》（CBD）和《联合国防治荒漠化公约》（UNCCD）、世界贸易组织（WTO）协定。所有这些都为通过科学研究和发展提高国家的社会经济地位提供了机会。国际山区综合发展中心（ICIMOD）的成立是科学外交的另一个例子，成员国的科学家正在山区发展的不同方面开展科学研究。

科学促进外交——这个角色指的是利用科学来改善不同国家之间紧张的关系。冷战期间，美国与苏联（USSR）及中国之间的科学合作协议和联合委员会就是科学和科学家在外交中发挥作用的例子。尼泊尔与所有国家都保持着良好的关系，因此没有这方面的例子。

5.1 技术转让与尼泊尔的需求

技术转让有利于尼泊尔多个领域的发展。以下是一些取得显著进步的领域的例子。政府在这些领域通过科学和技术外交直接或间接地做出了努力。

工业技术转让——过去向尼泊尔转让的大多数工业技术都是通过国际援助和/或贷款资助，以交钥匙工厂的形式向国有部门转让。然而，近年来，许多大中型工业也在外国私营部门的合作下建立起来。这种合作是通过各种机制进行的，如通过合资企业进行外国直接投资、技术合作、进口机械设备、通过人力资源提供技术援助等。虽然这些都是比较正式的技术转让模式，但也有很多技术是通过书籍、期刊、宣传资料和人际交往进行非正式转让的（Nepal et al.）。尼泊尔管理（来自外国的）技术转让的法律是 1992 年的《外国投资和技术转让法》。该法规定了管理外国投资和技术转让的条例和规则。该法将技术转让定义为根据产业界与外国投资者就以下事项达成的协议进行的任何技术转让：①使用源自外国的任何技术权利、专业知识、配方、工艺、专利或技术诀窍；②使用外国所有的任何商标；③获取外国的任何技术、咨询、管理和营销。因此，各行各业必须在研发、质量控制、技术转让方面发展公私合作伙伴关系、学术界与工业界的合作伙伴关系，并与利益相关者一起创造有利于科学和技术合作的环境。

通信技术方面的技术转让——尼泊尔在数字化应用方面取得了令人难以置信的成功，移动电话普及率超过 100%，互联网普及率达到 63%。根据尼泊尔国家旅游局的数据，仅在 2017 年就新增了 225 万个互联网用户。在领先的移动网络运营商电信（Telecom）和恩塞尔（Ncell）的投资推动下，尼泊尔的电信业有了显著改善（Sharma，2016）。

目前，通信技术在社交媒体、电子商务和电子社区等各个领域的应用取得了巨大进步。它使人们的生活更加便捷。数字签名、VSAT（卫星通信系统）、VPN（虚拟专用网络）、尼泊尔人口动态登记、网络安全和数据中心等数字基础已经发展起来。尼泊尔通信技术的发展通过农民（Kisan）呼叫中心和移动应用程序对农业产生了巨大影响，通过电子儿童（e-children）和远程医疗等对卫生产生了巨大影响。信息技术在贸易和商业领域的应用也日益普及。

重要的是要有效利用新的信息技术和社交媒体工具，以建立具有特定目标的新伙伴关系。

尼泊尔农业技术转让——自 1975 年以来，尼泊尔一直致力于开发高产作物和动物品种。尼泊尔农业研究与发展中心和国际水稻研究所（IRRI）、国际玉米小麦改良中心（CYMMIT）、国际马铃薯研究中心（CIP）等国际中心建立了良好的关系。同样，它还通过双边谈判从其他国家进口一些重要的遗传材料。该中心还利用先进的生物技术等改良作物和动物品种。

植物组织培养技术是广泛用于生产无病毒病马铃薯种子的技术之一。该技术及其基础设施是 20 世纪 80 年代与瑞士合作开发的。从那时起，该技术也被应用于其他作物。猕猴桃和火龙果等新作物的引进非常成功，种植者收益颇丰。

自 20 世纪 80 年代以来，一直在利用泽西牛和荷斯坦牛的精液改良本地牛种。同样，家禽和其他动物的高产新品系也在实践中。几年前，热情的专业人士从澳大利亚引进了鸵鸟，并在尼泊尔饲养，取得了不错的收益。最近，尼泊尔从澳大利亚和南非引进了布尔山羊，以改良当地的山羊品种。这种山羊在山羊养殖户中很受欢迎。农民们正在使用这些技术，使他们的工作变得更加轻松。

然而，该国的粮食并不能自给自足，因此需要通过科学外交在农业研究和技术转让方面做出更多努力。

基础设施发展技术转让——道路和桥梁、机场、水电建设、灌溉设施、防止山体滑坡和洪水的土木工程，以及医院、学校和办公楼的建设都属于基础设施发展领域。

第一条公路是 1953—1956 年修建的特里布万（Tribhuwan）高速公路。随后，于 1966 年分别与印度和中国合作修建了阿尼科（Arniko）高速公路。公路建设中最重要的一步是东西高速公路或马亨德拉高速公路（1028 千米）的建设。该项目于 20 世纪 60 年代启动，并于 20 世纪 90 年代完工。目前，有 15 条高速公路及 51 条支线公路（4977 千米）、地区公路（1984 千米）和城市道路（8347 千米）。公路总长度已增至 18828 千米。

尼泊尔的外交在促进道路建设和其他基础设施发展方面取得了成功。技术转让方面最重要的里程碑是在贝里—巴拜引水多用途项目（BBDM）中使用罗宾斯双护盾隧道掘进机（TBM）。这一突破于 2019 年 4 月实现，使用 TBM 完成了 12.2 千米隧道的挖掘。

尽管该项目尚未完工，但目前的成功证明了隧道挖掘方法的有效性。政府正在规划更多的 TBM 项目。这将为道路建设、引水灌溉、水力发电、交通运输等基础设施领域开辟未来。尼泊尔计划在未来 5 年内修建 100 多千米的隧道，其中超过 50% 可采用隧道掘进机挖掘。许多以前只建议采用钻爆法的项目，现在也开始考虑将隧道掘进机作为一种选择。

引入必要的最新技术，如在输电线路建设中使用无人机 / 机器人，这可能是通过科学外交与友好国家合作的另一个领域。

健康技术转让——尼泊尔正在与世界卫生组织和其他国家的其他组织密切合作。因此，小儿麻痹症和天花等一些疾病已在该国绝迹，肺结核、麻风病等一些疾病也在努力防治之中。正在为抗击新型冠状病毒感染疫情作出巨大努力。随着 4 月首批患者的出现，尼泊尔与世卫组织密切合作，于 2020 年 5 月制定了《准备和应对计划》。该计划根据全球新型冠状病毒感染疫情的趋势和发展，制定了尼泊尔应采取的准备行动和主要应对活动。政府正在根据该计划开展工作。尼泊尔在发展诊断设施方面取得了巨大进展。2020 年 4 月，第一批患者的样本被送往中国香港特别行政区进行聚合酶链反应（PCR）检测，因为尼泊尔没有这样的设施。但现在全国各地已经建立了大约 40 个 PCR 实验室，每天可以检测 25000 份样本。

同样，该国还在全国各地建立了新型冠状病毒感染专科医院和隔离中心。此外，还专门为此增加了医院的重症监护室和呼吸机设施。在世界卫生组织和其他国家，以及该国私营部门的大力支持下，这一目标得以实现。科学和技术外交在这一努力过程中直接或间接地发挥着重要作用。

5.2 适应全球和地区参与的需要

气候变化与科学和技术外交——气候变化是一个全球性问题，需要集体的努力。尼泊尔政府已经认识到，适应气候变化是保护脆弱社区、生态系统和相关气候敏感部门免受气候变化影响的根本。尼泊尔正在与《联合国气候变化框架公约》（UNFCC）密切合作。森林与环境部被指定为该国《联合国气候变化框架公约》的协调中心。尼泊尔已经制定了《国家适应行动方案》（NAPA）和《地方适应行动计划（LAPA）国家框架》，以在地方一级实施适应行动，并与联合国气候变化框架公约组织、山区综合发展国际中心（ICIMOD）等国际组织，以及其他国家机构和专家合作，确保将适应气候变化纳入国家规划进程的各个层面。根据 2010 年在墨西哥坎昆举行的缔约方大会第十六届会议（COP 16）的授权，尼泊尔于 2015 年 9 月启动了国家适应计划（NAP）进程。国家适应计划将制定满足该国中期和长期适应需求的计划。

尼泊尔境内的珠穆朗玛峰被誉为“第三极”。尼泊尔山区的山体滑坡和洪水开放实验室，吸引了不同国家和机构的科学家。尼泊尔必须通过国际合作来增强开展研究和开发活动的能力。在气候变化研究领域开展科学合作有着巨大的机遇。

全球贸易体系中的科学和技术——发展中国家对所通过的国际协定中与贸易有关的工业和投资措施加强生产能力的影响表示关切。更具体地说，这些国家关注的是能在多大程度上制定加强技术发展而又不违反世贸组织规则的政策。同样，《与贸易有关的知识产权协议》（TRIPs）也要求国家具备保护知识产权的良好能力。技术能力与监管能力（包括标准制定）之间存在着明显的关系。标准是贸易流动和政策的主要决定因素，因此可能产生积极和消极的影响。然而，尼泊尔与许多发展中国家一样，迄今为止仍然是“标准的接受者”，而不是“标准的制定者”（Regmi et al.，2010）。尼泊尔还需要发展这方面的能力。

科学技术在连接邻国中的作用——尼泊尔一直寻求在印度和中国之间保持平衡的关系，因为尼泊尔是这两个国家的陆地接壤国。最近，尼泊尔提出了新的外交政策议程，以解决经济外交问题。这关系尼泊尔在印度和中国之间发展经济桥梁的新角色定位。

尼泊尔严重依赖印度。在过去的 70 年里，印度制造了三次闭关锁国事件，这使尼泊尔对中国更加开放。两个邻国都向尼泊尔提出了互联互通的建议：印度提出的铁路建设建议和中国在 OBOR 框架下提出的互联互通建议。尼泊尔必须认真对待这些建议。这将使尼泊尔的关系多样化。双方有效的边境互联互通将促进双方的贸易、旅游、投资和人员往来。

尼泊尔可以通过发展科学技术外交技能，制定和实施南亚气候变化和安全的长期计划或联合项目（印度、中国、孟加拉国、巴基斯坦和不丹）（see Adhikari，2012）。

5.3 科学外交与可持续发展

科学和技术外交与千年发展目标（MDGs）——在实现千年发展目标方面，尼泊尔在降低孕产妇和儿童病死率、提高女童教育、控制疾病、改善供水和卫生条件、免疫接种、社区林业等方面取得了值得称道的进展。到 2015 年，尼泊尔成功地将贫困和饥饿人口比例从 38% 降至 21%。尼泊尔还在实现 100% 普及初等教育、100% 促进性别平等和妇女赋权、抗击人类免疫缺陷病毒（HIV）/ 艾滋病（AIDS）、防控疟疾和其他疾病、环境可持续性，以及发展全球发展伙伴关系等方面取得了进展。

科学和技术外交与可持续发展目标——2015 年，联合国全体会员国通过了可持续发展目标（SDGs），普遍呼吁采取行动，以消除贫困、保护地球并确保到 2030 年所有人享受和平与繁荣。可持续发展目标共有 17 项。联合国开发计划署是帮助约 170 个国家和地区落实这些目标的牵头机构。

尼泊尔非常热衷于实施可持续发展目标。国家计划委员会（NPC）于

2015 年编写了《国家可持续发展目标报告》和一份基线报告，以修订可持续发展目标指标，使之与全球指标保持一致。尼泊尔已开始将可持续发展目标纳入定期计划。作为资源和能力严重不足的最不发达国家，尼泊尔在推进可持续发展目标的过程中，理应期待通过贸易、投资和发展援助等方式开展外部合作。在这种情况下，尼泊尔的科学和技术外交能力必须在动员上述机构提供财政和技术支持方面发挥积极作用。

6 尼泊尔科学和技术外交能力建设需求

科学外交的重要性在于：①解决全球化过程中最棘手的挑战，如气候变化、自然灾害、核扩散和网络安全等；②积累和拓展科学知识和创新技术；③实现可持续发展目标（SDGs 2016—2030）；④通过科学、技术和创新促进国际合作与协调；⑤在研究、开发与创新（R&D&I）和重大研究基础设施计划方面找寻全球最佳合作伙伴；⑥联系和促进全球科学家与政策制定者之间的沟通；⑦利用国际赠款和援助，以创新理念和最新技术执行发展项目（Shrestha，2018）。

实现粮食安全、满足能源需求、适应气候变化和控制传染病等全球性挑战需要所有国家采取集体行动。尼泊尔有很多机会开展合作，从而发展科学能力。因此，尼泊尔需要发展科学外交能力。

近年来，科学外交已成为各国关注的一个领域，因为它可以通过科学和技术媒介将发展中国家与发达国家联系起来。发达国家和发展中国家的研究机构在目标和愿景上存在差异。发达国家大多数先进的研究机构都以创造全球公共产品为目标，相比之下，大多数发展中国家的研究中心则侧重于开发当地所需的产品和服务。这两个目标是相辅相成的，如果双方进行沟通和合作，往往可以实现双赢。因此，尼泊尔必须提高其在科学谈判和协议签订中的说服力。

学术界（研究机构和大学）与产业界之间几乎不存在伙伴关系。因此，需要开展科学外交，为产业界与国内外大学和研究机构牵线搭桥。

鉴于这一事实，尼泊尔科学技术院（NAST）正在通过积极参加由包括不结盟运动科学和技术中心在内的国际机构举办的与科学和技术外交有关的国际研讨会和讲习班来获取科学和技术外交方面的知识。它正在组织与知名科学家、规划人员和政府要员的研讨会和讨论会议，使他们了解科学和技术外交。IFA 还就相关主题举办研讨会和互动活动，以提高人们对科学和技术外交的认识。其他一些机构，如设在加德满都的亚洲外交和国际事务研究所（AIDIA），一直在组织有关科学外交的论坛和网络研讨会。尼泊尔世界事务理事会（NCWA）也在科学外交领域开展了令人赞赏的工作，组织了有关外交不同方面的讨论和研讨会，还出版了有关该国科学和技术外交的年度报告和期刊。

现在是时候利用科学和技术能力在外交方面取得的进展进行国际和双边谈判，达成有利于国家的协议了。国家科学技术院正计划组建一个“科学外交论坛”，以便在国家和国际层面有效地开展科学和技术外交活动。该论坛可为科学家、外交官和科学顾问组织培训和提高认识的领域为：技术转让行为的准则；获取和吸收新技术；技术合作伙伴关系；知识产权与传统知识保护；生物技术及信息和通信技术；科学、技术和创新政策；科学和技术能力发展；气候变化和外交。

7 结论

1951 年之前，尼泊尔一直与国际社会隔绝。之后，尼泊尔在与世界上多达 168 个国家建立外交关系方面取得了巨大进步。尼泊尔还与区域和国际组织保持着非常良好的关系。国际社会特别仔细地观察了尼泊尔最近的政治变化。尼泊尔联邦共和国的建立得到了所有国家毫不迟疑的赞赏。许多友好国家和国际机构及组织都非常愿意支持尼泊尔的经济发展，但尼泊尔仍然是最不发达国家。尼泊尔的目标是在 2022 年之前从最不发达国家转变为发展中国家，在 2030 年之前转变为中等收入国家。这需要巨额预算和先进技术。在这种情况下，尼泊尔必须接续努力，通过动员友好国家和国际组织的资金和技术支持来提高科学与技术能力。

然而，为了更好地利用国际支持，尼泊尔必须制定长期的重建和发展计划。目前，尼泊尔已经培养了一大批能够制定基础设施发展计划的科学家和技术人员。虽然尼泊尔在建立高等教育机构、培养科学家和技术人员方面取得了令人难以置信的进步，但仍需要继续提高他们的水准。尼泊尔有几个从事技术转让、科学和技术研究及其传播的科学和技术组织，但这些组织及其科学和技术人员的外交技能不足。另外，尼泊尔驻各国外交使团和国际机构中的专业人员也没有谈判所需的科学知识。政府必须做出必要的安排，将科学家和外交官聚集在一起，以求在外交中充分利用科学和技术。

参考文献

Adhikari R R（2012）Climate change and South Asia. Climate Change as a security risk in South Asia. IFA，pp 98–100.

Anonymous（2020）Economic survey 2019/20. Ministry of Finance，NepalEconomic Survey 2019_20201125024153.pdf（mof.gov.np）.

Bajracharya D（2001）Science and technology in Nepal. RONAST，Kathmandu，Nepal，p 214.

Gautam KC（2013）Enhancing effective participation of Nepal in international system. In: Foreign policy of Nepal. IFA，pp 15–55.

Hagen T（1959）Reprinted by UNDP in 1997，Observations on certain aspects of economic and social development problems in Nepal.

Hagen T（1960）Reprinted by UNDP in 1997，A brief survey of the geology of Nepal

Institute of Foreign Affairs（2011）Speeches of heads of the nepalese delegations to the non–aligned movement（1961–2009）.

Institute of Foreign Affairs（2013）Institutionalization of Nepal’s foreign policy.

National Planning Commission，Nepal（2017）Nepal’s sustainable development goals; Baseline，Report.

Nepal C, Karki B R, Niroula K P Technology transfer in SMEs Problemsand issues in the context of Nepal. CiteSeerX—III. Technology transfer in SMEs: problems and issues in the context of Nepal (psu.edu).

Regmi C, Khanal I P, Desar S K et al (2010) Status of science and technology in Nepal NAST, Kathmandu Nepal, p175.

Regmi C (2017) Status of and science and technology diplomacy and need for capacity building in Nepal. In book S&T diplomacy and sustainable development in the developing countries (edt. by Miremadi T, Arabzadi AH, Relia S) and published by NAM S&T Centre Centre, pp 43–52.

Salam A (1989) Notes on science technology and science education in the development of the South, The Third World Academy of Sciences 196 p.

Sharma A, Kim Y S (2016) Information and communication technology development in Nepal.

Shrestha S B (2018) Science diplomacy for the prosperity of Nepal. Nepal Council World Affairs. Annu Rep 2018:36–39.

United Nations Conference on Trade and Development (UNCTAD) (2003) Science and technology diplomacy–concepts and elements on a work Programme, United Nations, New York and Geneva.

Upadhyaya J P (2018) Higher education in Nepal. J Manag Higher Educ Nepal—Pravaha 24:96–108.

US and International Perspective on global science policy science diplomacy–Report of a workshop in https://www.nap.edu/catalog/13300/us–and–international–perspectives–on–global–science–policy–and–science–diplomacy.

科学和技术地位在科学、技术和创新外交中的作用

印度作为科学、技术和创新外交推动者的发展模式

马杜苏丹·班德亚帕德耶 [①]

摘要：印度在创建强大的科学和技术生态系统方面取得了重大进展。该生态系统包括强大的科学和技术基础设施和因大量科学和技术侨民而丰富的大量人力资源。印度是几乎所有相关国际公约、条约和议定书的签署国。今天，印度在促进和应用以科学和技术为基础的解决方案来解决全球关切的问题方面占据突出地位，促成因素是实施了框架完善的科学和技术政策。这些政策随着时间的推移始终与国家不断变化的需求保持一致，并在相关科学部委的指导和支持下，制定有效的外交政策，特别是在与该国参与国际科学技术合作和相关全球谈判有关的事项上。

关键词：外交；印度；国际伙伴关系；科学、技术和创新；可持续发展

---

① 马杜苏丹·班德亚帕德耶

不结盟国家和其他发展中国家科学和技术中心（NAM S&T Centre），新德里，印度

电子邮箱：namstcentre@gmail.com

维努戈帕兰·伊特科特，贾斯迈特·考尔·巴韦贾（主编），发展中国家的科学、技术和创新外交，发展研究

https://doi.org/10.1007/978-981-19-6802-0_8

1 引言

随着全球化和工业化的发展，世界正面临着一些问题，包括人口爆炸、贫困和疾病、环境和生物多样性退化，以及粮食、水和能源短缺。科学、技术和创新（STI）是促进对话、改善关系、在各国之间建立联系和桥梁的重要工具。换句话说，科学、技术和创新外交，将助力解决人类面临的诸多问题。

印度次大陆人民在科学和技术方面有着悠久而杰出的传统，历史可以追溯到公元前2500年左右。与技术相关的创新思想是印度文化的一部分，也是印度文明的基础。根据考古证据，印度人拥有农业、天文学和数学、医学和外科、冶金学、城市规划和建筑学等领域的技能。目前，已知的印度河流域文明遗址约有200处。这些遗址表明，在那个时代，科学知识和创新实践得到了应用。

然而，随着后来的历史和社会政治变革，印度遇到了相当大的挫折，无法跟上西方国家科学和技术革命性发展的步伐。尽管如此，在20世纪初，西方的重大发现和普遍的科学精神在很大程度上影响了印度科学家，印度科学的复兴就是从那时开始的。一些在印度工作的英国科学家（如罗纳德·罗斯等人）做出了卓越贡献。印度科学家在不同科学领域的杰出工作得到了国际广泛认可，如钱德拉塞卡拉·文卡塔·拉曼（Chandrasekhara Venkata Raman）、贾格迪什·钱德拉·博斯（Jagadish Chandra Bose）、普拉富拉·钱德拉·雷易（Prafulla Chandra Ray）、梅格纳德·萨哈（Meghnad Saha）、萨延德拉·纳特·博斯（Satyendra Nath Bose）、斯里尼瓦瑟·拉马努金（Srinivasa Ramanujan）等。这对科学活动产生了倍增效应，并为印度建立健全科学技术基础创造了有利的氛围。这既由于印度在经济和科学、技术与创新能力方面取得的巨大成就，也由于印度地缘政治取向。印度现已成为全球重要的参与者。许多印度科学家一直站在重要的国际科学讨论的前沿，参与解决全球关切的问题并推动形成多边倡议。

本文回顾了印度在全球努力中所发挥的作用，以及为解决不时影响人类的当代全球问题而参与各种国际谈判和倡议的情况。最后，本文论述了印度通过科学、技术和创新外交手段发展的国际科学技术合作计划和伙伴关系。

2 印度科学技术基础的发展

印度是世界上人口第一多的国家，也是进入世界上经济增长快速的国家。在印度独立后的 75 年间，政治家、决策者和科学家之间建立了紧密的联系，科学技术已被确定为该国的优先领域。印度在建立科学技术基础设施和人力资源、促进研究与开发，以及开发、转让和改造技术用于工业应用方面取得了巨大成功。近来，印度已成为世界科学技术强国，科学技术领域涉及多种学科，如先进材料、农业、天文学和天体物理学、生物技术、药物和制药、信息和通信技术、纳米技术、海洋学、空间技术与应用、汽车制造等。

自独立以来，印度建立了庞大的基础设施，在科学技术领域拥有卓越的设施。印度成立了自治研究委员会，负责协调和资助不同部门的研究工作。与此同时，印度还建立了一个行政支持机构，负责规划、发展和管理国家的科学技术计划和项目。科学技术部等部门的科学技术机构建立了大量研究与发展机构。通过建立越来越多的国家重点大学和机构，以及引入现代科学、技术和工程学科的课程，高等教育部门得到了加强。

2.1 科学、技术和创新管理结构

多年来，随着科学技术的发展，政策制定者正确地认识到有必要扩大印度政府的科学技术行政机构，设立独立的部门来协调各个领域的事务。印度科学技术部（MoST）科学技术司（DST）的任务是在外交部（MEA）的支持和建议下，并在印度驻外外交使团、外国驻印度外交使团和联合国相关机构的帮助下，协调和处理双边、多边和区域合作计划。除了科学技术部，还有许多其他与科学相关的部委 / 部门，如表 1 所列，负责制定和

实施包括国际合作在内的政策和计划，并参与各自主题领域的全球外交磋商。在印度驻美国、德国、日本和俄罗斯的使团中，科学家被派驻担任科学参赞，负责促进印度和相关东道国的研究人员、政府机构和行业之间的信息交流和互动。印度驻奥地利、法国、英国和美国的使团也派驻了技术联络官，负责提供太空、国防和原子能领域的专业服务。

表 1　印度政府的科学、技术和创新行政结构

序号	部 / 司（成立年份）	目标和职能
1	科学技术部科学技术司（1971 年）	促进科学技术新领域的发展；组织、协调和促进科学技术活动（包括政策制定、国际合作、机构间协调）的节点部门
2	科学技术部科学和工业研究司（1985 年）	追求具有全球影响力的科学、实现创新驱动型产业的技术，并培养跨学科的领导能力
3	科学技术部生物技术司（1986 年）	促进生物技术的大规模应用，支持生物技术的研发和生产，作为特定国际合作的节点等
4	地球科学部（2006 年）	组织、协调和促进海洋科学、气象、天气预报和相关领域的活动
5	电子和信息技术部（1970 年，即后来的 DoIT）	信息技术、电子产品和互联网的政策制定和推广；促进电子政务，以及电子产品、信息技术 / 信息技术服务的可持续增长
6	环境、森林和气候变化部（1980 年）	规划和实施各项政策和计划，包括环境、林业和气候变化方面的国际合作；担当政府间组织在这些议题上的节点机构
7	新能源和可再生能源部（1981 年）	研发、知识产权保护和国际合作；可再生能源的推广和协调
8	农业研究和教育部（1973 年）	协调、指导和管理农业（包括园艺、渔业和动物科学）领域的研究和教育工作
9	卫生研究部（2007 年）	促进和协调医疗、健康、生物医学和医学专业及教育领域的研发工作；医疗和健康研究领域的国际合作
10	原子能部 / 原子能委员会（1954 年 /1948 年）	核能技术的发展；辐射技术在农业、医药和工业中的应用；基础研究
11	空间部 / 印度空间研究组织（1972 年）	利用空间技术，开展空间科学研究和行星探索，包括设计、开发运载火箭和卫星及相关技术
12	国防研发组织（1958 年）	开发国防用途技术

2.2 研发基础设施

除了科学技术行政支持机构，印度还建立了完善的研发设施和自治研究理事会，以协调和资助不同部门的研究工作。表 2 按时间顺序介绍了印度研发管理结构的发展情况。

表 2 印度研发管理结构的发展

序号	组织名称	成立年份	目标和职能
1	科学和工业研究委员会（CSIR）	1942	促进、协调、指导和资助科学与工业研究
2	印度农业研究理事会（ICAR）	1947	协调与资助农业、畜牧业和渔业科学的研究、教育和推广
3	印度医学研究委员会（ICMR）	1949	规划、协调和资助医学研究
4	原子能机构 / 哈巴原子研究中（BARC）	1954/1967	核反应堆设计与安装、燃料制造、乏燃料化学处理的研发，以及放射性同位素在医学、农业和工业中的应用技术开发
5	大学教育资助委员会（UGC）	1956	促进和协调大学教育和研究
6	国防研发组织（DRDO）	1958	开展国防相关应用研究并支持校外研究
7	印度空间研究组织（ISRO）	1969	发展空间技术并将其应用于国家需要
8	科学和工程研究委员会（SERB）	2010	自主灵活地资助科学和工程基础研究

2.3 政策方法

根据印度政府 1961 年制定的《业务分配规则》，科学技术部的任务和主要职责是协调科学技术政策的制定和科学技术事务的管理。不过，如上所述，其他领域的政策制定工作由相关部委 / 司局负责。

印度的政策文件，如科学技术政策（2003）和科学、技术和创新政策（2013）强调需要在科学技术领域开展国际合作，以实现国家的发展目标。作为外交政策举措的重要组成部分，印度鼓励充分利用国际科学技术合作来促进国家利益。政府的战略文件建议，应有效利用国际合作，在印度选定的科学技术领域发展世界一流的设施，并加强印度对重大国际科学技术巨型项目的参与。还建议与其他国家建立战略伙伴关系，在选定的工业部门促进印度的知识经济。最重要的是，建议从地缘政治角度和科学技术发展角度利用技术主导外交提升印度的海外形象（DST: https://dst.gov. in）。

目前，印度制定 2020 年科学、技术和创新政策（STIP）的进程正在经历利益相关者之间的多个磋商阶段。根据最新草案，新的科学、技术和创新政策旨在促进、发展和培育一个健全的系统，以证据和利益相关者为导向，在印度开展科学、技术和创新规划、信息、评估和政策研究。该政策的目标是确定并面对印度科学、技术和创新生态系统的优势和劣势，以促进印度的社会经济发展，使其具有全球竞争力。新的科学、技术和创新政策将与印度的外交政策优先事项密切配合，特别是在地区和邻国的科学技术参与方面。

3 印度在国际科学、技术和创新外交中的影响作用

印度一直对在科技领域建立国际伙伴关系抱有浓厚兴趣，并参加国际论坛，为世界面临的紧迫问题寻找解决方案。历届政治领导人都站在最前沿，积极主动地参与国际外交谈判，以影响重要决策，解决全球关切的问题。

作为 1955 年 7 月 9 日《罗素—爱因斯坦宣言》的后续活动，印度提出主办一次科学家会议，讨论核冲突的严重影响。会议最终于两年后在加拿大帕格沃什举行，现在被称为“帕格沃什科学与世界事务会议”。印度专家和专业人士参加了随后的帕格沃什会议。印度著名农业科学家、绿色革命先驱之一斯瓦米纳坦（M. S. Swaminathan）在 2002—2007 年担任帕格沃什会议主席一职。

1955 年 8 月在日内瓦举行的第一次联合国和平利用原子能国际会议对建立国际原子能机构（IAEA）起到了重要作用，由印度核计划之父霍米·巴巴博士主持。三次联合国探索及和平利用外层空间会议（UNISPACE）均由印度空间科学家领导的，1997—1999 年，时任印度空间研究组织（ISRO）主席的印度科学家同时担任联合国和平利用外层空间委员会（UNCOPUOS）主席一职。

3.1 国际公约和条约：履约和贡献

印度是国际公约、条约和议定书的签署国，也是多个国际和政府间机构的成员。下文将讨论印度参与重要多边倡议的情况，以及印度在相关领域发展的国际伙伴关系（Bandyopadhyay，2014）。

3.1.1 可持续发展

印度积极参加了 1992 年 6 月在里约热内卢举行的环境发展会议及以后的可持续发展会议。印度致力于定期参与对可持续发展目标（SDGs）进展情况的国际审查。印度定期向联合国高级别政治论坛（HLPF）提交有关可持续发展目标的国家方案和国际合作情况。

印度的国家发展目标及其“与所有人一起发展、为所有人发展”（sab ka saath，sab ka vikas）的包容性发展政策倡议与可持续发展议程十分契合，印度致力于为可持续发展目标的成功发挥领导作用。改造印度国家研究院（NITI Aayog）是印度政府最重要的智囊团，负责协调可持续发展目标的实施，它采用了一种政府范围内的可持续发展方法，同时考虑到可持续发展目标在经济、社会和环境支柱方面的相互关联性（NITI Ayog. https://www.niti.gov.in）。可持续发展目标印度指数衡量的是国家以下各级的进展情况，根据该指数的证据，印度已制定了一个强有力的可持续发展目标本地化模式，其核心是在邦和地区一级采纳、实施和监测。印度正在实施的一些旗舰计划体现了其对 2030 年可持续发展目标议程的承诺，其中包括：有能力和有复原力的印度（Sashakt Bharat-Sabal Bharat）、清洁和健康的印度（Swachh Bharat-Swasth Bhara）、包容和创业的印度（Samagra Bharat-Saksham Bharat）、可持续的印度（Satat Bharat-Sanatan Bharat）与繁荣和充满活力的印度（Sampanna Bharat-Samriddh Bharat）（UN India: https://sustainabledevelopment.un.org; NITI Ayog: https://www.niti.gov.in）。

3.1.2 环境、生态和生物多样性保护

印度一直参与有关环境、生态和生物多样性保护的重大国际活动，并为商定文本的制定做出了贡献。印度批准了多项国际公约、条约和协

定，并履行了这些文书中的承诺。表 3 概述了印度批准的一些重要公约（MoEF: https://moef. gov.in，Bandyopadhyay 2014）。

表 3　印度批准的重要公约和条约

序号	公约（通过年份）	目　　标	印度的地位
1	《国际管制捕鲸公约》（1946 年）	保护鲸鱼种群，促进捕鲸业的有序发展	缔约方，1981 年 3 月 9 日
2	《拉姆萨尔国际重要湿地公约》（1971 年）	为保护和合理利用湿地及其资源制定国家行动和国际合作框架	1982 年 2 月 1 日加入
3	《保护野生动物迁徙物种波恩公约》（1979 年）	在陆地、海洋和鸟类迁徙物种的整个分布范围内保护这些物种	1983 年 11 月 1 日生效
4	《危险物质越境转移巴塞尔公约》（1989 年）	保护人类健康和环境免受危险废物的不利影响	1992 年 6 月 24 日批准
5	《联合国气候变化框架公约》（UNFCCC）（1992 年）	稳定大气中的温室气体浓度	1993 年 11 月 1 日批准
6	《鹿特丹公约》（2004 年）	促进某些危险化学品的国际贸易合作，以保护人类健康和环境	2005 年 5 月 24 日加入
7	《关于持久性有机污染物的斯德哥尔摩公约》（1972 年）	保护人类健康和环境，防止化学品残留在环境、人类和野生动物体内	2006 年 1 月 13 日批准

还有许多其他与环境有关的文书，如《南极条约》《国际植物保护公约》《维也纳公约》和《蒙特利尔议定书》《联合国生物多样性公约》《濒危野生动植物种国际贸易公约》《联合国防治荒漠化公约》等，已在各自章节中提及。

环境、森林和气候变化部作为节点部，一直在履行这些公约下的承诺，并采取了适当措施，包括实施相关项目。该部还负责协调联合国环境规划署（UNEP）、南亚环境合作计划（SACEP）、国际山区综合开发中心（ICIMOD）、世界自然保护联盟（IUCN），以及其他国际机构、地区组织和多边机构的计划。该部及其机构与澳大利亚、孟加拉国、加拿大、丹麦、埃及、德国、日本、荷兰、挪威、瑞典、英国和美国等国开展双边合作，还与联合国和其他多边机构，如亚洲开发银行（ADB），东盟，金砖国家，欧盟，印度、巴西和南非三方机制，南盟，联合国开发计划署，世界银行等开展合作（MoEF: https://moef.gov.in）。

3.1.3 大气保护与气候变化

印度批准了《联合国气候变化框架公约》（UNFCCC）（1992 年）、《京都议定书》（2005 年）、《维也纳保护臭氧层公约》（1988 年）、《关于危险物质跨界流动的巴塞尔公约》（1992 年），以及与保护大气和气候变化有关的其他文书（Bandyopadhyay，2014）。

印度是 1988 年成立的政府间气候变化专门委员会的成员。印度指定了一个清洁发展机制国家机构，以确保按照《京都议定书》保护和改善环境。此外，该国还与亚太清洁发展与气候伙伴关系的其他合作伙伴——澳大利亚、加拿大、中国、日本、韩国和美国——以及私营部门合作伙伴合作，以促进可持续经济增长和减贫的方式，实现能源安全、国家空气污染减少和气候变化的目标（MoEF: https:// moef.gov.in）。

印度雄心勃勃的净零排放承诺：在 2021 年 11 月 2 日于格拉斯哥举行的第 26 届缔约方大会上，印度宣布到 2070 年实现净零碳排放目标。同时，实现短期目标：到 2030 年，将非化石燃料能源产能提高到 500 吉瓦；到 2030 年，可再生能源满足 50% 的能源需求；从现在到 2030 年，将预计碳排放总量减少 10 亿吨；到 2030 年，将其经济的碳强度降低 45%。

3.1.4 生物多样性保护

印度早在几十年前就启动了保护和可持续利用生物多样性资源的正式政策和计划。印度于 1993 年加入了联合国《生物多样性公约》，并于 1999 年制定了第一个国家生物多样性行动计划——《国家生物多样性政策和宏观行动战略》。此后，为履行《生物多样性公约》中的承诺，印度采取了多项立法、行政和政策措施。2012 年 10 月，《生物多样性公约》缔约方大会第十一次会议在印度海得拉巴举行，这是在印度举办的规模最大的该类会议。印度有记录的物种占世界物种总数的 7.8%，其中包括 45500 个有记录的植物物种和 91000 个有记录的动物物种。印度还拥有丰富的传统和本土知识，包括编码知识和非正式知识。印度拥有丰富多样的生态栖息地，如森林、草原、湿地、海岸、海洋和沙漠生态系统。就生物多样性而言，印度被认为是世界上 17 个“巨型多样性”国家之一（MoEF: https://moef.gov.in）。

印度于 1976 年 7 月 20 日签署了《濒危野生动植物种国际贸易公约》，以确保野生动植物标本的国际贸易不会威胁到野生动植物物种的生存。

印度于 2003 年 1 月 17 日批准了《卡塔赫纳生物安全议定书》。该议定书是对《生物多样性公约》的补充，目的是确保在生物多样性的安全转移、处理和利用方面提供充分的保护，使之免受现代生物技术产生的改性活生物体（LMO）所带来的潜在风险的影响。这些风险可能对生物多样性和人类健康造成不利影响，特别是通过改性活生物体的跨境转移。

3.1.5 灾害管理

印度是世界上遭受灾害频繁的国家之一，大部分地区经常遭受气旋、地震、山体滑坡、洪水和干旱等自然灾害。因此，自然灾害管理是印度的当务之急。

印度政府是救灾和应灾领域政府间组织的成员，如联合国减少灾害风险办公室（UNDRR）、联合国人道主义事务协调办公室（UNOCHA），以及联合国灾害评估和协调队（UNDAC）。印度参与了这些组织的方案实施并提供资金。印度于 2016 年 11 月，在第七届亚洲减少灾害风险部长级会议期间，捐助了 100 万美元，并签署了一份合作声明，以促进亚太地区在减少灾害风险领域的区域能力建设。作为一项区域倡议，南亚区域合作联盟灾害管理中心（SDMC）于 2006 年在新德里成立。驻印度的联合国灾害管理小组（UNDMT）与各利益攸关方，特别是主要政府部门合作，将减少灾害风险和适应气候变化的目标结合起来。

在美国纽约举行的 2019 年联合国气候行动峰会上，印度宣布成立全球抗灾基础设施联盟（CDRI）。这体现了印度在这一领域的领导地位。全球抗灾基础设施联盟是印度与 35 个国家协商开展科学、技术和创新外交举措的又一例证，将支持发达国家和发展中国家建设气候和抗灾基础设施。

3.1.6 防治荒漠化和干旱

印度于 1996 年 10 月批准了《联合国防治荒漠化公约》（UNCCD）。

环境、森林和气候变化部是执行该公约各项规定的核心部门。印度一直定期参加防治荒漠化政府间谈判委员会（INCD），还主办了 2019 年 9 月 2—13 日举行的《联合国防治荒漠化公约》缔约方大会第十四届会议。

印度正在按部就班地实现不再出现土地退化的承诺，并努力在 2030 年前恢复 2600 万公顷退化土地。这将有助于实现该国增加 25 亿—30 亿吨二氧化碳当量碳汇的承诺。该国正在建立一个英才中心，推动以科学方法解决土地退化问题。

3.1.7 有毒化学品和危险废物管理

印度定期参加国际贸易化学品信息交流伦敦准则会议的审议工作。此外，还最终确定了化学品行业关于国际化学品贸易的自愿道德守则。印度是国际化学品安全方案（IPCS）和国际潜在有毒化学品登记册（IRPTC）的成员。印度遵守《控制危险废物越境转移及其处置巴塞尔公约》规定的准则。印度还履行了根据原子能机构放射性废物管理准则做出的承诺。

印度在可再生能源领域取得了巨大进步，得到了国际社会越来越多的认可。新能源和可再生能源部（MNRE）一直与多个国家合作开发替代能源和可持续能源系统。新能源和可再生能源部负责协调与 20 多个国家，以及东盟，金砖国家，印度、巴西和南非三方机制，国际可再生能源机构，南盟等区域和多边机构在开发新能源和可再生能源方面的双边合作方案。印度科学家和工程师一直在通过联合国开发计划署、联合国教科文组织、联合国工业发展组织等联合国机构以及其他类似组织，就非常规能源和可再生能源的不同方面提供咨询服务。该部还通过印度顶级机构，为非洲和其他发展中国家开展太阳能、风能、小水电和生物质能领域的专门培训计划提供便利。环境、自然资源和能源部还一直在实施亚洲开发银行、全球环境基金、联合国开发计划署、世界银行和其他国际组织的项目（MNRE: https://mnre.gov.in）。

莫迪总理在格拉斯哥举行的第 26 届联合国气候变化大会的“加速清洁技术创新和部署”活动上强调，万物皆由太阳创造，他呼吁“同一个太阳，同一个世界，同一电网”来提高太阳能利用的可行性，并宣布印度空间研究组织将很快向世界提供一个计算器，以测量全球任何地区的太阳能潜力。印度总理和英国首相联合发布了《一个太阳、一个世界、一个电网宣言》（OSOWOG）。印度将在哈里亚纳邦法里德阿巴德主办国际太阳能联盟，该联盟是在2015年11月巴黎第21届缔约方大会期间构想出来的（MNRE: https://mnre.gov.in）。印度还提出了“世界太阳能银行”的概念，旨在全球范围内利用丰富的太阳能。

3.1.8 可持续农业与粮食安全

印度与多边和双边机构在农业和农村发展方面开展了富有成效的合作计划。印度于1952年6月9日批准了《国际植物保护公约》（1952），该公约旨在确保采取共同和有效的行动，防止植物和植物产品害虫的引进和传播，并提供适当的控制措施。印度于1981年加入了国际农业研究磋商组织（CGIAR），并于2002年6月10日批准了《粮食和农业植物遗传资源国际公约》（IPGRFA）。

国际半干旱热带作物研究所（ICRISAT）由国际农业研究磋商组织（CGIAR）支持，位于印度海得拉巴，使命是减少旱地热带地区的贫困、饥饿、营养不良和环境退化。它在亚洲和撒哈拉以南非洲地区开展耐旱作物的农业研究，并开发半干旱热带系统的可持续发展办法，以改善生计，实现粮食、营养和健康安全，同时保护环境。

印度是联合国粮食及农业组织（粮农组织）的创始成员国之一。印度和粮农组织通过在作物、畜牧业、渔业、粮食安全和自然资源管理等领域实施若干发展项目，建立了宝贵的伙伴关系。

3.1.9 保护海洋和沿海地区

印度于1959年成为国际海事组织（IMO）成员，并批准了《国际防止船舶造成污染公约》（MARPOL，1973/1978）的议定书，以保护海洋。该国1996年6月批准了《联合国海洋法公约》（UNCLOS），并当选为根据《联合国海洋法公约》建立的所有机构的成员，即国际海底管理局（ISBA）、大陆架界限委员会（CLCS）和国际海洋法法庭（ITLOS），定期参加它们的会议，并在海洋法问题的决策中发挥关键作用。印度于1983年

9月12日签署了《南极条约》，并定期参加南极委员会会议。为了在南极洲开展科学计划，印度于1983年在达克申·甘戈特里（Dakshin Gangotri）、1989年在施马赫山脉的麦特里（Maitri）建立了永久站点。

印度参与政府间海洋学委员会的审议和活动，以促进发展中国家在海洋科学调查、海洋服务和能力建设方面的全球合作。通过继续参与印度洋全球海洋观测系统（IOGOOS），印度与其他成员组织/国家合作，共同促进印度洋地区业务海洋学发展方面共同感兴趣的活动。作为印度洋沿岸国家，印度参加了印度洋海啸预警和减灾系统政府间协调组（ICG/IOTWS）在政府间海洋学委员会下组织的活动和演习。

印度还与其他国家（如阿根廷、德国、意大利、秘鲁、韩国、俄罗斯等）就海洋事务开展双边合作并缔结了23项谅解备忘录/协议。地球科学部是印度协调海洋资源和沿海地区事务的节点部委（MoES: https://www.moes. gov.in）。

3.1.10 全球公共卫生

印度的医疗保健部门赢得了世界各地的高度认可，这使该国被称为“世界药房”。

印度是世界上最大的非专利药品供应商。据目前估计，印度制药业供应的疫苗占全球需求量的50%，占美国仿制药需求量的40%，占英国处方药总量的25%。此外，印度还满足了全球60%以上的疫苗需求，全球用于抗击艾滋病的80%以上的抗反转录病毒药物都是由印度制药公司供应的。

印度在抗击新型冠状病毒感染疫情方面发挥了值得赞扬的作用，并在疫情初期向150多个国家出口了救生药品和医疗设备。2021年，印度制造商已向近100个国家出口了6500多万剂新型冠状病毒疫苗。因此，印度在国际卫生政策和战略的全球协商方面具有重要地位。

卫生和家庭福利部卫生研究司（DHR）协调与一些国家，以及联合国人口基金（UNFPA）、联合国儿童基金会（UNICEF）、世界卫生组织（WHO）和其他多边和双边机构在人类健康和生物医学研究方面的国际合作。在印度医学研究理事会（ICMR）的领导下，一个虚拟的印德传染病科学中心已经开始运作，以开展联合研究。印度—非洲卫生科学合作平台（IAHSP）已经建立，以启动和加强生物医学和卫生研究方面的战略伙伴关系。人力资源部 / 印度医学研究理事会与许多国家签署了约 40 份谅解备忘录，以促进生物医学和健康研究方面的双边合作（ICMR: https://www.icmr.gov.in）。

3.1.11 和平利用核能

印度于 2005 年 3 月 31 日批准了《核安全公约》，并签署了其他与核安全有关的公约和条约（GOI，2008; DAE: https://dae.gov.in）。

印度是国际原子能机构（IAEA）的创始成员国，批准了该机构于 1957 年 7 月 29 日生效的规约。它参与了原子能机构的各项计划，并遵守其关于核安保、安全标准、癌症治疗等方面的准则。印度原子能监管委员会（AERB）是加拿大氘核铀（CANDU）高级监管机构论坛的成员，并与美国核监管委员会、法国核安全与辐射防护总局和俄罗斯辐射安全局开展合作计划。

在新德里附近成立了一个全球核能伙伴关系中心，用于核系统和设施的预先研究、研究和培训。该中心将由 5 所学校组成，负责高级核能系统研究、核安全、辐射安全、放射性同位素和辐射技术的应用，以及核材料特性研究（DAE: https://dae.gov.in）。

3.1.12 和平利用外层空间

印度被公认为世界上强大的航天大国，有能力向发展中国家提供空间技术和应用方面的能力建设援助。印度一贯认识到空间科学和技术国际合作的重要性。国际合作对于空间探索任务至关重要，对气候变化、空间科学和行星探索等其他领域也具有全球重要性，需要与其他国家结成伙伴关系。拇指赤道火箭发射站（TERLS）的建立、卫星教学电视实验（SITE）和卫星通信实验项目（STEP）的实施、阿耶波多（Aryabhata）、巴斯卡拉（Bhaskara）、阿丽亚娜（Ariane）（火箭）乘客有效载荷实验（APPLE）、IRS-IA 卫星、IRS-IB 卫星、INSAT 系列卫星的发射、月球任务（Chandrayaan）、火星轨道飞行器任务（Mangalyaan）等都包含了国际合作的内容。

印度是联合国和平利用外层空间委员会（UNCOPUOS）的创始成员之一，并在多个空间多边机构论坛中发挥着重要作用，包括外空科学技术和法律小组委员会、国际搜救卫星系统、国际宇宙航行联合会（IAF）、国际宇航科学院（IAA）、国际空间法学会（IISL）、地球观测卫星委员会（CEOS）、空间研究委员会（COSPAR）、机构间碎片协调委员会（IADC）、空间频率协调小组（SFCG）、气象卫星协调小组（CGMS）、国际空间探索协调小组（ISECG）、国际全球观测战略（IGOS）、国际空间大学（ISU）、亚洲遥感协会（AARS）和国际摄影测量和遥感学会（ISPS）。

印度空间研究组织正在寻求与空间机构和与空间有关的机构建立双边和多边关系，目的是建立和加强各国之间的现有联系；迎接新的科学和技术挑战；完善空间政策和确定为和平目的开发和利用外层空间的国际框架。在国际上，发展中国家希望印度协助其建设能力，从空间技术中获益。由于印度空间研究组织近来取得了巨大进步，国际合作的范围变得更加广泛和多样。印度已经与欧洲中期天气预报中心（ECMWF）、欧盟委员会欧洲气象卫星应用组织（EUMETSAT）、欧洲航天局（ESA）和南亚区域合作联盟（SAARC）等国际双边机构签署了正式合作协议。

印度空间研究组织一直在通过《国际空间与重大灾害宪章》、亚洲哨兵组织和联合国灾害管理和应急天基信息平台等多个机构，分享其用于自然灾害管理的专业知识和卫星数据。印度空间研究组织还启动了一项名为“空间经验共享”的计划，根据该计划，正在向其他发展中国家的科学家提供空间技术不同应用方面的培训。亚洲及太平洋空间科学和技术教育中心（CSSTE-AP）在印度成立，提供与空间科学和科学技术有关的研究生文凭课程（ISRO: https://www.isro.gov.in）。

3.1.13 信息技术

电子和信息技术部（MeitY）一直在与世贸组织、联合国机构（联合国教科文组织、联合国贸发会议、联合国开发计划署、经社理事会、亚太经社会等）、20 国集团、区域经济伙伴关系、英联邦、南盟、东盟、世界银行和亚洲开发银行等多边论坛和组织进行互动，以展示印度在信息和通信技术领域的实力，保护印度的利益，并为印度的信息技术和电子行业探索新的商机。印度正在为伙伴国家在信息技术基础设施、网络、能力建设、人力资源开发和电子政务方面提供技术援助。此外，为了促进信息技术新兴和前沿领域的国际合作，探索加强投资和监管机制问题解决的途径，印度还就鼓励可持续发展和加强与其他国家的合作伙伴关系，开展了各种合作努力。印度目前正在执行与中东地区、非洲、亚洲、拉丁美洲、欧洲和北美国家的 34 项谅解备忘录；已开始 / 完成在不同国家设立 23 个双边英才中心的工作。电子和信息技术部还参与了联合国信息和通信技术工作队和信息社会世界首脑会议，并参与了全球信息和通信与发展联盟的工作（MeitY: https://www.meity.gov.in）。

3.1.14 技术和贸易

在经历了长期的限制性政策之后，印度于 1991 年开始实行经济自由化，根据新的产业政策声明提出了多项改革措施，包括鼓励外国直接投资、自动批准与高度优先产业相关的外国技术协议，以及放宽雇用外国技术专家的程序，以便为印度产业引入技术活力。

印度参与了多边、区域和双边层面的贸易谈判和协议。印度与世界贸易组织（WTO）、联合国贸易和发展会议（UNCTAD）、联合国亚洲及太平洋经济社会委员会（UNESCAP）等国际机构，以及个别国家和国家集团就关税和非关税壁垒、国际商品协定、优惠 / 自由贸易安排等广泛问题进行互动。印度加入的主要区域贸易协议包括《南亚自由贸易区协定》（SAFTA）、《亚太贸易协定》（APTA）、《印度与东盟全面经济合作框架协定》等。2002 年成立了印美高技术合作小组（HTCG），为促进和推动两国在高技术领域（包括生物技术、民用航空和纳米技术）的双边贸易提供了一个论坛。印度通过向国外派遣专家和技术人员、建立合资企业、开展交钥匙项目、发放专有技术许可证、为外国人员提供培训等方式，直接或间接地向其他国家出口技术。

自 1948 年以来，印度一直是关税及贸易总协定（关贸总协定）的成员。在《马拉喀什协定》签署后，印度于 1995 年世贸组织成立之初加入了该组织。印度还于 1998 年加入了《专利合作条约》(PCT)。根据《与贸易有关的知识产权协议》做出的承诺迫使该国放宽了专利制度，并于 2005 年 1 月对 1970 年《专利法》进行了修订，涵盖了食品、制药和农业部门。根据该制度授予的产品专利有效期为 20 年，在此期间，专利持有人对产品的生产和销售拥有专有权。

工商业协会与双边和多边机构密切合作，提供私营部门对全球和地区公共政策的看法。它们还为产业界、学术界和战略事务专家提供了一个讨论印度商贸政策问题的平台。

3.2 国际科学和技术合作

虽然科学技术部主要负责科学、技术和创新政策和国际科学技术合作事务，但并不是政府中唯一负责此类职责的机构。如“印度科学技术基础的发展”一节所述，科学技术部和外交部、印度驻外使团、印度其他相关科学部门、部委和机构协商，协调国际合作与伙伴关系方面的活动。科学技术部成立了许多部际委员会，负责制定政策、缔结合作计划和监督各种国际合作活动的实施。另外，科学技术部还派代表参加其他职能部委在各自专题领域开展的国际合作活动的磋商。对于印度驻其他国家使馆的此类活动，科学技术部会在必要时向负责促进印度科学技术利益的相关外交官员介绍情况。

3.2.1 双边计划

在与 80 多个国家的双边合作计划中，印度通过科学技术部为合作研发项目、研究培训奖学金、互访和建立科学技术基础设施提供了宝贵的支持。生物技术部与澳大利亚、巴西、加拿大、芬兰、韩国、英国、美国，以及欧盟等国家与组织开展了 21 项单独的生物技术双边合作计划。

1988 年，印度与苏联（现为俄罗斯）达成了一项重要协议，即综合长期合作计划（ILTP）。该计划鼓励在科学技术前沿的 11 个重点领域开展合作。该计划通过实施 500 多个联合项目和若干次互访，开发了产品、工艺、设计和设施，并建立了 8 个联合英才中心。与美国共同设立了印美科学技术捐赠基金，以促进创新和创业精神，并为联合研究、奖学金、互访、研讨会、讲习班等设立了印美科学技术论坛和印美联合清洁能源中心。在民用空间合作、安全饮用水、消除可预防的儿童和孕产妇死亡、全球卫生安全议程和卫生研究等方面正在开展合作项目。根据印度—英国教育与研究倡议和科学桥梁计划，印度正在与英国开展合作项目。印度还与其他国家建立了双边英才中心，包括印度—法国高级研究促进中心、印度—德国科学技术中心和几个虚拟专题中心。在印度的支持下，在毛里求斯建立了拉吉夫—甘地科学中心和射电望远镜设施。

自 1964 年以来，由外交部实施的印度技术和经济合作（ITEC）计划是一项双边援助计划，旨在满足亚洲、非洲、东欧、拉丁美洲和加勒比地区、太平洋地区，以及小岛屿国家的 161 个发展中国家的需求。近年来，印度技术和经济合作计划的资源也被用于地区和地区间的合作计划。该计划支持的活动还与区域和多边组织及合作集团建立了联系。通过在印度进行人员培训、项目可行性研究和咨询服务、派遣印度专家出国、考察旅行、赠送 / 捐赠设备和救灾援助，该计划为世界许多地区的能力建设和人力资源开发做出了贡献。印度技术和经济合作计划是印度在南南合作中发挥作用和做出贡献的一个显著标志（MEA: https://www.mea.gov.in）。

3.2.2 多边和区域计划

科学技术部协调东盟，孟印缅斯泰克，金砖国家，印度、巴西和南非三方合作机制，印度—欧盟—南盟，亚欧会议（ASEM）和东亚峰会（EAS），以及联合国和其他国际组织（如 20 国集团、阿卜杜勒—萨拉姆国际理论物理中心、国际理论物理研究协会、不结盟运动科学和技术中心、经合组织、第三世界科学院、教科文组织、联合国可持续发展委员会等）的各种多边和地区科学技术合作计划，所有这些计划都是通过广泛的科学外交活动形成的（DST: https://dst.gov.in）。

在东盟—印度科学技术合作下，印度捐赠了一笔相当于 500 万美元的东盟—印度科学技术发展基金，用于支持研发项目和相关活动。为了促进金砖国家之间的合作研发，印度是金砖国家投资约 1000 万美元的 8 个科学技术资助国之一。

印度在2000—2007年担任第三世界科学院主席，并在班加罗尔设立了第三世界科学院5个南亚和中亚地区办事处之一。印度是第三世界科学院捐赠基金的三大捐助方之一，捐助份额为100万美元。此外，科学技术部还与外交部合作，与非洲联盟共同实施了一项印度—非洲科学技术倡议，根据该倡议，2010年为非洲研究人员设立了拉曼国际奖学金。

3.2.3 主办政府间科学技术组织

一些政府间科学技术机构设在印度，印度科学家参与了这些机构的活动，并从先进的研究和能力建设中获益匪浅。比较知名的包括：联合国亚太经社会亚太技术转让中心（APCTT），新德里；国际遗传工程和生物技术中心（ICGEB），新德里部分；不结盟和其他发展中国家科学和技术中心（NAM S&T Centre），新德里；国际半干旱热带作物研究所（ICRISAT），海得拉巴；亚洲及太平洋空间科学和技术教育中心（CSSTE-AP），台拉登；国际太阳能联盟（ISA），法里达巴德。

3.2.4 参与多边大型科学计划和利用先进设施

印度科学家一直在大型国际合作科学项目中开展实验并使用先进设施，如国际热核聚变实验堆（ITER）、欧洲核研究中心（CERN）、国际氢经济伙伴关系（IPHE）、反质子和离子研究设施（FAIR）、相对重离子对撞机、印度双光束线的利用、XRD2（用于大分子晶体学）和意大利的里雅斯特 Elettra Sinchrotrone 的 XPRESS（用于高压物理研究）；Sp Ring-8、KEK 加速器、中微子项目、30米望远镜（TMT）项目；任务创新、国际艾滋病疫苗倡议；激光干涉仪引力波天文台（LIGO）等（科学技术部）。

印度在欧洲核子研究中心拥有观察员地位，来自印度的多个研究机构和大学的100多名高能物理学家，以及许多印度公司都参与了欧洲核子研究中心的工作，无论是建造实验室还是开展实验。印度政府于1996年决定参与大型强子对撞机（LHC）的建设，印度原子能部（DAE）和印度科学技术部（DST）共同参与了紧凑型缪子螺线管（CMS）和大型离子对撞机实验（ALICE）探测器的建设和实验。还启动了新型加速器技术（NAT）

方面的新合作，以促进印度更多地参与欧洲核子研究中心（CERN）的Linac4、SPL和CTF3项目（CERN: https://home.cern）。

印度于2005年正式加入热核聚变实验堆项目，于2006年签署热核聚变实验堆合作伙伴协议。印度热核聚变实验堆是印度国内机构，是印度政府原子能部下属的受援组织等离子体研究所的一个特别授权项目。热核聚变实验堆印度公司负责热核聚变实验堆成套设备的交付：低温恒温器、墙内屏蔽、冷却水系统、低温系统、离子回旋射频加热系统、电子回旋射频加热系统、诊断中性束系统、电源和一些诊断设备。位于古吉拉特邦甘地纳格尔的国际热核聚变实验堆印度实验室也在开展相关的研发和实验活动（ITER-India: https://www.iterindia. in）。

4 成功因素与面临的挑战

在当今多极世界秩序下，科学、技术和创新外交已成为国际关系中的一个重要因素，越来越多的国家政府和非政府组织参与磋商，分享信息和专业知识，以制定合作议定书、转让技术，并在共同关心的领域和全球关切的问题上制定政策。印度政府已经制定了法律、法规和政策文书，并启动了合作计划和活动，以解决区域、次区域和国际层面的可持续发展合作问题。这些行动将有助于印度履行其在国际磋商中签署的协议中所承担的义务和做出的承诺，从而推动学术界、研究人员、民间社会团体、行业协会和非政府组织积极参与促进国家可持续发展的国际合作计划。

4.1 印度在科学技术领域的全球作用

如前几节所述，印度是许多政府间组织的成员，是与可持续发展有关的国际公约、条约和议定书的签署国，并在执行这些公约、条约和议定书方面做出了重大贡献。该国正在实施各种多边和地区科学技术计划，所有这些计划都是通过广泛的科学、技术和创新外交举措促成的。

在历届政治领导人的支持下，印度一直在国际外交谈判中发挥着突出作用，影响着解决全球关切问题的重要决策。与前任总理一样，现任印度总理纳伦德拉·莫迪也在许多科学技术问题的国际努力中发挥了领导作用。特别值得提及的是：气候变化（雄心勃勃的“净零”承诺）、太阳能（“一个太阳、一个世界、一个电网”概念；成立并主持国际太阳能联盟）、可持续发展、减少灾害风险（成立全球抗灾基础设施联盟），如上文各节所述。

4.2 成功因素

这些成功可归因于对印度科学、技术和创新生态系统产生积极影响的若干因素，这些因素使印度能够在科学、技术和创新外交磋商和国际议程制定方面发挥重要作用。

4.2.1 基础广泛的科学、技术和创新管理结构

如前文所述，印度有一个强大的科学技术行政机构来处理不同部门的科学、技术和创新与国际合作活动（参见“印度科学技术基础的发展”一节）。为此，科学政策与外交政策之间建立了有效的联系——在参与国际合作和全球谈判方面，科学部与外交部合作并向其提供建议。

4.2.2 明确的政策

印度自独立以来，多年来不断制定政策，为科学研究和技术发展提供广泛指导。第一项此类政策是《科学政策决议》（SPR）（1958 年），随后是《技术政策声明》（TPS）（1983 年）、《科学和技术政策》（2003 年）和《科学、技术和创新政策》（2013 年）——每一个政策的目标和范围都根据国家需求的不断变化，以及 20 世纪 90 年代的经济自由化和全球化的需要进行了重新定义和扩展。

这些政策文件还强调必须开展国际科学技术合作，以实现国家的发展目标。作为外交政策举措的一个重要组成部分，鼓励充分利用国际科学技术合作来促进国家利益（参见“政策方针”部分）。

印度制定新的 2020 年科学、技术和创新政策（STIP）的过程正在经历利益相关者之间的多个磋商阶段。根据最新草案，印度将充分利用本国的科学技术实力作为软实力，努力在多边和区域平台上发挥领导作用；科学、技术和创新外交，包括双边、多边和区域科学技术合作，以及积极参与关于制定国际科学、技术和创新议程和政策的全球谈判，将成为《2020

年科学、技术和创新政策》（科技部）的重要组成部分。在这方面，政策文件草案做出了如下规定（Draft STIP Doc Ver. 1.4, Dec. 2020. DST）。

印度将在全球科学技术讨论中发挥积极主动的议程制定推动作用，包括但不限于标准和法规——特别是有关新兴技术、颠覆性技术、关键技术、未来技术和两用技术及其应用领域的标准和法规。……印度将参与重大国际项目和联盟，最好是作为创始成员参与即将开展的项目和联盟，并在适当的情况下为此类伙伴关系提供资金支持……

4.2.3 健全的国家创新体系

多年来，印度建立了一个强大的创新体系，拥有广泛和多样化的科学技术基础设施，并拥有大量研发和高等科学、技术、工程和数学教育机构。截至 2018 年，印度共有 6862 家机构，其中 24% 属于公共部门，10% 属于高等教育部门（DST，2018）。主要的国家研发组织，即科学与工业研究理事会（CSIR）、印度农业研究理事会（ICAR）、印度医学研究理事会（ICMR）和国防研究与发展组织（DRDO），以及一些中央资助的国家重要研究所和卓越研究所做出了重大贡献。

4.2.4 强大而富有活力的科学技术人力资源

与其他发展中国家相比，印度拥有讲英语的优秀科学技术人力资源和知识工作者，包括世界上最庞大的高技能信息技术劳动力。据估计，印度研发机构雇用了近 55.2 万名科学技术人员（科学技术部，2020 年）。此外，印度科技移民社群遍布全球，规模庞大，充满活力。印度政府启动了一些计划，以吸引散居国外的印度人为应对印度的发展挑战做出贡献，并努力在他们居住的国家促进印度的国际科学技术外联与合作。

4.2.5 知识型产业的强大制造基础

印度已获得了涵盖各种学科的科学和技术能力，如先进材料、农业、天文学和天体物理学、生物技术、药物和制药、信息和通信技术（ICT）、纳米技术、海洋学、空间技术和应用，以及其他重要的工业领域。

一方面，印度的药物和制药业现已成为全球医疗保健服务提供商。由于印度拥有大量符合美国食品药品管理局和世界卫生组织药品生产质量管理规范（GMP）标准的工厂，因此印度向全球供应负担得起的低成本仿制药。另一方面，对于全球跨国公司来说，印度凭借其有利的知识产业生态系统、世界一流的能力和熟练的人力资源，已成为一个极具吸引力的投资目的地。

对印度具有全球影响的另一个行业是信息和通信技术产业。印度已成为世界领先的信息和通信技术及软件服务枢纽，在全球外包业务中约占55%的份额。近年来，印度在高速互联网连接、廉价智能设备，以及数字应用软件和解决方案的开发方面取得了长足进步；凭借其庞大的信息技术人力，印度已成为工业革命 4.0 下新兴技术的全球领导者之一，如人工智能、大数据、区块链、基因工程、物联网和纳米技术。

4.2.6 科学技术领域的全球推广

作为其外交政策目标的后续行动，印度启动了一系列国际伙伴关系计划，包括南南合作活动。印度政府通过科学技术部科学技术司（DST），在与 80 多个国家的双边合作计划中，为合作研发项目、研究培训奖学金、互访和建立科学技术基础设施提供了宝贵的支持。生物技术部（DBT）是科学技术部的另一个“帮手”，与许多国家开展了 21 项独立的生物技术双边合作计划（科学技术部）。

成功的合作倡议包括与俄罗斯的综合长期合作计划（ILTP）、印美科学技术论坛和印美联合清洁能源中心、印英合作项目（印英教育与研究倡议和科学桥梁计划）、印法高级研究促进中心、印德科学技术中心，以及在印度支持下在毛里求斯建立的拉吉夫·甘地科学中心和射电望远镜设施（参见双边计划）。

另一项重要的科学技术外交举措是印度技术和经济合作计划（ITEC）。该计划通过在印度培训人员、开展项目可行性研究和提供咨询服务，促进世界许多地区的能力建设和人力资源开发。此外，作为印非论坛首脑会议的后续行动，科学技术部与能源部联合实施了印非合作倡议，其中包括加强非洲的 3 个科学技术机构、转让适宜技术、组织非洲科学家和专业人员的能力建设培训，以及向非洲国家的研究人员提供拉曼国际研究基金，以便在印度不同的大学和研发机构开展科学技术领域的合作研究（科学技术部）。

4.3 问题和挑战

然而，尽管有上述优势，印度在保持全球科学技术竞争力方面也面临一些挑战。

据估计，2018—2019 年度印度的研发总支出（GERD）仅占国内生产总值的 0.7%，而其他金砖国家的研发总支出要高得多（巴西为 1.3%，俄罗斯为 1.1%，中国为 2.1%，南非为 0.8%）；大多数发达国家的研发总支出远远超过国内生产总值的 2%。印度的 GERD 主要由公共部门投入，私营部门的贡献率仍然很低，仅为 36.8%，而大多数发达国家的贡献率约为 3/4（科学技术部，2020 年）。

另一个令人担忧的因素是各国和不同地区集团之间的国际关系动态不断变化，这可能会进一步限制印度和其他发展中国家开展科学、技术和创新外交。这些问题可能包括：

- 地缘政治关系和权力集团不稳定，导致个别国家在国际科学技术与发展政策上立场不一致；
- 气候变化谈判期间的争议——例如排放标准、发达国家与发展中国家的义务；
- 能源安全方面的问题——禁止从受到制裁的国家进口石油；
- 发达国家对印度和其他发展中国家研发和获取和平利用原子能与外层空间等技术和设备的限制；
- 与贸易有关的知识产权协议条款引起的争议，例如强制许可、产品专利和穷人的药品负担能力；
- 由于成员国之间的双边关系不佳，南亚区域合作联盟（SAARC）等地区组织的任何科学技术项目都没有进展；
- 对冷战后不结盟运动（NAM）等组织的工作普遍缺乏政治兴趣。

5 结论

印度是全球创新的领头羊，近年来，即使在世界其他地区出现严重经济衰退的情况下，印度仍实现了大幅增长，这主要归功于有针对性的政策和创新做法。这些政策和做法旨在发展科学技术能力，鼓励知识密集型制造业和服务业发展。

印度的科学、技术和创新外交努力与其外交政策的优先事项一致。例如，不仅在国际政治方面，而且在科学技术领域，促进南南合作都是印度日益重要的战略发展重点。印度在科学、技术和创新外交方面采取了多管齐下的方法，其机制包括在科学技术、环境、能源和其他领域达成双边、多边和区域合作协议；参与解决全球问题的多边倡议；建立英才中心；交流科学技术人员；组织相关主题的会议、大会和研讨会；资助合作项目；为促进科学技术创业和创新寻求支持等。

参考文献

Bandyopadhyay M（2014）Using science diplomacy to address contemporary global issues and develop international partnerships – the Indian perspective in science and technology diplomacy in developing countries. In: Zahuranec B Z, Ittekkot V, Montgomery E（ed）. ISBN: 978–93–5124– 311–3. 2014. Daya Publishing House, a Division of Astral International Pvt. Ltd, New Delhi, pp 37–57.

DST（2018）Directory of R&D Institutions 2018. Department of Science & Technology.

DST（2020）Research & Development Statistics ar a Glance 2019–20. Department of Science & Technology.

GOI（2008）National report to the convention on nuclear safety, Fourth review meeting of contracting parties. Government of India.

科学、技术和创新：在南非取得发展成果及科学、技术和创新外交中的作用

胡安妮塔·范·希尔登，米谢克·穆伦巴[①]

摘要：本文介绍了南非为发展科学、技术和创新（STI）基础所做的各方面持续努力以及对国家发展的贡献。文中信息来自官方报告和其他相关数据源，介绍了相关战略框架与实施机构、参与者，展示了科学、技术和创新在南非取得发展成就方面的促进作用。发展科学、技术和创新，以及通过外交进行必要的国际参与仍然是南非未来发展战略的主要方面，科学机构在其中发挥着关键作用。例如，南非农业研究理事会为消除撒哈拉以

① 胡安妮塔·范·希尔登（通讯作者），米谢克·穆伦巴
Onderstepoort 兽医研究中心，农业研究理事会，比勒陀利亚，南非
电子邮箱：vanheerdenj@arc.agric.za
米谢克·穆伦巴
电子邮箱：mulumbam@arc.agric.za

维努戈帕兰·伊特科特，贾斯迈特·考尔·巴韦贾（主编），发展中国家的科学、技术和创新外交，发展研究
https://doi.org/10.1007/978-981-19-6802-0_9

南非洲地区的动物疾病所做的工作。

关键词：科学、技术和创新与发展成果；战略计划；南非；全民健康；教育；儿童保育与营养

1 引言

科学、技术和创新外交将国际事务和科学程序两大战略联系起来。这有助于解决全球化过程中最持久的挑战，如气候变化、大流行病、自然灾害和核扩散，是解决和改善与粮食安全、水处理和卫生有关的挑战的核心。这些领域对发展中国家尤为重要。科学研究的普遍性，以及创新技术发展所推动的变革和扩张速度，为国际科学、技术和创新合作提供了前景，包括国家科学院在内的科学组织，特别是在国家间正式政治关系薄弱或紧张的情况下在科学、技术和创新方面可以发挥重要作用。非政府组织、多边机构和其他非正式网络在内的多样化也许能够与科学界谈判达成新的或不同类型的合作。

《非洲科学、技术和创新战略（STISA）》是应对科学、技术和创新需求的十年增量的渐进式分阶段战略中的第一个。该战略涵盖农业、能源、环境、卫生、基础设施发展、采矿、安全和水等关键部门，牢牢立足于6个优先领域，有助于实现非洲联盟（AU）的愿景。这些优先领域包括：

- 消除饥饿和实现粮食安全；
- 疾病的预防和控制；
- 沟通（身体和智力的灵活性）；
- 保护我们的空间；
- 共同生活，共同建设社会；
- 财富创造。

正如新型冠状病毒感染疫情发生时撰文明确指出的那样，如果要实现其中一些优先事项，就需要采取“一个健康”方法。《非盟2063年议程》

承认科学创新是实现非洲发展目标的多功能工具和推动者。该议程进一步强调，非洲的持续增长、竞争力和经济转型需要对新技术进行长期投资，并在农业、清洁能源、教育和卫生等领域持续开展工作（STISA，1994）。

非洲科学技术创新的发展需要升级科学实验室和基础设施。这包括研究和创新设施，如实验室、教学医院、信息和通信技术设备和基础设施，以及国家研究和教育网络（NRENs）。目前的物理和数字基础设施和资源需要加以利用和联网，以提高国家和区域一级的利用效率，并通过共享服务降低维护和运营成本。NRENs 将加快教育和研究机构之间的协调合作。在南非，NRENs 负责国家和国际网络基础设施能力的设计、获取和推广。此外，南非高等教育与研究网络（TENET）作为一个研究、教育和创新平台与南非国家可再生能源研究中心密切合作。工程技术将用于开发和维护科学设备。这将允许进行有经济收益的科学研究，也需要科学家和工程师之间的合作，为生产科学设备、研究和开发新产品提供解决方案。为了发展基础设施，必须对员工进行必要的能力培训，以规划、组织、领导、协调并确保实施科技创新的结构和资本到位。政府需要通过与国际外交官的合作，确保为建立研究创新创造有利的环境（STISA，1994）。

本文通过研究各种文件，如政府的交付协议、《2019—2024 年中期战略框架》、1996 年和 2019 年科学技术白皮书、《2002 年国家研究和发展战略》、《2008 年十年创新计划》，以及特定部门的科学、技术和创新战略，描述了科学、技术和创新在促进南非发展成果方面的作用。国家发展计划是一项国家长期发展计划，承认科学、技术和创新的关键作用。国家创新体系是一个促进科学技术发展的框架，对国家持续经济增长和社会经济发展的前景至关重要。初步信息是根据官方报告整理的，并辅以其他相关数据资源。

2 南非的科学、技术和创新发展

2.1 2019—2024 年中期战略框架（MTSF）

南非政府的《2019—2024 年中期战略框架》是执行《2030 年国家发展计划愿景》的计划指标。它列出了一揽子干预措施、目标和指标，以确保成功实现 2030 年愿景。

2.2 关键领域面临挑战的实例

在下文中，我们简要介绍卫生、教育、儿童保育和营养领域发展问题的例子。

2.2.1 一个健康

根据《2019—2024 年南非国家数字健康战略》，信息和通信技术可以帮助及早地监测疾病流行率，并允许患者报告医疗保健情况（BHF，2019）。与患者的移动通信和其他通信可以提高人群的健康意识，并促进对健康计划的投入。

将“一个健康”方法纳入主流，应通过各部门之间更密切的合作和沟通，使人类和动物更健康，节省资金，并将为在人类—动物—生态系统界面制定可预防的疾病方法提供路线图（Zinsstag et al.，2012）。后者得到了世界卫生组织（WHO）、联合国粮食及农业组织（FAO）和世界动物卫生组织（OIE）的支持。

国家“一个健康”计划对于确保更好地应对人畜共患疾病和食品安全至关重要（Zinsstag et al.，2012）。南非区域全球疾病检测中心（SARGDDC）通过监测劳动力发展以及公共卫生研究和应对，增强南非检测和应对传染病威胁的能力，从而促进全球卫生安全。可以助力“一个健康”计划实施的举措是威特沃特斯兰德大学［位于齐莫洛贡（Tshimologong）数字创新区］技术创新计划。该计划针对农业、智能城市、安全、教育和零售等领域的数字商业联系。开普敦的智能城市计划可以在大数据采集和分析、疾病暴发监测或其他领域（如精准和预防性健康）

为“一个健康”提供一个公共空间。

“一个健康”计划致力于加强南非人类和兽医卫生工作者之间的合作，包括国家卫生部，农业、土地改革和农村发展部，人类和兽医卫生机构，以及相关专业机构、学术研究者、公共和私人临床医生及兽医。为了应对新型冠状病毒感染疫情，非洲疾病预防控制中心（非洲疾控中心，Africa CDC）与南部非洲传染病监测中心（SACIDS）合作成立了非洲新型冠状病毒防范和应对工作组（AFTCOR）。该工作队有非洲联盟委员会所有成员国的卫生部，旨在加强科学家和外交官在实施控制战略方面的合作。然而，在整合新型冠状病毒感染大流行等认证数据中心专业人员（CDCP）时，应谨慎遵守安全和隐私，以避免侵犯人权。CDCP 作为 STI 的一部分，被用来缓解因新型冠状病毒感染疫情而对各国实施禁令的紧张局势。

2.2.2 教育

南非的国家发展计划（NDP）设想是，到 2030 年，学校将为所有学习者提供优质教育，特别是文学、数学和科学方面的教育。此外，该计划建议到 2030 年，45 万名学生应有资格在大学学习数学。

在南非，通过 12 年级数学考试的学生比例很低（50% 或以上）并不令人惊讶。尽管高于 1994 年的 18%，但 2018 年只有 21.7% 和 29.9% 的学习者分别以 50% 及以上的成绩通过了数学和科学考试。物理科学和数学的学生人数一直在下降，分别从 2016 年的 192618 人和 265810 人下降到 2018 年的 172319 人和 233858 人（BusinessWeek，2019）。数学是从事科学、技术和创新相关职业的必要基础，因为它有助于提高推理能力。技术和职业教育与培训（TVET）被理解为包括与广泛的职业领域、生产、服务和生计相关的教育、培训和技能发展（UNESCO，2015）。职业技术教育与培训学院在向国家提供熟练劳动力方面发挥着重要作用。作为一个发展中国家，南非必须确保 TVET 讲师完全合格（图 1 和图 2），并有能力履行职责，为即将到来的劳动力队伍做准备，这将对经济做出有意义的贡献（van der Bijl and Oosthuizen，2019）。

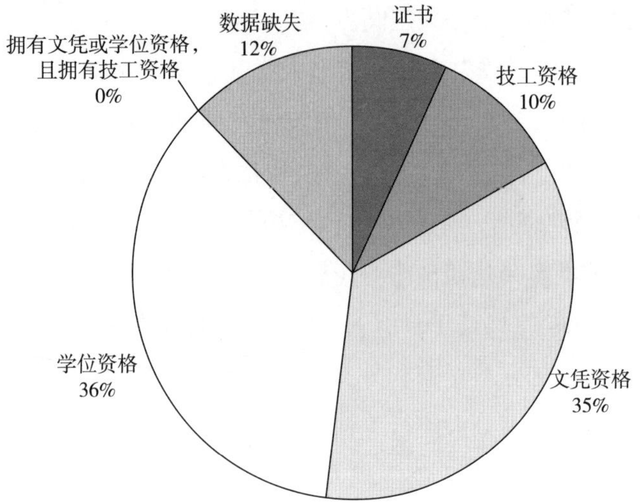

图 1　参与技术和职业教育与培训（TVET）的讲师的资历
（based on van der Bijl and Oosthuizen，2019）

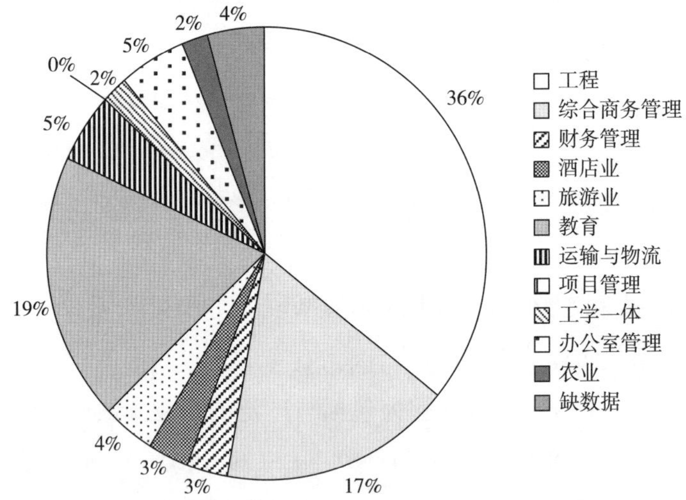

图 2　参与技术和职业教育与培训（TVET）讲师的工作领域
（based on van der Bijl and Oosthuizen，2019）

2.2.3 儿童保育和营养

孩子的发育早在妇女怀孕初期就开始了，因此母亲的良好营养和医疗护理对她生下一个健康的孩子至关重要（Stats S A，2018）。在2015—2016年，61%的孕妇在20周前进行了第一次产前检查，孕妇的抗反转录病毒治疗覆盖率为93%。这种干预措施对确保人类免疫缺陷病毒阳性妇女所生的儿童保持艾滋病病毒阴性和健康产生了影响。在南非统计局（Statistics South Africa）进行调查的30天前，近35%的孕妇在没有钱买食物的家庭里待了5天或5天以上（Stats S A，2018）。

营养不良仍然是南非面临的严峻挑战。豪登省（Gauteng）、自由省（the Free State）、夸祖鲁·纳塔尔省（KwaZulu Natal）分别约有34.2%、33.5%、28.5%的儿童因长期营养不良而发育迟缓。南非是低出生体重率很高的国家之一，全国2.5千克以下婴儿的活产率为13.3%。该国体重不足的年龄发病率很高，主要发生在西北部的省份（12.6%）和西开普省（11.9%）（Stats S A，2018）。

儿童成长的环境对他们的认知和心理社会发展起着重要作用，包括玩耍、唱歌或阅读在内的活动，通过所有感官刺激大脑，提高他们推理和交谈的能力。生活在贫困家庭的孩子，父母不太能花时间或金钱来喂养和教育他们。他们可能在一个不那么令人振奋的家庭环境中长大。按家庭月收入五分位数细分显示，在家庭收入较低的五分位数中，近一半的儿童没有上过任何教育中心，而在家庭收入最高的1/5中，40%的儿童参加了家庭外的早期学习项目。大多数非洲黑人家庭的儿童受到了次优的刺激，31%的儿童从未被鼓励模仿日常活动，35.2%的儿童也从未被鼓励询问有关新事物的问题（Stats S A，2018）。

3 科学、技术和创新在南非发展中的作用：成果和展望

在此，我们根据1996年《科学与技术白皮书》和2019年《科学与技术白皮书》中概述的预期成果，重点介绍科学、技术和创新在促进南非发展成果方面的作用。

科学技术白皮书

1996 年制定的《科学与技术白皮书》在过去 20 年中取得的成就之一是将科学与创新部（DSI）的出版物增加了 1 倍［议会监测小组（PMG），2019 年］。1996 年白皮书的成果要点包括：

与雀巢公司、绍普莱特（Shoprite）超市、科学与工业研究委员会（CSIR）和农业研究委员会（ARC）合作，将两分钟面条产品商业化。

4 家中小型企业在东开普省将基于土著知识的营养保健品和功能性食品（Loveday 1、Loveday 2、Khanya 和 Khanyisa）商业化。

在西北省、东开普省、西开普省，正在建设 10 个用于南非密树茶（Honeybush）和其他 6 种健康饮品的农产品加工设施。

在普马兰加省［恩科马齐（Nkomazi）］和豪登省［马梅洛迪（Mamelodi）］，正在建设两个药妆品预处理设施。

在林波波省［图森和马孔德（Tooseng and Makonde）］和西北省［（Hammanskraal）哈曼斯克拉尔］，正在建设的 3 个辣木（Moringa）繁殖和农产品加工设施。

4 家 100% 由黑人拥有的中小企业（Greenex、MoNutri、Phedisanang、Technologies 和 MIPFA）注册和在生物园（BioPark）孵化器（创新中心）孵化。

在威特沃特斯兰德大学注册一项冷萃取工艺商业专利。

商业化的产品包括胶囊、超级食品粉、路易波士（rooibos）混合茶、能量饮料、酸奶、维生素水、冰茶和生茶叶（raw leaves）。

在社区层面实际创造了多达 40 类工作岗位（在收获季节，兼职雇员数量增加）。

曼德拉矿区（MMP）：南非科学和创新部（DSI）与南非矿产委员会（MCSA）的合作伙伴关系在曼德拉矿区的启动中得到了突出的体现。

采矿设备：完成了伊西丁戈钻机（Isidingo Drill）开放式创新挑战赛的第一阶段，旨在为大幅度改进的凿岩机选择三个概念构想。

小麦是大多数非洲国家的重要主食。科学和创新部在过去 5 年中投资了 2500 万兰特用于小麦育种平台，支持农民采用新技术。

智能点质量公司（SmartSpot Quality）是 1 家可持续发展的公司，为 20 多个国家提供持续的准确性保证检测，正在寻求扩展到艾滋病（AIDS）等疾病的分子检测领域。

3D 打印技术能帮助无法获得医疗援助资金和面部严重毁容的患者进行重建手术。

2019 年科学、技术和创新白皮书旨在成为南非在不断变化的世界中实现包容性、可持续发展的科学、技术和创新推动者。其目标之一包括采用政府 / 社会创新方法。公共研究基金、高等教育、知识产权和将研究与工业联系起来的机构，以及公共采购等科学推动者均在科学和创新部（DSI）内。然而，竞争监管和消费者保护等创新限定词不在 DSI 范围内。这表明在实施创新方面，跨部门合作非常必要（PMG，2019）。

2019 年的科学、技术和创新白皮书概述了六项政策意图：

连贯、包容的治理——包括由总统府主持的年度科学、技术和创新全体会议，商界、民间社会、学术界和政府可在会上讨论国家创新体系（NSI）的需求。

促进创新——包括调整激励措施、增加商业和中小企业支持。

瞄准新的增长来源，包括绿色经济和第四次工业革命。

扩大和转变人类能力，包括增加科学、技术、工程和数学学习的渠道，扩大卓越中心，落实南非研究委员会主席倡议，以及增加对女性和新兴研究人员的支持。

扩展和改造研究企业——包括关注国家优先事项中的研究人员并适当资助他们，以及发展多样化的知识领域，如跨学科研究、本土知识、创新和商业科学。这些将是具体的工作领域。

增加科学、技术和创新投资，包括将科学、技术和创新纳入最高级别的政府规划和预算（PMG，2019）。

4 影响南非科学、技术和创新政策的关键主题

南非的科学、技术和创新政策受到几个关键主题的影响，如第四次工业革命、绿色经济、技术转让和知识产权。

下文将对它们进行简要描述。

4.1 第四次工业革命

第四次工业革命（4IR）是世界经济论坛创始人兼执行主席克劳斯·施瓦布（Claus Schwab）重建的一个概念，它阐明了技术与物理和生物领域的日益融合，从而无限期地改变了人类与周围环境和自我之间的互动方式（Schwab，2016）。第四次工业革命与网络物理系统有关，基于从21世纪初开始出现的物理、生物和数字领域之间的相互联系。这一现象已成为各种经济和政治议程的核心。南非总统西里尔·拉马福萨（Cyril Ramaphosa）在2019年国情咨文中强调了为第四次工业革命做好准备的紧迫性，以及适应和抓住它带来的各种机会的必要性。到2030年，南非的目标是成为一个充分利用技术创新潜力来发展经济和提升人民生活水平的国家。2019年国情咨文（SONA）中宣布成立第四次工业革命总统委员会。该委员会由30名成员组成，其中包括来自各个领域的杰出人士，他们具有与推进国家第四次工业革命使命相关的知识和技能。新的伙伴关系，如由国家科学与工业研究委员会（CSIR）主办的南非第四次工业革命中心（SAFIRC），将同样服务于针对先进的第四次工业革命技术制定战略、规划，创造和调整政策，以追求国家和泛非发展。南非的重点首先是，通过适应和响应变化的步伐，灵活且有针对性地应对第四次工业革命的需求。其次，第四次工业革命委员会决心利用技术变革带来的机遇来提高南非的全球竞争力，重点关注农业、采矿、制造业、信息通信技术和电子等具有高增长潜力的关键领域。因此，优先考虑吸引对信息和通信技术基础设施，特别是光纤的投资。作为经济改革计划的一部分，政府正在对高需求的宽带频谱进行授权，例如在南非部分地区推出超高速第五代移动通信技术

（5G）。最后，随着智能手机、智能电视、电脑等更多地融入日常生活，公民需要做好准备，政府正在研究如何利用技术改善城市生活，同时公司则在寻求新的赚钱方式［全球对话研究所（IGD），2020 年］。

长期以来，南非一直在投资发展机器人、人工智能、纳米技术、生物技术和先进制造业等研究领域。一些战略和技术路线图指导政府在这些与第四次工业革命相关的多种新兴技术中的投资。随着越来越多的全球公司开始追求获得广泛报道的人工智能的好处，专业人员在数据科学和高级分析方面的技能压力呈指数级增长。在南非，这种需求远远超过供应，导致该国的数字技能差距变得严重。2018 年，在世界数字竞争力排名中，南非在 63 个经济体中排名第 49 位。该排名由国际管理发展研究所发起，旨在衡量世界各国数字技术的实施程度。开普敦和约翰内斯堡已经建立了许多培训学院和实习项目，以弥合数字技能差距（Getsmarter，2019）。

高等教育和培训部 2018 年发布的统计数据显示，人们对技术的重视程度非常低。在所有公立和私立高等教育机构中，科学、工程和技术相关专业的学生占总注册人数的比例小于 30%，而这些机构的学生占南非中学毕业后学生人数的一半以上。在技术和职业教育培训学院，这一数字甚至更低，只有 5% 的学生就读信息技术和计算机科学专业（Getsmarter，2019）。

4.2 绿色经济

根据农业、土地改革和农村发展部的说法，绿色经济指的是南非经济的两个相互关联的发展成果：绿色产业部门经济活动的不断增长（带来投资、就业和竞争力），以及经济向清洁产业和部门的转变（Environment，2020）。

绿色经济计划中确定的 9 个关键重点领域包括：①绿色建筑与建筑环境；②可持续运输和基础设施；③清洁能源和能源效率；④资源保护和管理；⑤可持续废物管理实践（循环经济）；⑥农业、粮食生产和林业；⑦水资源管理；⑧可持续消费和生产；⑨环境可持续性（环境 2020）。

迫切需要通过加强自然资源管理来塑造经济，以减少环境风险和生态稀缺性。所有社会成员都应共同努力，对环境更加负责，确保实现公平、资源高效和低碳经济，为生态发展提供一条道路（Stafford and Faccer，2014）。

4.3 技术转让和知识产权（IPR）

知识产权是指法律赋予心智创造物的权利，包括艺术创造物和商业创造物。艺术创作受版权法保护，版权法保护书籍、电影、音乐、绘画、照片和软件等作品，并赋予版权持有者在一定期限内控制复制或改编这些作品的专有权。商业或工业知识产权包括发明、设计、商标和服务标志、植物育种者权利、商业名称和称谓。专利、注册商标、注册工业设计和集成电路，以及地理标志（名称）保护工业知识产权。有关当局需要采取行动，使南非的专利制度达到国际标准。科学和创新部已经制定了《2008 年公共资助研究和开发知识产权法》，以更有效地利用公共资助研发产生的知识产权（Pouris and Pouris，2011）。

5 科学、技术和创新外交：农业研究委员会（ARC）的作用

牲畜容易感染几种传染性极强的跨境疾病，如口蹄疫（FMD）、非洲猪瘟（ASF）、牛传染性胸膜肺炎（CBPP）和小反刍兽疫（PPR）。跨界动物疾病（TADs）可以在国家间、大陆间传播，有些是人畜共患疾病，如禽流感和猪流感。快速诊断是撒哈拉以南非洲国家控制 TADs 的一个基本因素，ARC 正在与科特迪瓦、塞内加尔、布基纳法索和马里、埃塞俄比亚、坦桑尼亚、肯尼亚、刚果（金）、赞比亚、莫桑比克和纳米比亚等国合作，培训科学、技术和创新研究人员，以对抗这些疾病和其他疾病。

5.1 根除越境动物疾病

由于普遍的社会经济状况，非洲国家没有足够的能力控制跨界动物疾病。大多数非洲国家目前的优先事项是人类健康和教育。以下南部非洲国家没有关于小反刍兽疫的官方报告：博茨瓦纳、斯威士兰、莱索托、马拉维、莫桑比克、纳米比亚、南非、赞比亚和津巴布韦。根据邓登等人

（Dundon et al.，2020）的研究，需要对乍得、吉布提、几内亚、几内亚比绍、利比亚、卢旺达、索马里和多哥的小反刍兽疫进行确认和表征。根据詹斯·范伦斯堡等人（Janse van Rensburg et al.，2020）的研究，南非不太可能根除非洲猪瘟病毒的所有来源，该病毒在控制区的森林循环中传播。然而，在大规模养猪生产中使用的隔间系统已被证明能有效地预防这种疾病。根据默里等人（Maree et al.，2014）的研究，如果了解主要流行地区和影响疾病传播的因素，就可以在非洲实现对口蹄疫的控制。这不会根除这种疾病，但有助于制定控制策略和疫苗开发。如果要根除这些破坏性疾病，就必须提供关于世界动物卫生组织（OIE）所列的所有应报告的陆地和水生动物疾病状况的信息。

根据阿曼夫（Amanfu，2009）的研究，南非、纳米比亚和其他南共体国家建立了在博茨瓦纳根除牛传染性胸膜肺炎的国际合作。农业研究委员会的翁得斯泰浦尔特（Onderstepoort）兽医研究所的技术专长，加上粮农组织的技术援助和驻博茨瓦纳外交官根除该疾病的承诺，确保了博茨瓦纳成功根除牛传染性胸膜肺炎。这一合作仍在进行中，以确保在邻国边境（安哥拉、博茨瓦纳、纳米比亚和赞比亚边境）联合开展疾病控制工作，以控制牛传染性胸膜肺炎。

5.2 通过合作取得的成就

根据农业研究委员会2018/2019年度报告，农业研究委员会内部有重要进展。农业研究委员会的科学家开发了一种新的心脏水疫苗。在南非，由反刍埃立克体引起的心脏病是一种经济上重要的牲畜疾病。动物生产园区的研究人员使用全基因组测序来分析3个本土牛种［阿非利卡（Afrikaner）牛、德拉肯斯伯格（Drakensberger）牛和恩古尼（Nguni）牛］的动物样本，以识别和发现独特的单核苷酸多态性标记。最近，在南非红肉研究与开发公司的资助下，当地鸵鸟的免疫系统被克隆出来，用于开发商标为因施（Inshi®）的抗体库。农业研究委员会与荷兰伊立夫［eLEAF（Netherlands）］、荷兰水文逻辑［Hydro Logic（Netherlands）］、荷兰代尔夫特水文逻辑研究所［Hydro Logic

Research Delft (Netherlands)]、荷兰移动水资源管理[Mobile Water Management (Netherlands)]、荷兰皇家气象研究所[Royal Netherlands meteorology Institute (Netherlands)]、南非气象服务[South African Weather Services (South Africa)]、荷兰气象影响[Weather Impact (Netherlands)]、荷兰德伦特—上艾瑟尔三角洲水务区[Waterschap Drents Overijsselse Delta (Netherlands)]和荷兰葡萄酒工作机构[Wine Job (Netherlands)]合作，推出了名为“非洲降水 4”[“Rain 4 Africa (R4A)”]的数字智能工具。“非洲降水 4”应用程序为用户（主要是农民）提供了有关天气、种植条件和农场农药使用的实时信息。科学、技术和创新已被用于控制黄热病传播，通过与有黄热病的国家达成协议，确保来自该国的旅客在进入南非之前完全接种疫苗。

6 结论

南非最近的发展道路清楚地表明了科学、技术和创新的催化作用以及国际合作的潜力。为了更好地理解科学和技术所强调的发展问题和挑战，并找到可持续的解决方案，南非与更广泛的撒哈拉以南非洲地区的科学界和外交界需要进一步加强合作与协调。南非需要加强努力，通过正规教育和其他相关培训机会，促进知识和技能的交流，从而提高对科学、技术和创新外交潜力的认识和实践能力。

参考文献

Amanfu W (2009) Contagious bovine pleuropneumonia (lung sickness) in Africa. Onderstepoort J VetY Res 76 (1):13–17 http://www.scielo.org.za/scielo.php?script=sci_arttext&pid=S0030-24652009000100005&lng=en&tlng=en.

BHF (2019) National digital health strategy for South Africa 2019–2024. https://www.bhfglobal.com/2019/10/25/national-digital-health-strategy-for-south-africa–2019–2024/ (accessed 6 Oct. 2020) .

Business Week (2019) South Africans with matric and bachelor's degrees: 1994 versus 2019. https://businesstech.co.za/news/government/353229/south–africans–with–matric–and–bachelors–degrees–1994–vs–2019/. Accessed 3 Sep 2020.

Dundon W G, Diallo A, Cattoli G (2020) Peste des petits ruminants in Africa: a review of currently available molecular epidemiological data, 2020. Arch Virol 165:2147–2163. https://doi.org/10. 1007/s00705–020–04732–1.

Environment (2020) About green economy. https://www.environment.gov.za/projectsprogrammes/greeneconomy/about#:~:text=The%20Green%20Economy%20refers%20to, towards%20cleaner%20industries%20and%20sectors. Accessed 7 Oct 2020.

Getsmarter (2019) The 4th industrial revolution: Will South Africa be ready for the jobs of the future? https://www.getsmarter.com/blog/career–advice/the–4th–industrial–revolution–willsouth–africa–be–ready–for–the–jobs–of–the–future/. Accessed 20 Aug 2020.https://doi.org/10. 2147/VMRR.S62607.

Institute for Global Dialogue (IGD) (2020) The Fourth industrial revolution: Impact on unemployment and inequality in South Africa. https://igd.org.za/infocus/12080–the–fourth–industrial–revolution–impact–on–unemployeemnet–and–inequality–in–south–africa. Accessed 20 Aug 2020.

Janse van Rensburg L, Van Heerden J, Penrith M–L et al (2020) Investigation of African swine fever outbreaks in pigs outside the controlled areas of South Africa, 2012–2017. J S Afr Vet Assoc 91:a1997. https://doi.org/10.4102/jsava.v91i0.1997.

Maree F, Kasanga C, Scott K, et al (2014) (2014) Challenges and prospects for the control of foot–and–mouth disease: an African perspective. Vet Med (auckl) 5:119–138.

NDP (2019) National Development Plan Vision 2030. https://www.gov.za/issues/national–development–plan–2030. Accessed 15 Sep 2020.

PMG (2019) White paper for science, technology and innovation and Post school education and training. Parliamentary monitoring, committees, national assembly, higher education, science and technology. https://pmg.org.za/committee–

meeting/28714/. Accessed 20 Aug 2020.

Pouris A, Pouris A (2011) Patents and economic development in South Africa: managing intellectual property rights. Sou Afr J Sci 107:01–10 http://www.scielo.org.za/scielo.php?script=sci_arttext&pid=S0038235320110006000008&lng=en&tlng=en.

Schwab K (2016) The 4th Industrial Revolution: What It means, How to respond. https://www.ge.com/news/reports/the-4th-industrial-revolution-what-it-means-how-to-respond. Accessed 6 Oct 2020.

Stafford W, Faccer K (2014) Steering towards a green economy: a reference guide. CSIR. https://www.csir.co.za/sites/default/files/Documents/GE%20guide.pdf.

Stats S A (2018) Education Series Volume IV: Early childhood development in South Africa, 2016/Statistics South Africa Report 92-01-04. www.statssa.gov.za. Accessed 20 Aug 2020.

STISA (1994) The science, technology and innovation strategy for Africa (STISA) -2024. https://au.int/sites/default/files/documents/29957-doc-stisa-published_book.pdf. Accessed 20 Aug 2020.

UNESCO (2015) Technical and vocational education and training (TVET). https://unevoc.unesco.org/home/TVETipedia+Glossary/filt=all/id=474. Accessed 6 Oct 2020.

Van der Bijl A, Oosthuizen LJ (2019) Deficiencies in technical and vocational education and training lecturer involvement qualifications and its implications in the development of work-related skills. S Afr J Hig Edu 33:205–221. https://doi.org/10.20853/33-3-2886.

Zinsstag J, Mackenzie J S, Jeggo M et al (2012) Mainstreaming one health. Ecohealth 9 (2) 107–110. https://link.springer.com/content/pdf/10.1007/s10393-012-0772-8.pdf.

加强与促进尼泊尔可持续发展的科学外交

苏尼尔·巴布·什雷斯塔 [①]

摘要： 尼泊尔的目标是到2026年从最不发达国家转变为发展中国家。这一目标原计划到2022年实现。尼泊尔还设定了到2030年实现可持续发展目标和成为中等收入国家的目标。尼泊尔《2019年国家科学、技术和创新政策》倡导利用科学、技术与创新促进国家的可持续发展和繁荣。虽然科技创新外交或一般的科学外交是通过合作研究、开发、创新、学术伙伴关系和科技创新交流，即利用科技创新发展国家间关系的过程，但对尼泊尔这样的发展中国家在利用科学、技术和创新促进国家整体发展方面发挥着积极作用。它是通过解决挑战和促进国际合作到2030年实现可持续发展目标的重要工具。科学外交需要成为尼泊尔外交政策的组成部分，以便科学

---

① 苏尼尔·巴布·什雷斯塔（通讯作者）
尼泊尔科学技术院（NAST），拉里特布尔，尼泊尔
电子邮箱：sunilbabushrestha@nast.org.np

维努戈帕兰·伊特科特，贾斯迈特·考尔·巴韦贾（主编），发展中国家的科学、技术和创新外交，发展研究
https://doi.org/10.1007/978-981-19-6802-0_10

家和技术人员能够为以科学证据为基础的解决方案做出贡献，并通过他们的参与促进所需的科学合作和活动。因此，尼泊尔必须通过加强科学外交，优先考虑利用科学、技术和创新外交促进可持续发展的能力。

关键词： 科学、技术和创新；科学外交；可持续发展；科学合作；尼泊尔科学技术院；尼泊尔

1 引言

尼泊尔是世界上两个经济崛起国家（北部是中国，南部是印度）之间的最不发达国家。在经历了长期的政治不稳定之后，尼泊尔于 2015 年颁布了新宪法，正走在通往繁荣的道路上。尼泊尔国家规划委员会制定了第十五个五年计划（2019—2023 年），旨在实现高速、包容和可持续的经济增长，确保社会正义和公平，实现"繁荣的尼泊尔和幸福的尼泊尔"的长期愿景（国家规划委员会，2019 年）。政府还设定了一个目标，即到 2022 年（后来修订为 2026 年）从最不发达国家提升为发展中国家，到 2030 年提升为中等收入国家（MIC）（国家规划委员会和亚洲开发银行，2016 年）。除此之外，尼泊尔还承诺到 2030 年实现联合国制定的 17 项可持续发展目标。

科学、技术和创新（STI）是任何国家和平与繁荣的基本要素。科学、技术和创新支持社会经济发展，在保障总体安全和确保生活质量方面发挥着显著作用。一般来说，科技创新的发展能衡量任何国家的繁荣程度（Shrestha，2017）。尼泊尔《2019 年国家科学技术和创新政策》也提出了利用科学、技术和创新促进国家可持续发展和繁荣的愿景。这需要科学、技术和创新部门有足够的投资、知识和经验，为国家的发展调动资源。然而，尼泊尔尚未发展至满足这些要求的阶段。实现可持续发展目标需要新技术。从高度发达国家向欠发达国家转让技术是必要的。在这种情况下，科学外交可以在探索科学研究、技术转移、合作和伙伴关系的机会以加强国家优先领域方面发挥积极作用（Saner，2015）。这将有助于促进和适

当利用科学、技术和创新部门促进国家发展。然而，科学、技术和创新在外交任务、双边和多边合作中并没有得到足够的重视。尼泊尔科学技术院（NAST）作为促进国家科学和技术发展的最高机构，既可以与国际科学组织和研究机构合作，还可以寻求支持，促进尼泊尔的科学、技术和创新。此外，尼泊尔科学技术院还可以促成在尼泊尔建立科学外交论坛，以推动科学与外交的融合，加强科学外交。

2 科学、技术和创新外交

科学外交通常被认为是利用国家之间的科学合作来解决常见问题和获得高收益的国际合作。英国皇家学会指出，“科学外交”指的是三种主要类型的活动（Royal Society，2010; Saner，2015）。

“外交中的科学”：科学可以为外交政策目标提供指导和帮助。

“外交促进科学”：外交可以促进国际科学合作。

“科学促进外交”：科学合作可以改善国际关系。

因此，科学、技术和创新外交或一般的科学外交，是通过合作研究、开发、创新、学术伙伴关系，以及科学、技术和创新交流，发展国家之间的关系。当政治关系停滞不前时，科学外交允许国家之间进行科学合作。

科学、技术和创新外交已成为美国和日本等发达国家外交政策的组成部分。在美国，为增加国务院关于科学、技术和创新的知识，以及预测可能影响外交政策的科学、技术和创新问题，于 2011 年任命了 1 位科学技术顾问。在日本，于 2015 年也为外务大臣任命了 1 位科学技术顾问，以提供关于在规划和协调各种外交政策中利用科学技术的建议（Ministry of Foreign Affairs，Japan，2017）。

国际科学合作对于解决和改善粮食安全、水和空气净化、健康和卫生、能源等全球问题至关重要（《2020 年科学、技术和创新外交报告》）。它甚至可以在外交关系瘫痪时充当沟通渠道。第二次世界大战后，美国和日本于 1961 年达成了恢复对话的科学和技术合作协议，这改善了两国学术界之间的关系。科学、技术和创新是验证真相的无边界领域。国际科学活动在增进国家间信任方面发挥着重要作用（Sunami et al.，2013）。科学外交是对旨在弥合政治分歧的传统外交的补充（Patil，2020）。对于亚洲国家来说，它们与邻国的关系可能并不总是和谐的，科学合作有助于建立彼此之间的信任。

3 尼泊尔的可持续发展

尼泊尔政府已全面承诺到 2030 年实现可持续发展目标，并努力将可持续发展议程纳入发展计划。科学在制定循证目标和指标、评估进展、测试解决方案，以及识别新出现的风险和机遇方面，对可持续发展发挥着重要作用（ISCU，2015）。2017 年 4 月 19 日，在尼泊尔政府举办的国家战略方向高级别研讨会上，国家计划委员会（NPC）为尼泊尔的繁荣优先考虑了具有巨大而快速的成果的 5 个行业：①农业开发；②水资源开发（包括水电开发）；③基础设施开发；④旅游业开发；⑤城市开发（Shrestha，2018）。这些行业在利用科学、技术和创新方面潜力巨大。使用现代工具和设备、更好的灌溉系统，可持续使用化肥，利用科学、技术和创新知识及实践更好地控制病虫害，可以提高传统的农业活动实践方式的生产力。在农业部门使用信息和通信技术有助于从生产到营销提高效率。尼泊尔拥有巨大的水资源，但没有得到充分利用。使用水坝和隧道的施工技术可以加速水资源的综合利用，产生多种效益。尼泊尔是一个发展中国家，城市化速度很快，在基础设施和城市发展方面有着巨大的机遇。尼泊尔的主要经济活动之一是旅游业。许多游客被吸引到尼泊尔欣赏秀丽的风景，参加激动人心的活动，探险喜马拉雅山，探索文化和社会。信息和通信技术的使用有助于促进这一业务并推动旅游业的发展。在这个数字化和竞争激烈的世界里，科学、技术和创新发展速度惊人。它有巨大的潜力克服障碍，找到新的发展途径（Colglazier，2018）。科学证据是塑造和执行向可持续发展转型的先决条件（Global Sustainable Development Report，2019）。

为了确保尼泊尔上述部门的可持续发展，科学外交可以成为：

（1）实现可持续发展目标（2016—2030 年可持续发展目标）。研究和创新方面的科学合作非常有助于实现 17 个可持续目标的具体目标。科学外交可以成为一种有用的工具，为科学合作、知识共享和项目实施带来机会。

（2）解决气候变化、自然灾害、传染病、网络安全、打击恐怖主义和核扩散等全球性难题。外交促进科学和科学促进外交均支持解决全球挑战，也支持外交谈判。设立绿色气候基金是一个好例子，它是为缓解和适应气候变化影响开展科学外交的结果。新型冠状病毒疫苗在尼泊尔等发展中国家的可用性也是解决新型冠状病毒感染大流行问题的最新例子。

（3）建立和扩大科学知识与创新技术的范围。科学外交如果得到优先考虑，就有可能抓住扩大科学知识和创新技术范围的机会。

（4）通过科学、技术和创新促进国际合作和全球和谐。国际合作可以作为沟通渠道，促进全球和谐。

（5）为研究发展与创新（RDI）项目的合作寻找合适的全球合作伙伴。在国外工作的外交使团可以帮助寻找和匹配合适的合作伙伴，在本国开展研发合作。

（6）连接和促进全球科学家和政策制定者之间的沟通。如果为在国外工作的大使馆提供科学领事职位，那么通过科学领事的联络，科学家、研究人员和科学组织之间的沟通会更便利，也更容易获得最新的科学信息。

（7）利用国际赠款及创新理念和最新技术支持执行发展项目。将科学外交纳入外交和经济政策，可以在该国开发和实施更多的科学和创新项目。

4 当前和计划中的科学和技术合作：尼泊尔科学技术院视角

对于像尼泊尔这样的最不发达国家来说，加强科学、技术和创新是确保适当利用自身资源以获得最大利益的先决条件。这可以通过在研究合作、能力发展、基础设施发展，以及知识和技术转让方面获得国际支持来实现。尼泊尔科学技术院通过与日本九州工业大学（KYUTECH）签订的谅解备忘录，共同参与了鸟 3（BIRD-3）卫星项目。由于这些机构之间的合作，尼泊尔首次在太空中部署一颗名为尼泊尔卫星 1 号（NepaliSat-1）的纳米卫星。虽然它是 1U 型卫星，体积很小，但这是尼泊尔在鼓励和激励年轻一代对空间技术感兴趣方面迈出的一大步。

在珠穆朗玛峰脚下海拔 5050 米的尼泊尔昆布山谷，建立了一个设计成金字塔形状的高海拔科学研究实验室。根据谅解备忘录，该实验室由 Ev-K2-CNR 委员会和尼泊尔科学技术院共同管理。自 1990 年以来，该实验室一直为国际科学界提供研究偏远山区保护区环境、气候、人类生理和地质科学的宝贵机会。据估计，来自几个国家近 150 个不同科学组织的 200 多名研究人员已经执行了约 500 次科学任务（EvK2CNR，2021）。最近，尼泊尔科学技术院与韩国国家信息社会局（NIA）签订了谅解备忘录，设立信息访问中心（ICA）。该中心将拥有多功能设施，包括一个互联网休息室、一个信息和通信技术培训实验室、一个研讨会室、一个行政办公室和一台设备齐全的用于信息和通信技术培训的移动车辆。该科学项目的目标是通过提高信息和通信技术的普及率，促进尼泊尔和韩国之间的信息和通信技术合作，为公众提供获取信息和通信信息技术并从中受益的机会。通过官方发展援助（ODA），加上外交部、财政部与教育、科学和技术部对科学知识和创新技术的积极推动，这是可能实现的。尼泊尔科学技术院发起了建立科学外交论坛的对话，以倡导促进科学外交的必要性，并寻求增加与科学的国际合作。尼泊尔科学技术院、外交部、科学和技术部、政策研究所（PRI）和外交研究所（IFA）的代表也在尼泊尔科学技术院举行了一次会议，同意推进在尼泊尔成立科学外交论坛。

同样，尼泊尔科学技术研究所也建议在尼泊尔 7 个省份分别建立适当的专业研究中心作为卓越中心（Shrestha，2017），但由于技术和财政问题，只在最西部的省份建立了一个省级办事处。因此，尼泊尔科学技术研究正在寻求国际合作，以获得技术和财政支持，在不同省份开展合作。尼泊尔外交部需要通过动员驻外使馆，以及与外国驻尼泊尔使馆协调，寻求在各省建立研究中心的科学合作和国际支持机会。通过在省级层面建立这些专业研究中心，有助于探索如何利用不同省份的可用资源造福社会，并在全国开展可持续发展活动。此外，尼泊尔科学技术院还设想通过整合许多科学研究及开发活动，在尼泊尔科学技术院中心办公室周围建立科学城开发区。技术和财务问题对执行任务也很重要。国际合作可以减轻这种压力。如果国际合作或国内项目优先考虑科学并发展科学基础设施，那么该项目的实现将不再是一个梦想。

5 机遇与挑战

科学、技术和创新被视为具有软影响力的外交工具，可以为许多科学和技术合作打开大门，以解决全球问题，改善双边和多边关系，并有助于为国家带来繁荣。尼泊尔的投资水平与科学和技术创新部门发展水平较低，在利用科学和技术创新外交方面面临挑战。然而，随着决策者和普通民众越来越认识到科学和技术创新部门对国家繁荣的重要性，需要加强政策和计划制定，将科学和技术创新与外交联系起来，以促进与世界许多国家的友好外交关系。科学合作与协作可以成为外交的有益组成部分，为尼泊尔的可持续发展产生协同成果。加强科学和技术创新外交可以加速科技创新部门的发展，从而为国家的可持续和平与繁荣提供机会。

加强科学外交

在 21 世纪，科学、技术和创新广泛存在。尼泊尔需要有效利用科学和技术创新作为外交工具。科学外交常因促进国际合作以应对全球挑战而受到称赞（Su and Mayer，2018）。外交使团需要面向国际寻求科学知识、技能和技术转让、科学合作、科学能力建设、科学数据共享的机会，以应对全球性问题，并通过生成科学证据解决双边和多边冲突。如果世界各地的科学家、技术人员、创新者，包括散居国外的尼泊尔人和国内的在职科学家能够成功地建立联系，也将有助于推动国家的科学技术进步。这就要求科学外交成为尼泊尔外交政策的一个组成部分。在这种背景下，有必要优先考虑并进一步加强科学外交。以下是如何加强的一些要点。

（1）为了有效地开展科学外交，高层政治家和决策者必须认识到将科学与外交联系起来的重要性。在新型冠状病毒感染危机期间，科学家为政府通报可能的风险方面发挥了重要作用。但由于缺乏结构良好的科学咨询系统，很难及时做出循证决策。需要政府采取行动，将科学纳入国内外政策。例如，日本在外务大臣的领导下成立了“科学和技术外交专家咨询小组”，通过讨论如何利用科学进行外交来促进科学外交。类似的做法也将对尼泊尔有益。

（2）包括尼泊尔侨民在内的非居民尼泊尔人（NRN）是促进尼泊尔科学外交的宝贵财富。非居民尼泊尔人协会（NRNA）通过为国家的可持续发展带来资金和知识投资，可以在促进科学外交方面发挥重要作用。政府，特别是外交部，必须加快发挥非居民尼泊尔协会的作用，让他们参与科学知识共享、技术转让和投资，以促进和加强科学、技术和创新外交。在印度，科学和工程领域的国际合作主要由返回印度的印度裔科学家和工程师领导。这是可能的，因为他们已经与外国科学家，特别是美国和欧洲的科学家建立了良好的关系（Pandey，2019）。在外交部发起的“人才获取中心”（the Brain Gain Center）的运营和探索方面，将具体任务分配给非居民尼泊尔人协会可能是有益的。尼泊尔科学技术院通过其人才库计划（Brain Pooling Program），可以协助非居民尼泊尔人协会管理愿意分享知识、转让技术或进行科学研究的科学专业人员。

（3）需要在南亚国家有效开展科学外交，让南亚区域合作联盟（SAARC）所有 8 个国家的科学家、学者、决策者和外交官参与进来，并加强他们之间的伙伴关系。它需要被纳入外交政策，以改善该地区的关系和合作（Ahmed et al.，2021）。日本一直在实施由日本国际协力事业团（JICA）和日本科学技术振兴机构（JST）资助的促进可持续发展的科学技术研究伙伴关系（SATREPS）等项目，作为科学外交的成功范例（GRIPS，2014）。在双边或多边合作的帮助下，尼泊尔可以制定类似的促进可持续发展的伙伴关系计划。这也是南盟成员国加强本地区科学外交，促进学术流动及与科学、技术和创新相关的联合活动的一种可行方法。

（4）总统、总理和外交部长的科学顾问等职位对加强科学、技术和创新外交非常重要。此外，在尼泊尔驻外外交使团中派驻科学专员或参赞也将加强科学、技术和创新外交。

（5）通过创建国家科技创新外交论坛，尼泊尔科学技术院，外交部，教育、科学和技术部，财政部，外交研究所，政策研究所等主要利益攸关方之间可以更好地协调（Shrestha et al.，2022）。论坛可以通过共享战略行动计划为有效开展科学、技术和创新外交发挥重要作用。

（6）双边科学技术项目与合作可以为科学外交提供支持。让我们举几个例子。在新型冠状病毒感染大流行期间，每个人都希望尽快接种疫苗。印度是新型冠状病毒疫苗的最大生产国之一。该疫苗已成为印度在南亚区域合作联盟地区开展外交活动的工具。当时，印度与尼泊尔有边界问题，这一直影响着两国关系。但在印度以赠款的形式提供了 100 万剂新型冠状病毒疫苗之后，尼泊尔为一线卫生工作者和优先人群接种疫苗后，两国关系在一定程度上已经正常化（Giri，2021）。再来看看尼泊尔和日本关系的另一个例子。“日本政府决定向尼泊尔政府提供贷款援助，以在 2016 财年实施纳贡嘎（Nagdhunga）隧道建设项目。该项目不仅是对尼泊尔的隧道技术转让和社会经济发展的支持，也必将成为增进两国人民友好关系的又一基石。”（Press Release，Embassy of Japan，2016）该项目进展迅速，建成后，尼泊尔首都加德满都入口处的交通拥堵将明显缓解。同样，2013 年，小农发展银行和以色列驻加德满都大使馆宣布，200 名尼泊尔小农人员将前往以色列内盖夫的阿拉瓦国际农业培训中心（AICAT）接受高级农业培训（以色列驻尼泊尔大使馆，2016）。以色列政府为尼泊尔农民提供的这一提高农业领域技能的机会有助于加强两国之间的关系。

（7）国际科学合作的重要性因其在外交中日益重要的作用正得到认可。科学、技术和创新需要成为与其他国家双边或多边合作的组成部分，以加强科学、技术和创新外交，促进国家的可持续发展。

（8）为了加强与维持科学、技术和创新外交，国家需要训练有素的人力资源。因此，有必要为在国内外的外交使团工作的人员，以及人力资源开发领域的其他相关人员组织定期的科学、技术和创新外交培训项目。为此，外交研究所（IFA）可以发展成为一个卓越中心，尼泊尔科学技术院可以成为该中心的潜在合作伙伴。外交官和有志成为外交官的人员定期对这些中心和其他科学、技术和创新机构进行定期培训与访问，将使他们了解尼泊尔的科学、技术和创新状况。通过定期提供科学外交领域的人力资源最新情况，这样的中心可以促进科学外交成为一种潜在的职业选择。

（9）考虑到数据和信息对培养与提升科学、技术和创新外交利益攸关方的能力和更新其最新情况的重要性，拥有一个包含所有相关信息的数字门户网站将是有益的。它可以由外交部的一个专门单位管理，或由科学技术部和尼泊尔科学技术院等相关组织管理。

6 结论

发达国家一直在成功实践科学外交，并将其纳入外交政策。但对于尼泊尔这样的最不发达国家来说，现代科学技术发展历史相对较短，国家的外交政策尚未明确承认科学外交。即使在新型冠状病毒感染等具有挑战性的情况下，科学家基于专业精神建立的国际网络也是在信任的基础上运作的。新型冠状病毒感染大流行给我们所有人上了一课，说明科学外交对于共享信息和技术、提高国家科学能力的重要性。它引导我们认识到科学、技术和创新外交作为国家优先事项的必要性，甚至是确保社会的健康发展。作为尼泊尔科学、技术和创新的最高机构，尼泊尔科学技术院可以成为促进科学外交的协调机构。

一般来说，双边或多边国际合作主要集中在与经济和基础设施发展的相关活动上，但现在也是尼泊尔寻求科学合作的时候了，应当将科学外交作为促进本国科学、技术和创新的重要战略。

在这些背景下，尼泊尔将科学、技术和创新与外交相结合，促进可持续发展，建设一个更加繁荣与和平的国家，前景光明。因此，作为外交政策的一个组成部分，加强科学外交需要成为国家可持续发展的优先事项。

参考文献

Ahmed M U, et al.（2021）An overview of science diplomacy in South Asia, Science & Diplomacy, AASA, an online publication from the AAAS Center of Science Diplomacy. https://www.scienc ediplomacy.org/article/2021/overview-science-diplomacy-in-south-asia. Accessed 20 Feb 2021.

Colglazier E W（2018）The sustainable development goals: roadmaps to progress. Sci Diplom 7. http://www.sciencediplomacy.org/editorial/2018/sdg-roadmaps. Accessed 12 Oct 2020.

Embassy of Israel in Nepal（2013）https://embassies.gov.il/kathmandu/NewsAndEvents/Pages/200-Nepali-Students-will-get-Advanced-Agricultural-Training-in-Israel.aspx. Accessed 25 Dec 2020.

Embassy of Japan, Press Release（2016）Japan extends assistance for the Nagdhunga tunnel construction project. https://www.np.emb-japan.go.jp/files/000213840.pdf. Accessed 5 Oct 2020.

EvK2 CNR（2021）http://www.evk2cnr.org/cms/en/evk2cnr_committee/pyramid. Accessed 20 Feb 2021.

Giri A（2021）How India is using vaccine diplomacy to recalibrate its neighbourhood first policy. The Kathmandu. https://kathmandupost.com/national/2021/01/26/how-india-is-using-vaccinediplomacy-to-recalibrate-its-neighbourhood-first-policy. Accessed 5 Oct 2020.

Global Sustainable Development Report, 2019 Global Sustainable Development Report（2019）The future is now—science for achieving sustainable development United Nations. Independent Group of Scientists appointed by the Secretary-General, New York.

ICSU（2015）Review of sustainable development goals: the science perspective. International Council for Science（ICSU）, Paris, France.

Ministry of Foreign Affairs, Japan（2017）Diplomatic blue book 2017. Japanese Diplomacy and International Situation in 2016.

National Graduate Institute for Policy Studies (GRIPS) (2014) Summary of the 3rd Annual Neureiter Science Diplomacy Round table, Science and Technology Diplomacy in Asia.

National Planning Commission and Asian Development Bank (2016) Envisioning Nepal 2030. In: Proceedings of the International Seminar, Nepal.

National Planning Commission, 2019 National Planning Commission (2019) The fifteenth plan (2019–2024). Nepal, Kathmandu.

Pandey N (2019) Brain drain and brain circulation: why collaboration matters? Sci Diplom Rev 1 (2).

Patil K (2020) Science diplomacy, technology and international relations. Sci Diplom Rev 2:67–74.

Report on Science, Technology and Innovation Diplomacy (2020) http://www.exteriores.gob. es/Portal/es/SalaDePrensa/Multimedia/Documents/Report%20on%20scientific%20technological%20and%20innovation%20diplomacy.pdf. Accessed 25 Dec 2020.

Royal Society (2010) New frontiers in science diplomacy, royal society, London. England. https://royalsociety.org/~/media/Royal_Society_Content/policy/publications/2010/4294969468.pdf. Accessed 12 Feb 2021.

Saner R (2015) Science diplomacy to support global implementation of the sustainable development goals (SDGs); Brief for GSDR2015. https://sdgs.un.org/sites/default/files/documents/6654135-Saner-Science%2520diplomacy%2520suggested%2520revisions%25203%2520final.pdf. Accessed 12 Feb 2021.

Shrestha S B (2017) Roadmap for the development of science, technology and innovation in Nepal, (Abstract). In: International Conference on "Science and the small nations. Bridging the gaps: a science diplomacy initiative" held during 14–16, November 2017. IICC, New Delhi, India.

Shrestha S B (2018) Science diplomacy for prosperity of Nepal. NCWA Annu J 36–39.

Shrestha S B, Parajuli L K, Shrestha M V (2022) Science diplomacy: An overview in the global and national context. J Foreign Aff (JoFA) 2 (1): 41–51. https://doi.

org/10.3126/j0fa.v2i01.43892.

Su P，Mayer M（2018）Diplomacy and trust building:‘Science China’in the arctic. Glob Policy 9（Suppl 3）. https://onlinelibrary.wiley.com/doi/epdf/10.1111/1758-5899.12576. Accessed 5 Feb 2021.

Sunami A，Hitachi T，Shigeru K（2013）The rise of science and technology diplomacy in Japan. Sci Diplom 2（1）. http://www.sciencediplomacy.org/article/2013/rise-science-and-techno logy-diplomacy-in-japan.

评估毛里求斯的科学、技术和创新现状，以促进经济增长和发展

兰迪尔 · 鲁普丰 ①

摘要： 科学、技术和创新（STI）在一个国家的社会经济发展中发挥着至关重要的作用。毛里求斯是一个小岛屿经济体，除了海洋没有其他自然资源，因此需要进一步促进科学、技术发展，以实现更高水平的创新和经济增长。长期以来，该国的经济发展模式一直依赖纺织、旅游和金融服务等传统经济部门。这些经济活动对科学贡献的依赖程度不高，这也是学生对科学领域学习兴趣不高的原因。本文利用现有的统计数据、文献和政策文件，分析了毛里求斯科学、技术和创新的发展情况，尤其是过去十年中教育领域科学、技术和创新的发展情况。与理科科目相比，中学生更喜欢商科和经济学，最不喜欢的科目是生物学。在高等教育阶段，科学、技术

---

① 兰迪尔 · 鲁普丰

马斯克里尼大学商业与管理学院，Beau Plan-Pamplemousses，毛里求斯

电子邮箱 : rroopchund@udm.ac.mu

维努戈帕兰 · 伊特科特，贾斯迈特 · 考尔 · 巴韦贾（主编），发展中国家的科学、技术和创新外交，发展研究

https://doi.org/10.1007/978-981-19-6802-0_11

和创新领域最热门的专业是信息技术、工程学、医学和数学。近年来，尽管毛里求斯科学、技术和创新领域的科学出版物大幅增加，但仍然落后于许多非洲国家。本文通过举例说明毛里求斯为改善目前的科学、技术和创新状况而做出的国家政策与决策。本文对毛里求斯投资愿景的落实，即投资于需要并将从所提高科研成果中获益的部门，做出了背景性贡献。

关键词：科学、技术和创新；科学教育；创新；社会经济发展；竞争力；毛里求斯

1 引言

毛里求斯立志成为一个高收入经济体，在经济活动的不同领域进行创新。为了应对全球化和贸易国际化的挑战，尽管缺乏自然资源，但该国在历史上使经济显著多样化，成为非洲强大的经济体。毛里求斯在非洲人类发展指数（HDI）中排名第二（全球排第 66 位），在经商便利度方面也有所攀升（Economic Development Board，2020）。然而，毛里求斯的全球创新得分已从 2013 年的 38 分下降到 2019 年的 30.6 分，这表明毛里求斯在整体创新方面得分较低（Global Innovation Index，2020）。尽管如此，值得注意的是，理工科毕业生的分数从 2013 年的 18.39 分急剧上升到了 44.06 分（Global Innovation Index，2019）。

在 2019 年国家科学周上，索巴（Sauba，2019）和法基姆（Fakim，2017）强调了科学技术在实现可持续经济增长和发展中的关键作用。索巴表示，需要更多具有学术背景的科学家和公民。“科学和技术是解决 21 世纪全球问题的重要工具，如气候变化、能源挑战、粮食问题和健康”。毛里求斯需要了解当地情况、能够识别挑战的科学家，并在时机成熟时指导决策者制定大胆的战略行动，以便做出明智及时的决定。《三年国家战略计划》（Republic of Mauritius，2017）提到发展创新型经济和提高国民生产力的重要性，这是毛里求斯经济实现高收入经济地位的两大基本挑战。

本文介绍了毛里求斯在当地和整个非洲背景下的技术科学现状。在简要

介绍了科学、技术和创新的概念和毛里求斯科学、技术和创新的现状后，重点介绍了在促进科学教育、科研产品，以及科学、技术和创新部门就业前景方面的科学、技术和创新举措。在这一重点范围内，本文论述了以下关键主题。

——毛里求斯中等和高等科学教育的现状。

——毛里求斯高等教育阶段的学生选择了与科学、技术和创新相关的最受欢迎的学习领域。

——过去 6 年科学、技术和创新领域研究出版物的进展。

——新兴产业与科学、技术和创新在国家未来经济发展中的作用。

本研究的数据来自包括教育和科学研究部、斯高帕斯研究数据库、毛里求斯考试联合会、全球竞争力和创新指数。研究中，采用内容分析的定性研究方法。

鉴于该国雄心勃勃地投资于新兴部门，这些部门更需要并有可能加强科学研究的贡献，本研究通过提供旨在改善现状的国家政策与决策的例子，为投资做出了背景性贡献。

2 科学、技术和创新（STI）

科学、技术和创新这一术语有各种各样的定义，它们随着商业环境和生态系统的变化而演变。科学、技术和创新政策一词被描述为旨在提高科学、技术和创新进程与活动对经济和社会发展贡献的所有政策的总和（UNCTAD Policy Manual，2017）。因此，它包括科学、技术和创新通过一系列政策（培训、工业政策、信息和通信技术等）对提高国家竞争力和经济增长的贡献。弗里曼和苏特（Freema and Soete，2007）认为，科学、技术和政策是不断发展的，尤其是随着技术的快速发展。因此，各国总是在调整创新框架，以带来更高水平的创造力和创新成果。杰克逊（Jackson，2011）将创新生态系统定义为："以实现技术开发和创新为功能目标的行为者或实体之间形成的复杂关系。"因此，国家创新框架旨在支持创新文化，并采用结构化方法鼓励更高的研发、有效的系统和技术设计。

科学、技术和创新在促进社会经济发展和社会全面转型方面发挥着战略性作用。科学、技术和创新的先进程度在很大程度上影响着一个国家的发展，包括从发展中国家向发达经济体的转变。科学、技术和创新必须以促进与可持续发展目标一致的可持续发展的方式进行。克雷斯皮（Crespi，2004）回顾了技术创新的大部分决定因素，认为技术创新是一种受多种因素影响的复杂而多面的现象。公共干预在政策层面上对促进创新和技术进步的重要意义阐明了这一广泛共识。然而，仅仅增加科研和开发支出是不够的。

3 非洲的科学、技术和创新

科学、技术和创新可以成为非洲大陆地区和经济一体化的主要推动力。必须发展泛非视角，这有助于在研究与发展计划方面进一步发展国家和地区视角。非洲应从其他在科学创新方面取得重大进展的大洲中得到启发。

非洲科学、技术和创新状况的一些关键统计数据（《非洲联盟报告（2019 年）》）如下。

——在整个非洲，专利活动在 2006—2016 年增长了 30%，但在 2016 年仅占全球业务的 0.5%。

——国际合作相互依存度很高，非洲国家之间的合作仅占 2%。

——这些年来，学术研究出版物的出版率大幅上升。

——2014 年，非洲的国内生产总值（GDP）达到 2.26 万亿美元，超过巴西、俄罗斯和印度的总和。

——科学、技术和创新战略（STISA，2024）确定了研发的关键优先领域。

科学、技术和创新和社会影响评估（2024）是非洲的一项长期计划，旨在应对科学、技术和创新对农业、能源、环境、安全等许多关键经济部门的影响，促进了非洲的包容性发展。该战略确定了一些可能有助于实现非洲联盟愿景目标的优先领域。一些优先领域是：

——消除饥饿，实现粮食安全；

——疾病预防和控制；

——沟通（身体和智力流动）；

——保护我们的空间；

——共同生活——建设社会，创造财富。

非洲科学院（Kigoto，2018）呼吁立即改革非洲国家科学、技术和创新政策，以加强对社会和环境层面发展的重视，并使其更接近联合国可持续发展目标。欧盟委员会的报告还解释说，科学、技术和创新政策可能有助于实现《2030 年议程》，因为它可以提高效率、增强经济和环境的可持续性，从而赋予人们更好的发展权利。可持续发展目标的若干目标是在科学、技术和创新政策更有力投入的基础上实现可持续性。科学技术与创新是实施新议程的一个基本工具，因为它可以提高经济和环境效率，开发新的、更可持续的方式来满足人类需求，并增强人们推动未来发展的能力。

发展中国家还可以借鉴印度等国的丰富经验。这些国家注重“基于地点的研究”，能够针对当地、地区和非洲大陆的问题提出因地制宜的解决方案（《非洲联盟报告（2019 年）》）。这种与“节俭创造力”相关的策略被归因于 20 世纪 60 年代和 70 年代印度的绿色革命。节俭创新的概念将发展中市场视为产品和资源的重要潜在市场（Brem and Wolfram，2014）。这种创新形式可能是全球品牌产品的起源（Chattopadhyay and Sarkar，2011）。了解节俭创新模式对低收入社区的影响，需要更深入地研究节俭创新如何影响非洲非正规经济体中的组织及其利益，因为非洲大多数非农业人口在非正规经济中谋生（Meagher et al.，2016）。尽管毛里求斯不太依赖农业部门，但重要的是，该国要在许多其他经济部门采取节俭的创新，以在未来实现更大的可持续性。

4 毛里求斯的科学、技术和创新教育

毛里求斯是一个小岛屿经济体。旅游业（超国内生产总值的 20%）和金融服务业是当前经济增长和发展的重要支柱。就业率最高的行业是纺织业、旅游业，以及银行业和金融服务业。因此，与新加坡等国不同，毛里

求斯的经济增长历来不依赖科学贡献和基于研发的专利开发。这在一定程度上解释了为什么高中证书学生更喜欢商科和经济学科，而不是理科。卡穆杜·阿普拉萨瓦米等人（Kamudu Applasawmy et al.）（2017 年）的调查结果显示，在 20 世纪 90 年代初，选择继续学习科学的学生人数有所减少。毛洛（Maulloo）和瑙加（Naugah）（2017）的另一项研究显示，2000—2016 年，中学毕业证书考试中化学和生物学的选考人数有所下降，尤其是生物学；唯一保持稳定的科学科目是物理学。随着计算机研究、设计和技术的引入，化学和生物学等其他科学科目的吸引力越来越小。

4.1 学术机构的作用

毛里求斯大学（最大和最古老的公立大学）理学院成立于 1989 年，提供一系列学术课程，即数学、生物科学、医学和健康科学等。它与英国、法国、印度和中国香港特别行政区的学术合作伙伴建立了牢固的联系（毛里求斯大学，2021）。该大学采用的总体教学和研究理念如下（UOM 网站，2021）：

“教学”——为迅速增加的学生提供国际标准的专业科学培训；确保毕业生获得知识、专业能力和社区责任感，并有可能在所选领域之外继续专业和个人发展。

“研究”——优化学院的研究潜力，解决问题，为基础研究提供条件。

“服务”——为培养国家的国际责任感和竞争力做出贡献，加强学院与专业的关系；通过专业服务和社会评论提高社区对问题的认识。

其他公立和私立大学也为科学、技术和创新能力建设做出了重大贡献。马斯卡雷涅大学最近推出了两门人工智能和可再生能源领域的创新课程，这两门课程符合政府对新兴经济发展部门的总体愿景（将在稍后阐述）。课程的主要目标是培养高技能的专业人员，以便能够在组织环境中领导涉及人工智能和机器人应用的项目。

毛里求斯教育学院从事理论和应用研究，在塑造和转变毛里求斯的科学教育方面发挥着重要的作用。该大学还有一个数学系和一个科学教育系。

4.2 科学中心的作用

科学中心以向访客提供自由选择的学习机会而闻名。与其他非正式学习机构的不同之处在于，科学中心提供了令人兴奋的机会，通过有趣、互动、动手和在展品上思考来探索科学思想和思维方式（Falk and Dierking，2000）。

RGSC 是毛里求斯唯一的科学中心，其目标之一是通过与科学相关的非正规教育项目来补充正规系统。自 2004 年开幕以来，互动科学展览一直向游客开放。科学中心针对中小学生制定了各种策略，吸引他们学习科学，包括组织竞赛、学生会议和标准讲座。随着科学、技术和创新日益重要，政府还批准建立一个卫星中心，其中包括一个天文馆和展览馆，以分散开展活动。多年来，为了促进科学的发展，RGSC 已认识到有必要使受众群体多样化和扩大化。中心的 2016—2020 年战略计划表明了这一点，学龄前观众是中心的主要面向群体。

全球观察站（2020）的报告认为，科技创新应被视为毛里求斯等小岛屿经济体经济发展的补充而非替代。科学和技术领域的研究可以帮助他们获得相对于其他国家的竞争优势，特别是在某些经济领（《2020 年全球观察》）。该组织还认为，农业部门和动植物领域的研究也有利于社会经济发展。如下所述：

一个主要的重点领域应该是农业部门，尽管有来自大国的竞争，但农业部门仍然是小岛屿国家的增长产业。生物经济仍然是可行的，需要科学、技术和创新来推动该行业的发展。此外，有可能建立一个医疗部门，利用岛国独特动植物的传统知识来开发能够解决非传染性疾病和其他公共卫生问题的新药。

4.3 性别平衡

毛里求斯人口中 52% 为女性。科学知识对所有年轻人来说都至关重要，尤其是要求他们有足够的能力应对快速变化的世界。然而，现有研究表明，科学在女孩中并不那么受欢迎。

教育系统的目标是发展校园科学文化，支持国家的民族文化，促进创新和可持续发展。尽管艾肯黑德（Aikenhead，2003 ）和比斯蒂兹恩斯基（Bystydzienski，2004）报告说，如果基于人文视角实施科学教育，学生将从学习科学科目中获益匪浅。因为他们的文化与科学亚文化相悖，尤其是科学亚文化象征着还原论、物质主义和竞争文化。女孩们认为物理科学是具有男性形象的性别学科，是客观的，远离知识的情感方面（Keller，1985；Watts and Bentley，1993；Harding and Parker，1995；Parker and Rennie，2002）。

5 招生现状和学科偏好

5.1 中学生学习领域比较

毛里求斯教育系统的学生通常在中等教育的两个学术流之间进行选择，即商业和经济或科学领域。由于本文的目的是评估毛里求斯科学、技术和创新的现状，因此，与其他科目相比，评估中等教育中选择科学的受欢迎程度很重要。图 1 显示了 2014—2019 年科学和经济科目高等学校证书（HSC）的通过人数。

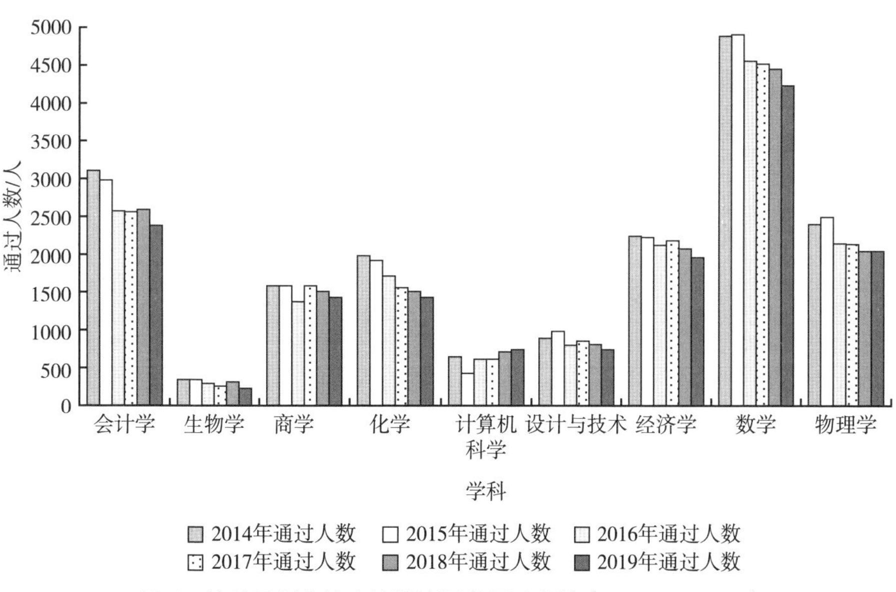

图 1 按科目划分的高等学校证书通过人数（2014—2019）

来源：毛里求斯考试联合会（2020）。

图 1 显示，通过人数最高的科目是数学，因为这是一门既可以被科学界也可以被经济学界接受的科目。从科学领域来看，热门科目是物理和化学。从图 1 中还可以看出，学生对生物学科兴趣不大，入学率和及格率都很低。教育部（2019 年）组织了“我是毛里求斯生物学家 ”的社交媒体活动，以进一步提高人们对该学科的兴趣。教育部长在公开讲话中谈到，与其他学科相比，毛里求斯学生在中学毕业证书和高中毕业证书（HSC）阶段学习生物学科的人数相对较少，因此迫切需要推广生物学科。根据教育部长的说法，尽管学习生物学科为就业打开了很多大门，2018 年高中生物录取人数仅占总录取人数的约 1.5%（政府门户网站，2019 年）。毛里求斯研究理事会开展的一项研究（2004 年）指出了与中学教育中选择理科兴趣不浓有关的几个问题，例如：

——科学被认为是困难的，只适合聪明的学生。

——认为缺乏职业机会。

——缺乏实践基础设施。

——在一些学校，科学不是一种选择。

——实验室助理的培训。

相比之下，计算机科学、设计与技术在学生选择方面也比较落后。在商学和经济学方面，会计学似乎更受欢迎，其次是经济学和商学。表 1 列出了 2019 年经济学和科学方面的及格人数明细。

表 1　2019 年主要科目 HSC 通过次数

经济类学科	通过率数量	科学类学科	通过率数量
会计学	2396	生物学	219
商　学	1424	化　学	1422
经　济	1952	物理学	2033
合　计	5772	合　计	3674

资料来源：毛里求斯考试联合会（2020 年）。

因此，与理科相比，学生更倾向于商科和经济学（2019 年经济学为

5772 人，理科为 3674 人）。此外，人们对学习生物学的兴趣不大，可能是因为学生更喜欢学习数学，以及之前解释的其他原因。

瑙加等人（Naugah et al.，2020）进行的一项研究表明，父母总体上认为，他们不会影响孩子选择科目或最终的职业，尽管他们在毛里求斯非常尊重科学。这些发现与学生的社会背景无关。这项研究是对毛里求斯 4 所学校的 135 名家长进行的。

5.2 科学技术类高校招生

目前的分析涉及毛里求斯私立和公立大学的科学、技术和创新领域学生入学趋势。值得一提的是，目前有 4 所公立大学，即毛里求斯大学、理工大学、毛里求斯开放大学和马斯卡列涅大学。总体而言，毛里求斯有近 60 所机构提供中学后教育。毛里求斯大学是历史最悠久、学生人数最多的大学，也是理科入学率最高的大学。

表 2 概述了 2016—2018 年 3 个学年私立和公立学校的学生入学人数。毛里求斯科学、技术和创新领域的入学人数在过去 3 年中一直相当稳定。尽管毛里求斯有 60 多所机构提供中学后课程，但毛里求斯大学的高等教育理科入学率大部分（28%—32%）。其中的部分原因可能是由于私立大学缺乏信息技术领域之外的科学课程。

表 2　毛里求斯高等教育科学、技术和创新统计中的学生入学人数

项　目	2015—2016 年 学生人数 / 人	2016—2017 年 学生人数 / 人	2017—2018 年 学生人数 / 人
毛里求斯科学、技术和创新领域注册学生总数	4207	4035	4140
毛里求斯大学科学、技术和创新领域学生入学情况	1362	1162	1250
招生人数最多的 STI 领域（所有大学）	信息技术（1474） 工程学（1084） 医学（335） 健康科学（308）	信息技术（1327） 工程（883） 医学（490） 数学（229）	信息技术（2036） 工程（1643） 数学（656）

资料来源：TEC 高等教育参与报告（2016）、（2017）和（2018）。

统计数据还显示，信息技术、工程、数学和医学是最受科学、技术和创新领域学生欢迎的选择。选择信息和通信技术似乎是合乎逻辑的，因为它现在是毛里求斯经济的第三大经济支柱（占 GDP 的约 6%），并创造了约 30000 个就业机会（经济发展委员会，2020 年）。令人感兴趣的是，埃森哲、赛瑞迪安（Ceridian）、康福瑞（Convergys）、华为（Huawei）、法国电信集团企业电信服务机构（Orange Business Services）和安联等全球参与者已成功在毛里求斯建立业务，因为他们有能力为全球客户提供高质量、创新的解决方案。

6 研究成果

科学、技术和创新研究出版物

总体而言，2012—2018 年，科学研究出版物的数量有所增加，尤其是在能源、工程、物理学和天文学等科学领域，数量增加了一倍多（表 3）。然而，科学、技术和创新领域的科学出版物总数仍然很低（2018 年物理学和天文学 17 篇，医学 55 篇，环境科学 47 篇，工程 40 篇）（图 2）。

表 4 显示了商业和管理领域出版物的类似信息。

表 3　科学领域的出版物（2012—2018 年）

科学领域	出版物（2012）/ 篇	出版物（2018）/ 篇	增幅 / %
物理学和天文学	7	17	142
医学	43	55	28
工程	20	40	100
能源	10	26	160
计算机科学	39	46	18
农业和生物科学	38	64	68

资料来源：Scimago（2020）。

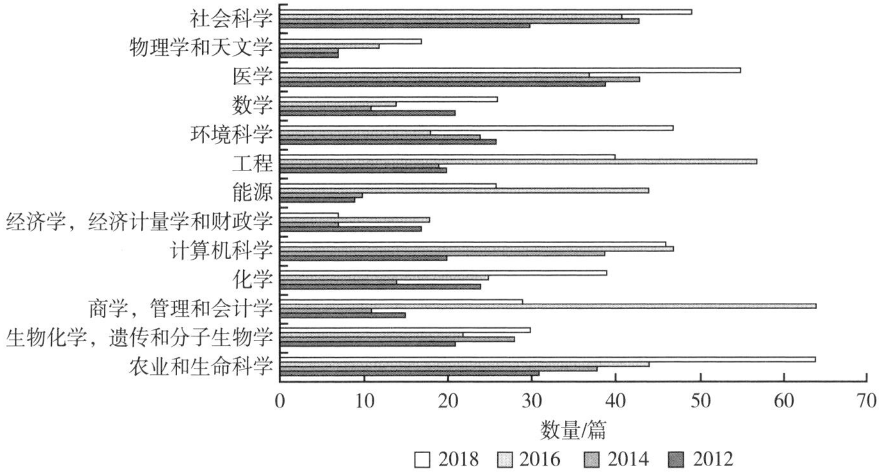

图 2　毛里求斯科学、技术和创新的研究出版物（来自 Scimago，2020）

表 4　社会科学和商业领域的出版物（2012—2018）

科学领域	出版物（2012）/ 篇	出版物（2018）/ 篇
社会科学	43	49
经济学、计量经济学和金融学	17	7
商业、管理和会计学	15	29

资料来源：Scimago（2020）。

7 促进科学、技术和创新教育的最新举措

粮食与农业研究与推广单元的作用

粮食与农业推广研究所（FAREI）成立于 2014 年，由毛里求斯国家粮食与农业研究委员会（FARC）和农业研究与推广股合并而成。正如文献中所解释的，粮食和农业在发展中国家仍然发挥着关键作用（FAREI，2020）。在全球疫情大流行的情况下，增加本地生产以减少对外贸易的依赖变得更加重要。该研究所负责研究非糖作物、牲畜和林业，并为农民提供支持服务。

粮食和农业推广研究所的愿景和使命声明概括了政府指导农业领域研发的总体愿景（FAREI，2020）：通过高效和有效的应用研究、开发和培训（RDT），帮助指导和促进国家农业食品系统的可持续发展。因此，正如法基姆（Fakim，2017）早些时候所解释的那样，科学、技术和创新有助于实现可持续性。阿尔伯塔大学将可持续性定义为：在可用的物质、自然和社会资源的限制下生活的过程，使人类所处的生活系统能够永久繁荣。

8 创新和竞争力状况

有关作者强调了对促进创新的制度支持，这可能会导致更高的经济增长（Oyelaran-Oyeyinka and Sampath，2006; Tebaldi and Elmslie，2008a，b; Tebaldi and Mohan，2008; Schiliro，2010）。毛里求斯制定了一个提高毛里求斯整体竞争力的国家框架，谋求建立适当的平台，以应对实现总体可持续性目标的短期、中期和长期挑战。同时，建立适当的伙伴关系，鼓励必要的内部创业、创业和技术创业。

下面的两个表格提供了毛里求斯在创新方面的一些全球排名。

表 5 显示了毛里求斯 2012—2018 年的全球竞争力指数。毛里求斯在这一指数方面取得了显著进展，连续两年，2017 年和 2018 年，位居全球第 45 位。一个国家的创新与整体竞争力之间存在着内在的联系。虽然竞争力受到许多因素的影响，但以科学发现和创造新技术为形式的创新已被广泛认为是主要驱动力之一（Cameron，1996; Hall and Jones，1999，Freeman，2002; Wang et al.，2007; Gibson and Naquin，2011）。随着越来越多的国家寻求获得可持续的经济增长来源，在最近的经济危机之后，这种联系变得更加重要（Aghion et al.，2009）。然而，如表 6 所示，毛里求斯在创新子指标方面落后，因为在全球的排名从第 53 位倒退到了第 64 位。

表 5　全球竞争力指数

项　目	2011—2012	2012—2013	2013—2014	2014—2015	2015—2016	2016—2017	2017—2018
评估国家数量	142	144	148	144	140	138	137
全球竞争力指数	54	54	45	39	46	45	45

资料来源：全球经济论坛，2018 年。

表 6　创新子指标排名

项　目	2011—2012	2012—2013	2013—2014	2014—2015	2015—2016	2016—2017	2017—2018
评估国家数量	125	141	142	143	141	128	127
创新指数	53	49	53	40	49	53	64

9 毛里求斯经济发展的新兴部门

毛里求斯制定了雄心勃勃的计划，创建新的新兴部门，以促进毛里求斯经济的增长。经济发展委员会在其网站上鼓励潜在投资者投资新兴行业，如海洋经济、金融科学技术、海鲜中心和石油中心等。因此，科学、技术和创新有望在该国未来的经济发展中发挥关键作用。世界银行的报告（Scandizzo et al.，2018）显示，未来 15 年海洋经济有巨大的潜力，但这需要大量的资本投资，以及不同层面的科学研究和能力建设。同一份报告结合毛里求斯的整体能源系统对海洋可再生能源技术（O-RET）的长期潜力进行了综合评估，发现目前深海海水冷却具有最大的经济潜力，海上风电在优惠融资（如碳融资）下显示出广泛的潜力。另外，波浪能研究和开发需要更高水平的支持资金。该模型表明，扩张场景在技术上是可行的，可能会产生相当大的经济效益，效益成本比远高于 2。毛里求斯还在推广医疗中心，旨在提高当地人和游客的整体医疗质量。毛里求斯政府正在提供几项举措来促进医疗旅游，如购买土地的注册豁免和增值税豁免等。

10 结论和建议

科学、技术和创新可能有助于毛里求斯经济的整体经济增长，因为毛里求斯寻求经济活动的多样化。然而，与科学领域相比，目前的学生更倾向于商学和经济学。政府需要采取措施鼓励学生接受符合国家整体经济愿景的科学科目。毛里求斯研究委员会已将可再生能源、海洋经济、信息通信技术、生命科学、交通管理和农产工业确定为优先研究领域。这些研究突出了学生在高等教育中对信息技术和工程领域的浓厚兴趣。对已确定的优先领域的投资将有助于创造适当的就业机会。在泛非背景下，非洲的科学、技术和创新战略（STISA）寻求通过参与更多的科学研究，特别是在对非洲经济具有高度重要性的农业经济领域，实现更大的可持续性。

尽管科学领域的科学出版物大幅增加，但出版物总数仍然较少。毛里求斯需要参与科学、技术和创新领域的全球合作研究。在这方面，政府应鼓励毛里求斯侨民利用他们在国际上建立的网络和获得的经验，在科学、技术和创新领域做出贡献。尽管毛里求斯在全球竞争力排名和人类发展指数方面有所提高，但整体创新文化仍需改进。

参考文献

African Union Report（2019）Contextualising STISA 2024: Africa's STI implementation report 2014–2019. https://au.int/sites/default/files/newsevents/workingdocuments/37841-wd-stisa-2024_report_en.pdf. Accessed 14 Aug 2020.

Aghion P，David P A，Foray D（2009）Science，technology and innovation for economic growth: linking policy research and practice in STIG systems. Res Policy 38（4）:681–693.

Aikenhead G S（Aug 2003）Review of research on humanistic perspectives in science curricula. In: European science education research association（ESERA） conference, Noordwijkerhout, The Netherlands.

Kamudu Applasawmy B K, Naugah J, Maulloo A K (2017) Empowering teachers to teach science in the early years in Mauritius. Early Child Dev Care 187 (2) :261–273.

Brem A, Wolfram P (2014) Research and development from the bottom up–introduction of terminologies for new product development in emerging markets. J Innov Entrep 3 (1) :9.

Bystydzienski J M (2004) (Re) gendering science fields: transforming academic science and engineering. NWSA J, viii–xii.

Cameron G (1996) Innovation and economic growth, Centre for Economic Performance, London School of Economics and Political Science.

Chattopadhyay S, Sarkar A K (2011) Market–driven innovation for rural penetration. IUP J Bus Strategy 8 (3) :42.

Crespi F (2004) Notes on the determinants of innovation: a multi–perspective analysis Economic Development Board (2020) Opportunities for investment. https://www.edbmauritius.org/opportunities/. Accessed 12 Sep 2020.

Fakim A (2017) Science, technology and innovation crucial to Africa's sustainable future. http://www.govmu.org/English/News/Pages/Science, –technology–and–innovation–crucial–to–Africtha%E2%80%99s–sustainable–future, –says–President–Gurib–Fakim.aspx. Accessed 5 Sep 2020.

Falk J, Dierking L (2000) Learning from museums: visitor experiences and the making of meaning. Alta Mira Press, Walnut Creek, CA.

FAREI Website (2020) Food and agricultural research and extension unit. https://farei.mu/farei/. Accessed 1 Oct 2020.

Freeman C, Soete L (2007) Science, technology and innovation indicators: the twenty–first century challenges. Science, technology and innovation indicators in a changing world responding to policy needs: responding to policy needs, 271.

Freeman C (2002) Continental, national and sub–national innovation systems–complementarity and economic growth. Res Policy 31 (2) :191–211.

Gibson D V, Naquin H (2011) Investing in innovation to enable global competitiveness: the case of Portugal. Technol Forecast Soc Chang 78:1299–1309.

Global Innovation Index（2019）https://www.globalinnovationindex.org/userfiles/file/reportpdf/giifull–report–2019.pdf. Accessed 15 Aug 2022.

Global innovation Index（2020）Mauritius: the innovation index. https://www.theglobaleconomy. com/Mauritius/GII_Index/. Accessed 10 Jul 2020.

Global Observatory（2020）Global observatory of STI policy instruments. https://ajitha.academia.edu/Departments/Global_Observatory_of_STI_policy_instruments_GO_SPIN_/Documents? page=4. Accessed 4 Sep 2020.

Government Portal（2019）I am a "Mauritian Biologist Social Media Campaign Launched" .http://www.govmu.org/English/News/Pages/%E2%80%9CI–am–a–Mauritian–Biologist%E2%80%9D–Social–Media–Campaign–launched.aspx. Accessed 15 Sep 2020.

Hall R E，Jones C I（1999）Why do some countries produce so much more output per worker than others? Q J Econ 114（1）:83–116.

Harding J，Parker L H（1995）Agents for change: policy and practice towards a more gender–inclusive science education. Int J Sci Educ 17:537–553.

Jackson D J（2011）What is an innovation ecosystem? National Science Foundation. http://erc–assoc. org/sites/default/files/topics/policy_studies/DJackson_Innovation%20Ecosystem. Accessed 10 Dec 2019.

Keller E F（1985）Reflections on gender and science. Yale University Press，New Haven，CT.

Kigotho W（2018）Science academy calls for STI policy reform to meet SDGs. https://www.univer sityworldnews.com/post.php?story=20180302073559245. Accessed 16 Sep 2020.

Maulloo A K，Naugah B J（2017）Upper secondary education in Mauritius: a case study. https://roy alsociety.org/–/media/policy/topics/education–skills/Broadening–the–curriculum/mauritius–case–study.pdf. Accessed 7 Oct 2018.

Mauritius Examinations Syndicate（2020）Cambridge SC/HSC statistics. http://mes.intnet.mu/English/Pages/statistics_pages/hsc–Statistics.aspx. Accessed 12 Sep 2020.

Mauritius Research Council（2004）Teaching and learning of science in schools. file:///

C:/Users/Randhir%20Pc/Downloads/MRC–RSO–SE01.pdf. Accessed 3 Oct 2020.

Meagher K，Mann L，Bolt M（2016）Introduction: global economic inclusion and African workers. J Dev Stud 52（4）:471–482.

Naugah J，Reiss M，Watts M（2020）Parents and their children's choice of school science subjects and career intentions: a study from Mauritius. Res Sci Technol Educ 38:463–483.

Oyelaran–Oyeyinka B，Sampath P G（2006）Rough road to market: institutional barriers to innovations in Africa. UNU–MERIT，Maastricht.

Parker L H，Rennie L J（2002）Teachers' implementation of gender–inclusive instructional strategies in single–sex and mixed–sex science classrooms. Int J Sci Educ 24（9）:881–897.

Republic of Mauritius（2017）Three year strategic plan–pursuing our transformative journey. http://budget.mof.govmu.org/budget2018–19/2018_193–YearPlan.pdf. Accessed 3 Aug 2020.

Sauba S（2019）National Science Week 2019 emphasises importance of science and technology. http://www.govmu.org/English/News/Pages/National–Science–Week–2019–emphasises–importance–of–science–and–technology.aspx. Accessed 4 Jun 2020.

Scandizzo P L，Cervigni R，Ferrarese C（2018）A CGE model for Mauritius ocean economy. In: The new generation of computable general equilibrium models. Springer，Cham，pp 173–203.

Schiliro D（2010）Investing in knowledge: knowledge，human capital and institutions for long run growth. In: Arentsen M J，Rossum W，Steenage A E（eds）Governance of innovation，pp 33–50.

Scimago（2020）Country rankings. https://www.scimagojr.com/countryrank.php. Accessed 21 Sep 2020.

STISA（2024）Science，technology and innovation strategy for Africa 2024. https://au.int/sites/default/files/newsevents/workingdocuments/33178–wd–stisa–english_–_final.pdf. Accessed 13 Sep 2020.

Tebaldi E，Elmslie B（2008a）Do institutions impact innovation? Munich Personal

RePEc Archive, Munich.

Tebaldi E, Elmslie B (2008b) Institutions, innovation and economic growth.Munich Personal RePEc Archive, Munich.

Tebaldi E, Mohan R (2008) Institutions-augmented Solow model and club convergence. Munich Personal RePEc Archive, Munich.

TEC (2015/2016) Participation in tertiary education 2015. http://www.tec.mu/pdf_downloads/pubrep/Participation%20inTertiary%20Education%202015_130916.pdf. Accessed 15 Oct 2016.

TEC (2017) Participation in tertiary education 2015. http://www.tec.mu/pdf_downloads/pubrep/ Participation_in_Tertiary_Education_041018.pdf. Accessed 22 Nov 2017.

TEC (2018) Quality audit report. http://www.tec.mu/pdf_downloads/pubrep/UoM_Audit_Report_ Final_041218.pdf. Accessed 14 Mar 2019.

UNCTAD Policy Manual (2017), Innovation, policy and development. https://unctad.org/en/PublicationsLibrary/dtlstict2017d12_en.pdf. Accessed 18 Apr 2020.

University of Mauritius (2021) www.uom.ac.mu. Accessed 10 Oct 2022.

UOM Website (2021) https://www.uom.ac.mu/. Accessed 15 Jan 2021.

Wang T Y, Shih-Chien C, Kao C (2007) The role of technology development in national competitiveness-evidence from Southeast Asian countries. Technol Forecast Soc Chang 74:1357- 1373.

Watts M, Bentley D (1993) Humanizing and feminizing school science: reviving anthropomorphic and animistic thinking in constructivist science education. Int J Sci Educ 16 (1): 83-97.

World Economic Forum (2018) The global competitiveness report 2019. http://www3.weforum.org/docs/WEF_TheGlobalCompetitivenessReport2019.pdf. Accessed 10 Sep 2020.

发展中国家政府在开展南南科学、技术和创新外交方面的责任

昌迪马·戈麦斯[①]

摘要：根据 SCOPUS 数据库，新加坡、马来西亚和斯里兰卡这 3 个亚洲国家发表的研究论文数量被视为衡量其研究成果的指标。这些国家的现代研究发展时间相近。我们还以其他国家发表的科学论文数量为例，详细说明了被称为南方的发展中世界的落后状况。科学、技术和创新（STI）外交被强调为南方国家通过地区和国际合作提高产出，从而获得科学认可的途径。南方国家越早在科学技术界推广科学、技术和创新外交，就越有机会登上科学界的高峰。根据分析，提出了发展中国家政府应采取的 5 项重要程序。本文将使相关政府官员开阔眼界，对促进科学、技术和创新外交

① 昌迪马·戈麦斯

高压工程杰出教授兼南非电力公司（ESKOM）发电厂工程研究所（EPPEI）主席 – 暖通空调（HVAC），高压工程卓越中心，威特沃特斯兰德大学电气和信息工程学院，扬 – 斯穆特大道 1 号，2001 Private Bag 3，维茨，约翰内斯堡 2050，南非

电子邮箱：chandima.gomes@wits.ac.za

维努戈帕兰·伊特科特，贾斯迈特·考尔·巴韦贾（主编），发展中国家的科学、技术和创新外交，发展研究

https://doi.org/10.1007/978-981-19-6802-0_12

给予额外关注，从而使每个国家都能以高效的方式集体和单独实现预定的科学目标。

关键词：科学技术；外交；第三世界国家；死亡经济；政府政策

1 引言

在过去的几年里，人类以极端天气事件和流行病的形式目睹了大自然愤怒的威力，这甚至可以胜过最发达国家的技术和军事力量。大范围的灾害情况表明，无论是灾害原因还是影响，都不遵从人为划定的土地边界。在某些情况下，例如山体滑坡是土地不稳定，自然和人造系统遭到破坏，而这可能是局部的。在其他情况下，如火山爆发，有效覆盖范围可能更大，如 2010 年冰岛埃亚菲亚德拉角火山爆发，影响了整个欧洲大陆的航空业。尽管新型冠状病毒感染疫情可能起源于一个地方，但影响却是全球性的。灾难的跨界性质在切尔诺贝利和福岛核泄漏等人为灾难中也很明显。此外，在全球气候变化、网络安全、疾病预防、水资源短缺、航空和海事安全等许多其他情况下，其原因和影响并不局限于一个国家或地区。正因为如此，现代世界要求人类共同解决共同的问题，而不是寻求孤立的解决方案。

为解决人类共同面临的问题需要集体努力，这并不像看起来那么简单。这些努力与各种关键术语有关，如科学、技术、研究、工程、学术、创新和即兴创作，这些术语由不同方面进行不同定义，并在它们周围形成概念障碍或茧。政治冲突、知识产权、工业间谍、宗教障碍、道德问题等形式的各种复杂性都被引入到这些努力中，可能还需要一个量身定制的冲突解决战略（Eddington et al. 2020）。在这种拜占庭式的情景背景下，受不利影响最大的一方是欠发达国家或者所谓的“南方”。

几十年来，北南科技联系被视为一种单向的利益流动，北方通过注入资源来发展南方的科学、技术和学术界。许多广泛依赖北方支持发展科学技术的欠发达国家，后来出现了严重的弊端，例如失去最优秀的知识分子，他们在攻读研究生学位的国家寻求更好的工作；被困在基础研究为发达国家的应用研究提供了所需的养分基础研究（能够导致在发达国家产生商业上可行的产出）之中，进而使欠发达国家成为发达国家广泛使用的破旧研究设备的倾销地；以及自然而然地成为发达国家产品和服务的购买者（Körner，1998；Docquier et al.，2013；Ngoma，2013；Vega-Muñoz et al.，2021）。

上述情况是发展中国家需要更多地寻求南南合作的重要原因之一，在这种合作中，与一个地区或国家集群相关的问题可以通过公平分享红利的方式得到集体解决。南方国家往往有类似的相互关联的问题，如消除贫困，为公众提供住房和饮用水，预防极端自然事件造成的灾难，粮食安全，科学、技术、工程和数学教育，提高健康和卫生质量，发展道路和通信基础设施，为国家提供可持续的电力和能源等（Paprotny，2021; Baarsch et al.，2020）。这种南南双边和多边合作的发展，强烈要求新老研究人员、工程师、创新者和决策者之间开展外交对话，以便在能力建设、技能和知识发展、信息和设施共享以及解决冲突方面顺利开展工作（Turekian，2018）。科学、技术和创新外交在这种国家间合作中发挥着关键作用。尽管有许多关于北—北和北—南科技创新外交的研究（Polejack et al.，2021; Bax et al.，2018; Claassen et al.，2019; Leijten，2017），但关于南—南科学技术外交的公开信息只有少数。这项研究是为了填补这一科学空白。本文根据斯里兰卡、马来西亚和新加坡 3 个国家在过去几十年中的研究出版物数量，提出了一个国家的主要利益相关者政府在促进科学、技术和创新外交的采用和实践方面的责任。

2 什么是科学、技术和外交

在社会主义和自由主义阵营的传统竞争明显停止后，科学外交一词在新的千年中脱颖而出。当这些曾经是主要竞争对手的国家意识到，通过在全球前沿的科学舞台上合作而不是竞争，他们可以获得更好的红利时，超越传统政治规范的外交关系的新概念出现了（Turekian，2018）。早年，北美与欧洲国家，以及日本、韩国和新西兰率先发展了科学外交概念

（Flink，2020）。自科技创新外交在科学和学术界作为一种强大的、推进科技的模式在许多国家中建立以来，这些国家在几个世纪的孤立或有限的合作中工作，科技创新外交已经取得了长足的进步，不仅作为一种工具，而且作为一种应该研究的科学本身为世界服务（Legrand and Stone，2018; Jacobsen and Olšáková，2020）。

早期的科学外交主要与核、化学和生物安全的双边或多边合作有关（Rispoli and Olšáková，2020）。随着时间的推移，人们认识到，无论是科技的应用，还是取得科学和技术成果的创造力，创新都应该融入知识共享和技能发展的国际平台。这促成了“科学、技术和创新外交”一词的出现（Flink and Schreiterer，2010）。

在不同的平台上，科学、技术和创新外交的定义略有不同。可以提出的一个更普遍、更宽泛的定义是：“通过物质和人力资源的共享、集体能力建设和解决冲突，管理有关科学、技术和创新的信息与知识交流、技能发展和智力进步的国际关系，以期创造一个更美好的世界”。因此，这一概念的愿景是为人类和环境创造更美好的明天。这一事实使科学、技术和创新外交的使命建立在对话、灵活、和谐、建设性批评，以及文化融合、协作、互补和健康发展的基础之上。

3 南方高等教育的科学、技术和标准

自从以前被殖民的大多数国家获得独立以来，发展中国家的科学技术进步落后是显而易见的。在大多数前欧洲殖民地，以及几个世纪以来与世隔绝的国家，第二次世界大战后的许多因素阻碍了科学发展的前进。在同一时期，所有后来获得“发达”地位的国家在科学技术方面都取得了巨大的进步和重要的里程碑（Arnold，2005）。科技平台的落后阻碍了发展中国家的创新者通过科学技术手段将他们的想法付诸实践。

在这样的背景下，随着新千年的到来，许多发展中国家陷入了严重的经济困境。死亡经济或死经济是指一个国家或地区使用过时或淘汰的

技术和/或设备生产商品和服务，因此产出质量低、生产成本高的产品（Papava，2016; Haskaj，2018）。这些产品在国际市场上的需求量很小或根本没有需求量，使该国成为一个外贸收入很低的新经济体，这反过来又使该国无力负担技术的更新。这就形成了一个恶性循环，使该国要么处于最不发达国家（LDC）地位，要么处于欠发达国家地位。有几项研究指出，导致各国陷入“死亡经济”的原因是，在后铁幕时代世界领先国家之间缺乏工业竞争（Papava，2002，2010，2016；Haskaj，2018）。

尽管许多南方国家（在地理位置上基本上位于热带和海洋地区）陷入了死亡经济，但同一地理区域内的少数国家和地区，如韩国、新加坡和中国台湾地区，在 20 世纪 80 年代和 90 年代摆脱了这种循环，在教育和科学技术方面取得了长足进步（Mechitov et al.，2019; Csizmazia，2017）。另一组来自南方的国家，如马来西亚、泰国、阿拉伯联合酋长国等，在 20 世纪90年代及以后，为摆脱经济陷阱做出了一些值得注意的努力（Thoburn，2009; Dasgupta and Mukhopadhyay，2017; Mishrif and Kapetanovic，2018）。最新的努力可以在越南、印度、卢旺达、埃塞俄比亚、南非和巴西等国观察到（Takeuchi，2019; Shukla，2017; Fforde，2016）。南方国家发现越来越难以摆脱僵化的经济地位，因为它们摆脱恶性循环的举措被推迟了。

4 方法

为了分析南方科学技术进步的状况，我们在本研究中考虑了 3 个国家；斯里兰卡，一个欠发达国家；马来西亚，一个已经获得新工业化国家地位的国家；新加坡，一个发达国家，就科学成就而言。这 3 个国家都有相似的地理特征，到 20 世纪 60 年代末，这 3 个国家的经济、教育和社会地位也很相似。此外，还提取了同一数据库中发表的论文的基本信息。

这 3 个国家在 SCOPUS 数据库中的研究出版物被视为科学成果的一个指标。还有其他一些指标，如知识产权（特别是为商业化而扩展的知识产权），也可以作为今后进行更全面审查的考虑因素。根据 SCOPUS 数据库，我们检索了截至 2021 年 3 月各国排前 10 名的大学发表的研究论文数量。请注意，这些论文包罗万象（不分学科或领域），因此，分析中考虑了所有 SCOPUS 引用的论文。

5 结果和讨论

SCOPUS 数据库分析的结果如表 1 所示。

表 1 中的信息显示，与其他两个国家的大学相比，斯里兰卡排前 10 名大学的研究产出明显较低。它在出版物数量和每百万人口出版物数量方面都远远落后于其他两个国家。

请注意，斯里兰卡已被归类为中等收入国家（而非最不发达国家）。即使在国内，斯里兰卡各大学在发表论文数量方面的成功程度也有很大差异。排名前两位的大学发表的论文占论文总数的 52%，而排名后两位的大学发表的论文不到 3%。换句话说，前两名与后两名的比值约为 18。如此巨大的差异反映出国内科学、技术和创新界之间缺乏协调。这种不健康的状况可能会挫伤底层大学年轻研究人员的积极性（Bianchini，2017）。

表 1 SCOPUS 数据库中 3 个国家的研究出版物数量，其中至少有一位作者来自该研究所（截至 2021 年 3 月）

斯里兰卡		马来西亚		新加坡	
机构	出版物数 / 篇	机构	出版物数 / 篇	机构	出版物数 / 篇
佩拉德尼亚大学	6616	马来亚大学	58610	新加坡国立大学	172661
科伦坡大学	5915	马来西亚普特拉大学	45243	南洋理工大学	123927
莫拉图瓦大学	3419	马来西亚国立大学	45392	科学、技术和研究机构	56094
凯拉尼亚大学	2085	马来西亚科学技术大学	47719	林勇禄医学院	18373
鲁胡纳大学	2189	马来西亚科学技术大学	43261	新加坡中央医院	12809
斯里亚大学	1729	马拉科学技术大学	27346	信息通信研究院	10918

续表

斯里兰卡		马来西亚		新加坡	
机构	出版物数 / 篇	机构	出版物数 / 篇	机构	出版物数 / 篇
贾夫纳大学	809	马来西亚国际伊斯兰大学	14795	国立大学医院	9919
开放大学	550	国油科技大学	14111	新加坡科技局材料与工程研究所	8114
瓦扬巴大学	404	马来西亚玻璃市大学	12184	杜克大学－新加坡国立大学医学院	10741
东方大学	286	马来西亚敦胡先翁大学	12359	陈笃生医院	6637
出版物总数 24002		出版物总数 321020		出版物总数 430193	
人口 2180 万		人口 3270 万		人口 570 万	
每百万人口出版物：1101		每百万人口出版物：9817		每百万人口出版物：75473	
比率 1.0		比率 8.9		比率 68.6	

与新加坡相比，马来西亚的出版物分布更为均匀。虽然马来西亚每百万人口发表论文数量的比例远低于新加坡（但仍远高于斯里兰卡），但马来西亚排名前两位和排名后两位的大学发表论文的比值约为 4.2，比新加坡的 17 高出很多，令人鼓舞。因此，尽管新加坡在每百万人口发表论文数量方面取得了巨大成功，但大学之间的论文数量分布与斯里兰卡并无太大差别。新加坡每百万人口发表论文总数之所以如此之高，主要归功于排名前两位的大学。从长远来看，这种不均匀的分布可能会对在前两所大学之外的其他大学工作的大多数科学家和技术官僚产生不利影响。这种不公平现象表明，新加坡对内部科学、技术和创新外交缺乏重视。

表 2 是通过对联合国名单中每个最不发达国家中表现最好的大学发表的论文数量进行数据分析而编制的。虽然这 46 个国家被归类在同一面旗帜下，但这些国家的研究绩效却有很大差异。乌干达和埃塞俄比亚等大学绩效最高的国家与许多中等收入国家不相上下。例如，这两个国家的数字几乎是斯里兰卡的两倍。另外，在 29 个国家（63%）中，表现最好的大学在其整个生命周期中发表的 SCOPUS 引用论文不到 1000 篇。即使是埃塞俄

比亚、索马里、乌干达和刚果民主共和国等邻国也是如此。根据发表论文的数量，孟加拉国和缅甸的表现也存在巨大差异。

表 2　在 SCOPUS 数据库中，最不发达国家表现最好的大学发表的研究论文数量，其中至少有一名作者来自该研究所（截至 2021 年 3 月）

（单位：篇）

低于 100	100 — 1000	1000 — 5000	5000 — 10000	10000 以上
海地	马里	坦桑尼亚	孟加拉国	乌干达
索马里	尼日尔	赞比亚	塞内加尔	埃塞俄比亚
吉布提	柬埔寨	贝宁湾	苏丹	—
中非	塞拉利昂	卢旺达	尼泊尔	—
几内亚	莱索托	冈比亚	马拉维	—
毛里塔尼亚	老挝	莫桑比克毛纱罗	—	—
帝汶岛	刚果	也门	—	—
基尔巴蒂	缅甸	布基纳法索	—	—
科摩罗	几内亚比绍	马达加斯加岛	—	—
图瓦卢	布隆迪	多哥	—	—
圣多美	安哥拉			
—	南苏丹			
—	阿富汗			
—	乍得			
—	不丹			
—	埃雷特里亚			
—	利比里亚			
—	所罗门群岛			

6　南南科学、技术和创新外交：需求与模式

根据第 3 节提供的事实和数据，我们建议有必要为科学、技术和创新部门的各利益相关方建立稳固的互动平台，以共同实现个人目标和共同目

标。这些平台应建立在坚实的科学、技术和创新外交臂膀之上，这样科学家、技术人员和创新者才能在工作中避免不必要的政治摩擦、文化和宗教敌意，以及由于错误/恶意沟通造成的不应有的进展延误（Jacobsen and Olšáková，2020）。在过去的几十年中，南亚地区进行了许多此类尝试，如斯里兰卡国家科学技术委员会推动的跨学科对话和科学外交计划。近年来，印度、巴基斯坦和孟加拉国也开展了类似的活动。南亚区域合作联盟地区的孟加拉湾多部门技术和经济合作倡议（BIMSTEC）就是一个很好的例子，表明了具有类似利益和需求的国家集团所做出的地区性共同努力。

许多邻国，特别是非洲和南亚/东南亚国家，经常发现自己陷入长期复杂的政治局势之中。显然，这些大多是南南问题，而非南北冲突，尽管几乎所有南南冲突中都经常能感受到北方国家无形而不可战胜的渗透力（Weidmann，2015）。这种外交敌意实实在在地为科技创新部门设置了不可逾越的障碍。

由于国际/地区政治在国家间外交关系中发挥着至关重要的作用，不仅会影响外部事务，也会影响内部事务，因此，如果没有政府干预，就无法在国家层面建立科学、技术和创新外交（Epping，2020; Turchetti and Lalli，2020）。因此，尽管如此，每一个利益相关者，学术界、研究员、工程师、技术官僚、创新者和投资者，需要积极参与在特定国家（从而在该地区）实施的科学、技术和创新外交，政府应始终在这方面采取主动（Epping，2020）。在后新型冠状病毒感染疫情时代，随着美国及其盟国与中国、朝鲜和伊朗之间政治与商业摩擦的升级，全球格局正在发生迅速变化，各国政府，无论其在国际外交版图中的地位如何，都应支持本国科学界培育本国的科学、技术和创新外交（Lopez-Verges et al.，2021; Mencía-Ripley et al.，2021; Turchetti and Lalli，2020）。

一个南方国家的政府在建立、实践和促进科学、技术和创新外交方面的理想角色是什么？这个问题的确切答案是，作为公民中科学、技术和创新外交的倡导者、导师和促进者，科学、技术和创新外交在国家的各个部门和方面都很普遍。政府在这方面的愿景应该是通过科技发展促进经济繁荣，使创新者能够随时利用本地、地区和全球的知识、技能和设施将他们的理念付诸实践。为实现这一目标，我们提出了以下并行途径。

6.1 采取灵活、友好和更新的外交政策

在现代世界，政治外交与科学外交密不可分。如果本国与其他国家之间的外交关系不健康，科学界就无法与其他国家的科学家同行打交道。即使稍微减少政治外交的僵化，也可以显著提高科学进步。印度—巴基斯坦制药合资企业就是一个很好的例子，它在新型冠状病毒感染大流行期间为两国带来了巨大利益（Ahmed and Batool，2014; Wang et al.，2020）。

南方的地区科学技术强国应该重新定义其外交框架，让他们对帮助邻国承担更多责任（Hendricks and Majozi，2021; Onuki et al.，2016）。大多数情况下，印度、南非和巴西等南方地区的科技巨头规模庞大，与几个国家有政治边界。靠近这些边界的政治分裂社区有许多文化和社会共性。聪明的政府有责任利用这些共同特征，通过在一个平台上解决所面临的共同问题（农业经济问题、金属和矿山、基于共同水团的工业、媒介传播疾病等），推动跨境科学、技术和创新外交。

在东南亚复杂的政治场景中，尚不清楚是发达的小国新加坡，还是拥有相当发达的科学基础设施但属于“南方国家”的大国马来西亚，将发挥主导作用。然而，在东南亚地区的科学、技术和创新发展方面，向新加坡寻求一些指导将是一个明显的优势，因为这是一个小国在几十年内取得重大发展，而邻国却远远落后的罕见情况（Yeung，2011）。然而，一个地区的邻国往往会决定自己的指导者，而这一决定将在很大程度上取决于地区和国际政治气候。还应该指出的是，根据第 3 节中对出版记录的分析，新加坡需要反思本国各机构间科技成果分配不均的问题。

在上述框架下，南方政府在制定或重新制定外交政策，特别是与邻国的外交关系时，应高度重视科学、技术和创新外交。即使在政治前沿取得积极进展，也应为各自国家的科学界保留一定的空间，使其有一定程度的联合行动自由（Flink and Schreiterer，2010）。这种情况的一个例子是印巴制药合资企业。我们建议，类似的印度和中国合资企业本可以在遏制新型冠状病毒感染疫情方面取得更好的成绩。

6.2 理解南南和南北科学、技术和创新外交的差异

最常见的情况是，北方和北方的科学、技术和创新合作和双边协议是由相关方制定的，目的是巩固科学技术垄断，提高产品优势，扩大市场份额。通过这些市场份额，各国可以共同增强对其他国家，特别是南方的软实力。对七国集团的外交战略，以及发达国家之间的其他双边和多边协议的仔细调查揭示了这一意图（Laporte and Mazzara，2021; González，2021; Grincheva and Lu，2016）。在利益相关者由南北混合或更多南方主导的联盟中，如 G20 和金砖国家，这种获取软实力的意图会减弱（Laporte and Mazzara，2021; González，2021; Grincheva and Lu，2016）。大多数情况下，南北合作和双边协议似乎是单向的，即从北方到南方的利益流动。但是，仔细分析就会发现，从长远来看，南方合作伙伴会遇到许多弊端，如人才密集外流、陷入基础研究的困境、在科学技术方面过度依赖北方合作伙伴，以及成为北方的市场并带来许多贸易弊端。如果不谨慎处理科学技术合作协议，南方伙伴甚至可能最终陷入死亡经济（El Saghir et al.，2020; Botezat and Ramos，2020）。

然而，应该提到的是，尽管在现代有上述意图，但在 20 世纪 60 年代，当国际互动不断扩大时，南北科学、技术和创新关系开始了，以加强公民的能力，旨在为境外利益相关者创造更好的生活（Flink and Schreiterer，2010）。

有鉴于此，南南科学、技术和创新外交的发展应真正着眼于提升全球科学、技术知识和技能，促进创新型人才通过先进的科学、技术实现自己的梦想。不可避免的是，所有利益相关方都希望增强自己对他人的软实力，尤其是在贸易事务中（Petrone，2019），然而，在行使这种实力时，尤其是对南方成员，应该有道德上的限制。对邻国过度使用软实力可能会导致许多负面趋势，如工业间谍、团队参与者之间（区域内）的竞争、表面下的摩擦、知识隐藏，最终导致双边或多边协议的彻底崩溃。

6.3 对国际科学、技术和创新合作态度的转变

几十年来，南方国家一直被这样一种观念所浸染，即富国应在伙伴关系中提供总支出，以提高穷国的科学、技术水平。这种心理是过去几十年来北方可以开发南方人力资源和自然资源的原因之一。在大多数源自北方的国际和双边资助项目中，瑞典国际开发署（SIDA）、法国海外合作署（SAREC）、国际科学计划（ISP）、挪威发展合作署（NORAD）、GAC（前身为加拿大国际开发署）、伊拉斯谟世界大学（Erasmus Mundus）、富布赖特大学（Fulbright）、柏林洪堡大学（Humboldt）、德国学术交流中心（DAAD）、蒙博索大学（Mombusho）、共同财富大学（Common Wealth）等都为入选学者提供所有费用。现在是转变这种模式的时候了，南方国家的政府至少应承担起为交流项目提供部分资金的责任，这样国家和学者都能获得自尊与自信。在需要大量拨款的情况下，各国应将这种财政捐助视为年度国家预算的组成部分。

同样重要的是，南方政府应建立金融平台，通过双边或多边协议邀请南方其他国家（甚至北方）的学者前往各自国家。目前，只有印度、南非和巴西等少数国家为这种做法提供便利。金砖国家的其他国家，如中国和俄罗斯有一个长期的传统，即用全部或部分资金邀请来自世界各地的学生。然而，这两个经济巨头应该被归类为南方还是北方还不明确。

从长远来看，南方为南南和南北交流项目提供同等或至少部分的资金支持，将为科学、技术和创新外交增添极高的价值。这可以形象地比喻为向国家体育运动项目提供资金，其长期间接收益是巨大的。

6.4 将科学、技术和创新外交纳入高等教育课程

科学、技术和创新外交是通过区域和国际合作促进一个国家科学、技术和创新的有力工具。这是一个快速发展的当代领域，现在已经成为一个结构良好的多学科学科流，尽管它在新千年到来时已经开始作为一个高度专业化的狭窄学科，由一批选定的学者和专业人士实践（Mauduit and Soler，2020; Fähnrich，2017; Leijten，2017）。

科学、技术和创新外交适用于各级沟通平台，从最高外交代表团到个

人研究员级别。因此，与数学和信息技术一样，科学、技术和创新外交是每个科学家和技术官僚都应该掌握的知识和技能。因此，有人提议，如果不是在本科生阶段，至少在研究生阶段，科学、技术和创新外交应该作为核心单元或核心单元的一部分（如研究方法论）引入课程，这样每个毕业生都将获得如何在国际论坛上与科学家同行打交道的基本知识。一个国家越早采取强制培训科学、技术和创新外交方面的早期职业科学家和年轻外交官的战略，该国就越有可能在理解和加强科学、技术、创新与外交事务之间的联系和互动方面取得成功，从而更好地应对全球挑战。

莫迪伊特（Mauduit）和索莱尔（Soler）（2020）发表了将科学、技术和创新外交教学大纲纳入研究生阶段所有科学学科主流的观点。正如他们所指出的，目前，即使是在北方，大多数高等教育机构也是通过选修软性课程、课外活动、自行或集体组织的活动（讲习班、研讨会和会议）来引导学生学习科学、技术和创新外交，而这些活动都是非正式的，通常也是非学术性的。即使在这种情况下，相关学生群体也仅限于政治学、人类行为科学等少数社会科学领域（Fähnrich，2017）。20 世纪 90 年代，人们认识到信息技术是一种全方位的学科工具，并将其作为许多学科流的必修学习单元。与此类似，科学、技术和创新外交也需要被确定为研究生阶段的必修课程模块。

6.5 与国际机构协调促进科学、技术和创新外交

过去 10 年间，一些非政府或政府间国际组织率先推动科学、技术和创新外交。例如，世界科学院（TWAS）、阿卜杜勒—萨拉姆国际理论物理中心（ICTP）、不结盟国家和其他发展中国家科学和技术中心（NAM S&T Center）和联合国教科文组织（UNESCO）。这些组织在国际 / 地区层面开展了许多短期项目（研讨会、会议、培训项目、暑期学校等）。通过这些项目，它们在该领域积累了丰富的经验，并确定了该领域的关键资源。因此，南方国家政府与这些组织合作或建立伙伴关系，发展各自国家的科技创新外交知识能力，将是非常有利的。尽管这些组织的各国协调中心在使这些活动取得成功方面发挥了作用（通常是被动的作用），但很少发现政府机构自己

主动组织这类活动。因此，我们建议在更高的权力层面做出决定（政策层面），以确保相关政府机构积极主动地继续努力促进地区和全球的科学、技术和创新外交。

7 结论

我们提出，科学、技术和创新外交是现代世界科学舞台的一个组成部分，在现代世界，一个国家要处于科学技术前沿，必须进行区域和全球合作。对少数国家出版记录的分析表明，不仅区域和国际科学和谐，甚至南部某个国家的研究机构之间的内部资源共享，都是提高该国科学技术产出的强制性要求。因此，科学、技术和创新外交在内外科学事务中都发挥着至关重要的作用。

该研究指出，各国政府，特别是南方国家政府，迫切需要特别关注科学技术界科学、技术和创新外交技能的发展，并支持创新者通过区域和国际合作实现其理念。我们提出了 5 个必要的程序，南方每个国家都可以采用这些程序，以确保它们处于现代科学技术世界的前沿。这些建议越早被采纳，南方国家达到科学技术高峰的机会就越大。

感谢威特沃特斯兰德大学电气与信息工程学院为本研究的成功提供了查阅文献和其他资料的便利。非常感谢新德里不结盟运动和其他发展中国家科学和技术中心邀请作者撰写本文，并在撰写过程中给予了大力支持。

参考文献

Ahmed V，Batool S（2014）India–Pakistan trade: A case study of the pharmaceutical sector，Working Paper，No. 291，Indian Council for Research on International Economic Relations（ICRIER），New Delhi.

Mencía-Ripley A，Jiménez J A et al（2021）Decolonizing science diplomacy: a case study of the Dominican Republic's COVID–19 response. Front Res Metr Anal

6:1https://doi.org/10.3389/frma.2021.637187.

Arnold D（2005）Europe，technology，and colonialism in the 20th century. Hist Technol 21（1）:85–106. https://doi.org/10.1080/07341510500037537.

Baarsch F，Granadillos J R，Hare W et al（2020）The impact of climate change on incomes and convergence in Africa. World Dev 126:104699.https://doi.org/10.1016/j.worlddev.2019.104699.

Bax N J，Appeltans W，Brainard R et al（2018）. Linking capacity development to GOOS monitoring networks to achieve sustained ocean observation. Front Mar Sci 5（Sept）:346. https://doi.org/10.3389/fmars.2018.00346.

Bianchini J A（2017）Equity in science education. In: Taber KS，Akpan B（eds）Science education. New directions in mathematics and science education. Sense Publishers，Rotterdam. https://doi. org/10.1007/978–94–6300–749–8_33.

Botezat A，Ramos R（2020）Physicians' brain drain–a gravity model of migration flows. Glob Health 16:7. https://doi.org/10.1186/s12992–019–0536–0.

Claassen M，Zagalo–Pereira G，Soares–Cordeiro AS et al.（2019）Research and innovation cooperation in the South Atlantic Ocean. South Afr J Sci 115（9–10）: 1–2. https://doi.org/10.17159/sajs. 2019/6114.

Csizmazia R A（2017）Comparison of economic and education development in Singapore and South Korea. Int J Acad Res Bus Soc Sci 7（11）:488–508. https://doi.org/10.6007/IJARBSS/v7–i11/3488.

Dasgupta P，Mukhopadhyay K（2017）The impact of the TPP on selected ASEAN economies. Econ Struct 6:26. https://doi.org/10.1186/s40008–017–0086–7.

Docquier F，Ozden Ç，Peri G（2013）The labour market effects of immigration and emigration in OECD countries. The Econ J 124（579）:1106–1145. https://doi.org/10.1111/ecoj.12077.

Docquier F，Kone Z L，Mattoo A，Ozden C（2019）Labor market effects of demographic shifts and migration in OECD countries. Eur Econ Rev 11: 297–324. https://doi.org/10.1016/j.euroecorev.2018.11.007.

Doğan E Ö，Uygun Z，Akçomak I S（2020）Can science diplomacy address the global climate change challenge? Environ Policy Gov 31（1）:31–45. https://doi.

org/10.1002/eet.1911.

Eddington S M, Corple D, Buzzanell P M (2020) Addressing organizational cultural conflicts in engineering with design thinking. Negotiation Confl Manage Res 13:263–284https://doi.org/10.1111/ncmr.12191.

Epping E (2020) Lifting the smokescreen of science diplomacy: comparing the political instrumentation of science and innovation centres. Humanit Soc Sci Commun 7:111. https://doi.org/10.1057/s41599-020-00599-4.

Fähnrich B (2017) Science diplomacy: investigating the perspective of scholars on politics-science collaboration in international affairs. Public Underst Sci 26 (6) :688–703. https://doi.org/10.1177/0963662515616552.

Fforde A (2016) Vietnam: economic strategy and economic reality. J Curr Southeast Asian Aff 35 (2) :3–30. https://doi.org/10.1177/186810341603500201.

Flink T (2020) The sensationalist discourse of science diplomacy: a critical reflection. Hague J Dipl 15 (3) :359–370. https://doi.org/10.1163/1871191X-BJA10032.

Flink T, Schreiterer U (2010) Science diplomacy at the intersection of S&T policies and foreign affairs: toward a typology of national approaches. Sci Publ Policy 37 (9) :665–677https://doi.org/10.3152/030234210X12778118264530.

González A (2021) An agenda for the G20 to reset global trade cooperation. IAI Comment 21.

Grincheva N, Lu J (2016) . BRICS summit diplomacy: constructing national identities through Russian and Chinese media coverage of the fifth BRICS summit in Durban, South Africa. Glob Med Commun 12 (1) :25–47https://doi.org/10.1177/1742766515626827.

Haskaj F (2018) From biopower to necroeconomies: neoliberalism, biopower and death economies. Philos Soc Crit 44 (10) :1148–1168. https://doi.org/10.1177/0191453718772596.

Hendricks C, Majozi N (2021) South Africa's international relations: a new dawn. J Asian Afr Stud 56 (1) :64–78. https://doi.org/10.1177/0021909620946851.

Jacobsen L L, Olšáková D (2020) Diplomats in science diplomacy: promoting scientific and technological collaboration in international relations. Spec Issue: Dipl

Sci Dipl Promot Sci Technol Collab Int Relat Hist Sci Humanit 43（4）:465–472. https://doi.org/10.1002/bewi.202080402.

Körner H（Jan/Feb 1998）The "Brain Drain" from developing countries–an enduring problem. Intereconomics 33（1）.

Laporte G, Mazzara V（2021）Advancing the 2030 agenda post–Corona: what role for the G20 Italian Presidency? IAI Comment 21.

Legrand T, Stone D（2018）Science diplomacy and transnational governance impact. Br Polit 13:392–408. https://doi.org/10.1057/s41293–018–0082–z.

Leijten J（2017）Exploring the future of innovation diplomacy. Eur J Futures Res 5:20. https://doi.org/10.1007/s40309–017–0122–8.

Lopez–Verges S, Urbani, B, Rivas, DF et al（2021）Mitigating losses: how science diplomacy can address the impact of COVID–19 on early career researchers, SOC ARXIV. https://doi.org/10.31235/osf.io/f9tsw.

Mauduit J–C, Soler M G（2020）Building a science diplomacy curriculum, frontiers in education 5:138. https://doi.org/10.3389/feduc.2020.00138.

Mechitov A, Moshkovich H, Springer L（2019）Economic success story South Korean way. J Int Financ Econ 19（3）:5–16.

Mishrif A, Kapetanovic H（2018）Dubai's model of economic diversification. In: Mishrif A, Al Balushi Y（eds）Economic diversification in the gulf region, Volume II. The political economy of the Middle East. Palgrave Macmillan, Singapore. https://doi.org/10.1007/978–981–10–5786–1_5.

Ngoma A L（2013）The determinants of brain drain in developing countries. Int J Soc Econ 40（8）:744–754. https://doi.org/10.1108/IJSE–05–2013–0109.

Ochanja N C, Ogbaji O A（2014）The G8 and development in third world countries in the 21st century: the African perspectives. Int Aff Glob Strateg 21:23–32.

Onuki J, Mouron F, Urdinez F（2016）Latin American perceptions of regional identity and leadership in comparative perspective. ContextoInternacional 38（1）:433–465. Epub May 17, 2016. https://doi.org/10.1590/S0102–8529.2016380100012.

Papava V（2002）Necroeconomics–the theory of post–Communist transformation of an economy. Int J Soc Econ 29（10）:796–805. https://doi.org/10.1108/03068290210444421.

Papava V（2016）Technological backwardness–global reality and expected challenges for the world's economy，Expert Opinion 70. Georg Found Strateg Int Stud. https://doi.org/10.13140/RG.2.2.30361.21604.

Papava V G（2010）The problem of zombification of the postcommunist necroeconomy. Probl Econ Transit 53（4）:35–51. https://doi.org/10.2753/PET1061–1991530403.

Paprotny D（2021）Convergence between developed and developing countries: a centennial perspective. Soc Indic Res 153:193–225. https://doi.org/10.1007/s11205–020–02488–4.

Petrone F（2019）BRICS，soft power and climate change: new challenges in global governance? Eth Glob Polit 12（2）:19–30. https://doi.org/10.1080/16544951.2019.1611339.

Polejack A，Gruber S，Wisz M S（2021）Atlantic Ocean science diplomacy in action: the pole–to–pole All Atlantic Ocean Research Alliance. Humanit Soc Sci Commun 8:52. https://doi.org/10.1057/s41599–021–00729–6.

Rispoli G，Olšáková D（2020）Science and diplomacy around the earth: from the Man and biosphere programme to the international geosphere–biosphere programme. Hist Stud Nat Sci 50（4）:456–481. https://doi.org/10.1525/hsns.2020.50.4.456.

El Saghir N S，Anderson B O，Gralow J et al（2020）Impact of merit–based immigration policies on brain drain from low– and middle–income countries. JCO Glob Oncol 6:185–189https://doi.org/10.1200/JGO.19.00266.

Shukla S（2017）Innovation and economic growth: a case of India. Humanit Soci Sci Rev 5（2）. https://doi.org/10.18510/hssr.2017.521.

Takeuchi S（2019）Development and developmentalism in post–genocide Rwanda. In: Takagi Y，Kanchoochat V，Sonobe T（eds）Developmental state building. Emerging–economy state and international policy studies. Springer，Singapore. https://doi.org/10.1007/978–981–13–2904–3_6.

Thoburn J（2009）Vietnam as a role model for development，WIDER Research

Paper, No. 2009/30, ISBN 978-92-9230-201-6. The United Nations University World Institute for Development Economics Research (UNU-WIDER), Helsinki.

Turchetti S, Lalli R (2020) . Envisioning a "science diplomacy 2.0" : on data, global challenges, and multi-layered networks. Humanit Soc Sci Commun 7:144. https://doi.org/10.1057/s41599-020- 00636-2.

Turekian V (2018) The evolution of science diplomacy. Spec Issue: Sci Dipl Glob Policy 9:S3. https://doi.org/10.1111/1758-5899.12622.

Vega-Muñoz A, Gónzalez-Gómez-del-Miño P, Espinosa-Cristia JF (2021) Recognizing new trends in brain drain studies in the framework of global sustainability. Sustainability 13:3195. https://doi.org/10.3390/su13063195.

Wang W, Wu Q, Yang J et al (2020) Global, regional, and national estimates of target population sizes for covid-19 vaccination: descriptive study BMJ 371:m4704. https://doi.org/10.1136/bmj. m4704.

Weidmann N B (2015) Communication, technology, and political conflict: introduction to the special issue. J Peace Res 52 (3) :263-268. https://doi.org/10.1177/0022343314559081.

Yeung H W (2011) From national development to economic diplomacy? Gov Singap Sover Wealth Funds Pac Rev 24 (5) :625-652. https://doi.org/10.1080/09512748.2011.634076.

科学、技术和创新外交对强化科学和技术基础的作用

印度在实现可持续发展目标的南南合作中的作用

吉约蒂·沙玛，桑吉夫·库马尔·瓦什尼[①]

摘要：与大多数国家一样，印度致力于落实联合国 2030 年可持续发展议程。人们普遍认为，仅靠南北发展合作模式不足以让发展中国家实现相关可持续发展目标（SDGs）的宏伟目标。新型冠状病毒感染大流行进一步凸显了南南合作（SSC）对促进面临类似挑战的国家发展互补能力的重要性。南南合作将通过交流经验、分享最佳做法和技术专长，促进和加强发展中国家的集体自力更生。作为“邻国优先”“东方行动”和“印非伙伴关系”等外交政策倡议的一部分，印度努力与邻国保持良好关系，并希望在南南合作中发挥积极作用，根据其他国家的需求和优先事项向其提供技术和财政援助。因此，在过去 10 年中，印度参与南南合作的力度成倍增加。

① 吉约蒂·沙玛，桑吉夫·库马尔·瓦什尼
国际合作处（ICD），科学技术司，印度政府科学技术部，新德里，印度
电子邮箱：skvdst@nic.in

维努戈帕兰·伊特科特，贾斯迈特·考尔·巴韦贾（主编），发展中国家的科学、技术和创新外交，发展研究

https://doi.org/10.1007/978-981-19-6802-0_13

南南合作对实现可持续发展目标，以及促进地区和平与稳定至关重要。然而，有必要建立有效的机制，对南南合作的成效进行控制监测。

关键词：可持续发展目标；南南合作；南北合作；印度

1 引言

印度一直在为实现联合国所有会员国于 2015 年通过的 17 个可持续发展目标（也称为全球目标）① 发挥积极作用。制定可持续发展目标是战胜贫困、保护地球、不让任何人掉队的通用措施。这需要实现许多改变生活的东西归“零”，包括贫困、饥饿、危及生命的疾病和性别差异。所有提出的 17 个可持续发展目标都是有凝聚力的，并相互依赖以实现可持续增长。

除了《2030 年议程》及其可持续发展目标,《仙台减少灾害风险框架》②《巴黎气候变化协定》③ 和《亚的斯亚贝巴发展筹资行动纲领》④ 也承认南南合作在全球发展中的关键作用。专家透露，仅依靠南北发展合作模式不足以让发展中国家实现可持续发展目标中的大胆目标。在发达国家重申根据《2030 年议程》向发展中国家提供支持的义务的同时，人们也越来越认识到通过南南合作和三角合作（SSTC）在发展中国家之间，以及与发展中国家建立新伙伴关系的重要性和潜力。在此背景下，作为对传统发展合作的重要补充，可持续发展目标一直在加强促进南南合作的努力。它代表了南方各国人民和国家的共同愿景。这种愿景是由密切的历史事实、相似的发展道路，以及面临的共同的挑战所形成的。每个国家都有自己的优势，可

① https://www.undp.org/content/undp/en/home/sustainable-development-goals.html.

② https://www.undrr.org/publication/sendai-framework-disaster-risk-reduction-2015-2030.

③ https://unfccc.int/process-and-meetings/the-paris-agreement/what-is-the-paris-agreement.

④ https://www.un.org/esa/ffd/ffd3/wp-content/uploads/sites/2/2015/07/DESA-Briefing-Note Addis-Action-Agenda.pdf.

以共同寻找和分享既具有成本效益又更容易适应各国独特国情的解决方案。

本文强调了技术、实践、经验和知识共享的重要性，以促进基于需求的解决方案的使用，以及印度通过南南合作与其他发展中国家的科学技术合作，实现可持续发展目标。

2 为什么要进行南南合作

南南合作并不表示是在地图上属于地理南方的国家之间的合作。然而，根据这些国家的发展指数，它们被视为南南合作国家。例如，古巴和中亚五国（Central Asian Republics）属于南南合作，但地处北半球。然而，新西兰和澳大利亚属“全球北方”，但地处南半球。

南南合作的主要目标是通过交流经验、分享最佳做法、利用技术专长和发展互补能力，促进和加强发展中国家的集体自力更生。这种合作对加强发展中国家共同确定和分析核心发展活动并发展应对这些活动的必要战略的能力是必要的。只有建立一个利用现有技术能力和可用资源的共同平台，才能做到这一点。南南合作是加强发展中国家之间有效沟通的一种前进方式，有助于提高对共同问题的认识，并在解决发展问题方面创造新知识。南南合作还有助于使发展中国家在更大程度上参与国际经济活动，并扩大未来的国际合作。

南南合作不是替代，而是补充南北发展合作，是发展中国家相互协助开展气候行动和追求实现可持续发展目标的重要手段。“全球南方”的许多国家拥有丰富的本土知识和传统技术，这些知识和技术对实现可持续发展目标至关重要。“全球南方”拥有丰富的生物量和各种各样的方法与技术，可以将生物量用于低排放能源解决方案，提高农业和工业的资源效率，加强粮食安全，创造就业机会，减少性别不平等。[①] 南方的大多数发展中国家

① https://www.unsouthsouth.org/2020/08/11/south-south-and-triangular-cooperation-on-the-bioeconomy-in-light-of-the-paris-agreement-and-the-2030-agenda-for-sustainable-development/.

都很适应类似的地理气候、文化和社会经济条件。

印度在南南合作中的作用

印度愿意与邻国保持良好关系，并希望在南方合作中取得重大进展。以下是印度积极参与并为建设研发能力和加强机构做出贡献的主要区域举措和计划。

不结盟运动（NAM）——https://www.britannica.com/topic/Non-Aligned Movement

东南亚国家联盟（ASEAN）——https://asean.org

南亚区域合作联盟（SAARC）——https://saarc-sec.org/

孟加拉湾多部门技术和经济合作倡议（BIMSTEC）——https://bimstec.org

巴西、俄罗斯、印度、中国和南非（BRICS）——https://infobrics.org/

印度、巴西和南非（IBSA）——http://www.ibsa-trilateral.org/about_ibsa.htm

上海合作组织（SCO）——http://eng.sectsco.org

印度—太平洋倡议（IPOI）——https://mea.gov.in/Portal/ForeignRelation/Indo_Feb_07_2020.pdf

印度科学与研究奖学金（ISRF）计划——https://dst.gov.in/sites/default/files/ISRF-Brochure-Application-format.pdf

印度—非洲科学技术合作——http://ris.org.in/pdf/India%20Africa%20Cooperation%20on%20S&T%20&%20Innovation.pdf

印度在该地区采取了其他政策举措，涉及几个区域论坛，如：

东盟国防部长会议——https://asean.org/asean-political-security-commun ity/asean-defence-ministers-meeting-admm/

东盟区域论坛（ARF）——http://aseanregionalforum.asean.org

亚欧会议（ASEM）——https://www.aseminfoboard.org/

东亚峰会（EAS）——https://asean.org/asean/external-relations/east-asia-summit-eas/

扩大的东盟海事论坛（EAMF）—— https://www.ris.org.in/aic/chairman%E2%80%99s-statement-1st-expanded-asean-maritime-forum-manila

2.1.1 不结盟运动（NAM）

不结盟运动是一个国际组织，于1961年根据1955年万隆会议商定的原则成立，致力于代表120个发展中国家的利益和愿望。此举是印度总理与第三世界新独立国家的其他领导人（阿富汗、印度尼西亚、埃及和南斯拉夫的总统）的倡议，目的是“防范”复杂的国际局势，要求不与美国或苏联这两个对抗的超级大国中的任何一个结盟。印度总理的不结盟理念为印度在新独立国家中带来了相当大的国际声望。不结盟国家的主要目标侧重于支持各国的自决、民族独立和主权，以及领土完整。为了促进不结盟国家之间的科学技术发展，1985年2月在美国纽约举行的不结盟国家全权代表会议，以协商一致的方式通过了不结盟国家和其他发展中国家科学和技术中心（不结盟运动科技中心）章程，随后于1989年8月在印度新德里成立了该中心（http://www.namstct.org/about.html）。印度是不结盟运动科学和技术中心的创始成员国，也是新德里总部的东道国。目前，共有47个国家的政府部门/部委和科学技术机构为代表加入了该中心。马来西亚是不结盟运动科学和技术中心第十四届理事会主席。

根据章程，该中心的目标和职能包括促进不结盟国家和其他发展中国家的科学家、技术人员和科学组织之间的互利合作；帮助建立国家和地区中心之间的联系；充当有关各国技术能力的信息交流中心，以促进各国之间的技术合作和技术转让；维持一个高水平科学技术专家库，以便成员国利用他们的服务；鼓励和促进联合研究与发展项目、国际讲习班、培训计划，以及在选定的特别相关领域以双边或多边方式向发展中国家的科学家和技术人员提供短期研究基金；编写最新报告等。

迄今为止，该中心已组织了120次此类科学活动，近6000名参与者从中受益，提供了380多份研究基金，出版了86本关于各种科学和技术主题的高质量书籍。此外，该中心通过不结盟运动科学技术产业网络鼓励发展中国家的科学研究与发展产业互动。在其成立的过去 30 年中，该中心已成为通过科学技术介入促进南南和南北合作的顶尖机构。

2.1.2 印度与东南亚国家联盟（ASEAN）的关系

东南亚国家联盟简称东盟，是一个区域性政府间组织，于 1967 年 8 月 8 日在泰国曼谷成立，由 10 个国家组成。它们是文莱、柬埔寨、印度尼西亚、老挝、马来西亚、缅甸、菲律宾、泰国、新加坡和越南。印度与东盟的关系是印度外交政策的一个关键支柱，也是东方行动政策的基础。印度的“向东看政策”已经发展成熟，成为一项充满活力、以行动为导向的“向东行动政策”。这是一项外交举措，旨在从不同层面促进与广大亚太地区的经济、战略和文化关系。

东盟—印度科学技术合作是印度与东盟国家的重要合作之一。这项合作始于 1996 年，涉及农业、科学技术、太空、环境和气候变化、人力资源开发、能力建设、新能源和可再生能源、旅游、人文交流、互联互通和其他双方商定的领域。

东盟—印度中心（AIC）也于 2013 年成立，旨在加强东盟—印度战略伙伴关系，促进印度—东盟在共同利益领域的对话与合作（https://www.aistic.gov.in/ASEAN/HomePage）。该中心旨在与印度和东盟的组织和智囊团开展政策研究、宣传和联网活动，以促进东盟—印度战略伙伴关系的发展。

最初，印度通过东盟—印度基金（AIF）支持所有科学技术合作项目和活动，但在 2008 年，外交部（MEA）和科学技术部（DST）联合设立了一个专门的东盟—印度科学技术发展基金（AISTDF），金额相当于 100 万美元，以支持研发和相关项目的开发。2015 年 11 月，印度总理宣布，东盟—印度科学技术合作组织进一步增加了该基金，规模约 500 万美元。

东盟—印度创新平台是增强 AISTDF 的主要组成部分。

此外，在 2017 年 11 月举行的第六届东盟—印度峰会期间，成立了一个东盟—印度绿色基金，初始捐款为 500 万美元，以支持环境和气候变化、能源效率、清洁技术、可再生能源、生物多样性保护和环境教育等领域的联合活动。根据学生交流计划，每年邀请东盟学生前往印度，为东盟外交官举办特别培训课程，议员交流，东盟学校学生参加全国儿童科学大会，东盟—印度智库网络，东盟—印度知名人士系列讲座，这些都是旨在促进与东盟人文交流的一些计划。这些项目的成功取决于多个层面的协调、合作和经验共享。

2.1.3 南亚区域合作联盟（SAARC）

1958 年 12 月 8 日，阿富汗、孟加拉国、不丹、印度、马尔代夫、尼泊尔、巴基斯坦和斯里兰卡 8 个成员国在达卡签署了《南亚区域合作联盟宪章》，成立了南亚区域合作协会。在 2005 年举行的第 13 届年度首脑会议上，阿富汗成为该联盟的最新成员。南亚区域合作联盟目前有 9 名观察员，即澳大利亚、中国、伊朗、日本、韩国、毛里求斯、缅甸、美国，以及欧盟。协会秘书处于 1987 年 1 月 17 日在加德满都成立。

南亚区域合作联盟的面积占世界的 3%，人口占世界的 21%，经济占全球的 3.8%（2.9 万亿美元）。南亚区域合作联盟框架内的合作应基于尊重主权平等、领土完整、政治独立、不干涉别国内政和互利原则。这种合作不应取代双边和多边合作，而应补充它们。南亚区域合作联盟所有国家都有共同的问题和议题，如贫困、文盲、营养不良、自然灾害、内部冲突、工业和技术落后、国内生产总值低、社会经济条件差，并提高了他们的生活水平，从而创造了有共同解决方案的共同发展和进步领域。

《南亚区域合作联盟宪章》概述的目标是：促进南亚人民的福利，提高他们的生活质量；加快该地区的经济增长、社会进步和文化发展，并为所有人提供有尊严的生活和充分发挥潜力的机会；促进和加强南亚各国的集体自力更生；有助于相互信任、理解和理解彼此的问题；促进经济、社会、文化、技术和科学领域的积极合作和互助；加强与其他发展中国家的合作；在共同关心的问题上加强它们在国际论坛上的合作；与具有类似目标和宗旨的国际和区域组织合作。

2.1.4 孟加拉湾多部门技术和经济合作倡议（BIMSTEC）

BIMSTEC 被设想为一个次区域论坛，于 1997 年 6 月 6 日将南亚和东南亚区域与孟加拉国、不丹、印度、尼泊尔、泰国和斯里兰卡等 7 个国家聚集在一起。它是使印度的“向东行动”政策明确面向印度东北部地区发展进程的论坛之一，已经确定了 14 个优先合作领域，并建立了几个 BIMSTEC 中心来专注于这些领域。常设秘书处设在孟加拉国达卡。在已确定的优先合作领域中，印度在运输和通信、旅游业、环境和灾害管理、反恐和跨国犯罪，以及科学和技术（与斯里兰卡）方面处于领先地位。

建立 BIMSTEC 技术转让设施（BIMSTEC TF）的想法在 BIMSTEC 专家组第 4 次会议上敲定，领导人在 2016 年 10 月果阿举行的务虚会上进一步强调了这一点。拟议在即将举行的首脑会议上缔结一个管理 BIMSTEC 技术转让机制的法律框架和一份由斯里兰卡起草和协调的《组织备忘录》。

2.1.5 巴西、俄罗斯、印度、中国和南非（BRICS）

“金砖四国”一词是高盛集团在 2001 年为 4 个新兴大国创造的词汇。然而，金砖国家最终吸纳了一个来自非洲的大陆国家。金砖国家约占世界人口的 42%，占世界生产总值的 23%，占全球领土的 30%，占全球贸易的 18%，几乎占世界经济增长的 50%。科学技术是在贸易促进、能源、卫生、教育、创新和打击跨国犯罪之外的部门合作领域之一，涵盖 30 多个主题领域，为 5 国人民带来了重要的具体利益。结核病研究网络就是一个例子，旨在以可负担的价格引进高质量的药物和诊断。

2011 年 4 月 14 日，在中国三亚市举行的第三届金砖国家峰会上，萌发了金砖国家科学、技术和创新（STI）合作的理念，支持金砖国家在互利互惠的基础上实现公平增长和可持续发展（https://aistic.gov.in/ASEAN/imrcBRICS）。2015 年 3 月 18 日，金砖国家在巴西巴西利亚市签署了关于科学、技术和创新领域合作的谅解备忘录，以解决金砖国家之间的共同社会经济挑战，共同创造新知识和创新产品、服务和流程。金砖国家科学、技术和创新合作的治理机制包括科学、技术和创新部长级会议、高级官员会议和工作组级会议。

来自 5 个金砖国家的 8 位资助者为金砖国家的研发项目提供了稳定的资金承诺（每年约 1000 万美元），为 10 个主题领域的多边项目提供了资金支持，这些主题最受欢迎：材料科学（包括纳米技术）、生物技术和生物医学、能源、水资源和污染处理。俄、印、中合作项目最多，约 20% 的项目都有来自金砖五国（BRICS）的合作伙伴。这表明研究人员对多边合作有着浓厚的兴趣。金砖国家的 8 个资助机构是巴西国家科学技术发展委员会（CNPq）；俄罗斯——小型创新企业援助基金会（FASIE）、教育和科学部（MoN）、俄罗斯基础研究基金会（RFBR）；印度——科学技术部；中国——科学技术部（MoST）、国家自然科学基金委（NSFC）；南非——国家研究基金会、科学技术部。

迄今为止，金砖国家在巴西组织了 4 次气候变化、预防和减轻自然灾害等领域的专题研讨会 / 工作组会议，以及中国广州的固态照明、南非开普敦的天文学和印度的地理空间技术及其发展应用。

最近，金砖国家就新型冠状病毒感染疫情发起了一项联合研发呼吁，涉及 6 个研究领域。①诊断：开发用于大批量快速诊断的技术 / 检测方法 / 组件；②疫苗和疗法：通过各种技术平台，包括核酸、病毒样颗粒、多肽、病毒载体（复制和非复制）、重组蛋白、减毒活病毒和灭活病毒方法，开发潜在的新型冠状病毒感染候选疫苗；③开发新型冠状病毒感染特定动物模型；④药物重新利用：识别和测试可能减轻新型冠状病毒感染症状严重程度的现有药物；⑤开发与新型冠状病毒感染暴发预防和控制相关的任何其他干预措施 / 技术；⑥人工智能干预、高性能计算（HPC）用于新型冠状病毒感染从疾病监测到诊断等多平台的技术（Sharma and Varshney, 2020a, b）。在该征集活动收到的 111 个项目中，共有 12 个联合项目入选并获得支持。

2021 年 1 月，印度接任金砖国家主席国。金砖国家计划下的所有活动，包括金砖国家青年峰会，都在印度举行。这一机会将有助于印度展示科学实力、前沿研究能力，以及研究机构推广初创企业和黑客马拉松的基础设施。

2.1.6 环印度洋区域合作协会（IORARC）

印度是 IORARC 的创始成员之一，IORARC 于 1997 年 3 月在毛里求斯成立，是印度洋地区的一个区域国家集团。IORARC 是唯一一个将来自三大洲的国家聚集在一起的泛印度洋集团。这些国家拥有不同的规模、经济实力和多种的语言和文化多样性（https://www.iora.int/en/about/about-iora）。目前，它有 22 个成员国——澳大利亚、孟加拉国、科摩罗、印度、印度尼西亚、伊朗、肯尼亚、马来西亚、马达加斯加、毛里求斯、马尔代夫、莫桑比克、阿曼、塞舌尔、新加坡、索马里、南非、斯里兰卡、坦桑尼亚、泰国、阿联酋和也门。对话有 5 个合作伙伴，即中国、埃及、法国、日本和英国，以及两个观察员，即印度洋研究小组（IORG）和阿曼印度洋旅游组织（IOTO）。它旨在为印度洋沿岸地区创造一个贸易、社会经济和文化合作平台。该地区人口约 20 亿人。

环印度洋地区拥有丰富的战略性且珍贵的矿产、金属和其他自然资源、海洋资源和能源。所有这些资源都来自专属经济区（EEZ）、大陆架和深海海底。

IORARC 秘书处设在毛里求斯路易港。IORARC 确定了 6 个优先领域（学术、科学和技术，渔业管理，旅游和文化交流，灾害风险管理，海事安全和安保，贸易和投资便利化）和两个交叉问题（蓝色经济和妇女经济赋权），以进行区域合作。印度是灾害风险管理，以及学术、科学和技术合作的牵头国。印度也是旅游业、海事安全和安保、蓝色经济和妇女经济赋权小组的成员。印度积极参加了环印度洋区域合作协会的各种活动，并在该协会相关主题活动中主办了各种能力建设讲习班和专题研讨会 / 会议。2019 年 11 月，印度在喀拉拉邦高知主办了第二届索马里—也门发展计划，为索马里和也门官员提供渔业政策相关培训（https://mea.gov.in/Portal/ForeignRelation/Indo_Feb_07_20.pdf）。印度还于 2019 年 11 月推出了第一版《国际人道主义援助和救灾行动指南》。印度定期向 IORARC 的发展语料库 IORARC 特别基金捐款。印度将帮助其他成员国建立人力资源开发能力。

2.1.7 印度、巴西和南非（IBSA）对话论坛

印度、巴西和南非对话论坛是一个独特的平台，将 2003 年 6 月 6 日在巴西利亚市举行的外交部长会议上正式确定的印度、巴西和南非等发展中

国家，多文化、多民族、多语言和多宗教国家聚集在一起。论坛的主要目标是将发展中世界的 3 个主要经济体聚集在一起，实现由志同道合的国家组成的南南集团，致力于包容性可持续发展。

印度、巴西和南非的科学技术合作始于 2004 年。从 2010 年起，它受到印度、巴西和南非三方科学、技术和创新合作谅解备忘录的指导（https://aistic.gov.in/ASEAN/imrCBSA）。在印度、巴西和南非峰会，印度、巴西和南非科学技术部长级会议及印度、巴西和南非科学技术工作组的指导下，每个国家为印度、巴西和南非科学技术合作拨款 100 万美元。确定合作的关键领域是卫生（结核病、疟疾、艾滋病毒 / 艾滋病），以及替代能源和可再生能源、本土知识系统、海洋学、生物技术、纳米技术、信息和通信技术等。

除了关于新型艾滋病毒药物、新型药物发现、新型气体传感器、先进材料科学和藻类生物柴油生产的研发项目，还组织了 4 所纳米学校（巴西能源公司、南非卫生与水资源公司和印度先进材料公司等），为来自印度、巴西和南非国家的 150 名年轻研究人员的培训做出了贡献。

2.1.8 上海合作组织（SCO）

上海合作组织是一个常设政府间国际组织，由中国、印度、哈萨克斯坦、吉尔吉斯斯坦、巴基斯坦、俄罗斯、塔吉克斯坦和乌兹别克斯坦 8 个成员国组成；4 个观察员国，即阿富汗、白俄罗斯、伊朗和蒙古；以及 6 个对话伙伴，即阿塞拜疆、亚美尼亚、柬埔寨、尼泊尔、土耳其和斯里兰卡。它由中国、哈萨克斯坦、吉尔吉斯斯坦、俄罗斯、塔吉克斯坦和乌兹别克斯坦于 2001 年 6 月 15 日在中国上海市创建。印度和巴基斯坦于 2017 年 6 月 8—9 日在阿斯塔纳被接纳为该组织的正式成员。《上海合作组织宪章》是 2002 年 6 月在圣彼得堡举行的上海合作组织国家元首会议上签署并于 2003 年 9 月 19 日生效的。宪章是概述本组织目标和原则的基本法定文件。上海合作组织上一次政府首脑会议由印度于 2020 年 11 月 30 日组织，重点是推动该有影响力的组织的贸易和经济议程（The Economic Times，2020a，b）。印度计划在所有 8 个成员国推广科学和技术奖学金，希望借此展示和激发科学活力。

上海合作组织的主要目标是鼓励在政治、贸易、经济、研究、技术和文化领域，以及教育、能源、交通、旅游、环境保护等领域开展有效合作。这是一个多边联盟，旨在确保整个欧亚地区的安全和稳定，以维护和确保该地区的和平、安全与稳定；推动建立民主、公正、合理的国际政治经济新秩序。

2.1.9 印度—太平洋倡议（IPOI）

IPOI 于 2019 年 11 月 4 日由印度总理在泰国曼谷举行的东亚峰会上发起。IPOI 利用现有的区域合作架构和机制，重点关注围绕海洋安全构想的 7 个核心支柱：海洋生态，海洋资源，能力建设和资源共享，减少和管理灾害风险，科学、技术和学术合作，以及贸易连通性和海上运输。

除了上述项目，巴西、智利、古巴、埃及、毛里求斯、墨西哥、缅甸、莫桑比克、秘鲁、泰国、突尼斯、苏丹、斯里兰卡、南非以及中亚五国等国也与印度在科学技术领域开展了双边合作。合作领域包括生物技术、卫生、信息技术、能源、可再生资源，以及基于合作伙伴实力和要求的其他共同感兴趣的研究领域。

3 构筑研发能力，加强机构建设

3.1 印度科学和研究奖学金（ISRF）项目

多年来，印度在加强研发基础设施、建设卓越的能力建设，以及促进知识创造和创新方面取得了进展。通过庞大的顶尖研发机构网络，印度的出版物和初创企业数量已位居世界第三名。印度热衷于与邻国建立伙伴关系，通过先进研发领域的人力能力建设，促进更紧密的科学技术合作。印度科学与研究奖学金旨在为来自阿富汗、孟加拉国、不丹、马尔代夫、缅甸、尼泊尔、斯里兰卡和泰国的研究人员和科学家提供机会，让他们在印度一流的实验室和学术机构从事包括工程和医学在内的所有主要科学技术学科的当代研究领域的研发。印度根据这一计划每年最多发放 80 份研究基金（每个国家 10 份），为期 3—6 个月。

培训计划

印度工业联合会（CII）于 2012 年 7 月在新德里和 2013 年 1 月在古吉拉特邦甘迪纳加组织了两个关于“创新和技术管理”的培训项目。来自非洲 13 个国家的 50 多名候选人参加了培训方案。在高级计算发展中心（CDAC）诺伊达和 CDAC 浦那也组织了其他 IT 部门的培训项目（https://mea.gov.in/infocusarticle.htm?25947/IndiaAfrica+cooperation+in+science+and+Technology++Capacity+Building）。

2012 年 3 月 1—2 日，印度—非洲科学技术部长会议和科学技术博览会在新德里举行。来自 40 多个非洲国家的 150 多名代表出席了会议，其中包括 30 名非洲科学技术部部长、非洲联盟委员会代表和非洲区域经济共同体代表。在这两天里举行了各种圆桌会议，重点讨论了以下领域：科学技术、科学技术促进发展、知识转让和采用，以及共同关心的研究领域的能力建设。会议期间还讨论了负担得起的医疗保健、水技术、气候变化、农业科学、食品加工技术、可再生能源、信息和通信技术，以及科学技术领域的妇女等共同话题。

3.2 金砖国家科技创新创业伙伴关系

在认识到创新的重要性的同时，2016 年第四次金砖国家科学、技术和创新部长级会议提出了金砖国家科学、技术和创新驱动型创业伙伴关系（STIEP）的概念。《金砖国家创新合作行动计划（2017—2020 年）》是在印度的领导下制定的，于 2017 年 7 月 18 日在中国举行的第五届金砖国家科技部长级会议上获得批准，并于 2017 年 9 月 5 日在中国厦门市举行的第九届金砖国家峰会上最终签署。该行动计划的重点是建立科学技术园区、科学技术企业孵化器和中小企业网络，并建立人才库，将想法转化为应对社会挑战的解决方案。还设想在信息和通信技术、卫生、能源、减少自然灾害风险和复原力等领域建立跨文化人才库。印度、巴西、俄罗斯、印度尼西亚和南非（iBRICS）网络的指导委员会已经成立，以进一步推进合作。

3.3 金砖国家青年科学家论坛

金砖国家青年科学家论坛/研讨会是吸引年轻人参与的平台之一，由印度作为秘书处负责协调。印度总理在巴西福塔莱萨市举行的第六届金砖国家峰会上提出了这一想法，并在俄罗斯乌法市举行的第七届金砖国家峰会上得到了认可。上一届金砖国家青年科学家论坛由俄罗斯于 2020 年 9 月在线主办，每个成员国有 8 名青年研究人员参加。这是一个独特的平台，供青年研究人员讨论社会问题，如负担得起的能源解决方案、负担得起的健康等，以及通过科学探索和技术创新解决这些问题。

4 印度—非洲：特别倡议

除了双边交流，印度还致力于通过印非论坛峰会（IAFS）机制与非洲分享其在科学、技术和创新（STI）领域的经验。2008 年，在新德里举行的印非论坛峰会期间，印度总理承诺向非洲提供大量支持，包括宣布印非科学技术倡议是地区发展和一体化的核心组成部分。科学和技术部（DST）与外交部（MEA）合作，与非洲联盟协商，大致勾勒出合作参与的轮廓。其中包括组织印度—非洲部长级科学技术会议、加强非洲的 3 个科技机构、适当技术的技术转让、培训，以及提供拉曼（C.V.Raman）奖学金。

印度认识到，非洲的社会经济转型迫切需要建立熟练的人力资本。印度通过印非论坛峰会的活动，通过非洲联盟、区域经济共同体和双边合作层面，投资与非洲国家的大型合作计划。迄今为止，印非论坛峰会已经举行了两次，第三次峰会因当前的新型冠状病毒感染疫情而推迟。这些首脑会议有助于了解非洲社会现有的挑战并找到创新的解决方案。峰会还促进了探索新的合作动力。印度科学和技术部与世界银行的合作就是这种努力的一个例子。

4.1 泛非电子网络

泛非电子网络是印度在非洲大陆一级支持建设的第一个举措，于 2008 年启动，由印度政府全额资助，金额约为 8000 万美元。该网络有 3 个组成部分：远程教育、远程医疗和特别重要人员连接。48 个非洲国家加入了该连接。该项目旨在为远程教育和远程医疗、互联网、视频会议和 VoIP 服务建立重要联系，向非洲提供印度一些最好的大学和超级专科医院的设施和专业知识。除了通过高度安全的封闭卫星网络在非洲国家元首之间提供 VVIP 连接，该项目还支持非洲国家的电子政务、电子商务、信息娱乐、资源测绘、气象和其他服务。

2017 年 7 月，印度政府停止了通过该网络提供的所有服务，并将其移交给非洲联盟（AU）委员会。非盟委员会随后将达喀尔郊区的网络中心交由塞内加尔政府监管。印度为积极促进和影响非洲国家的社会发展的这一独特举措，构成了印度对非洲的做法和外联工作的一个质量层面。

4.2 拉曼非洲研究人员国际奖学金

拉曼国际非洲研究人员奖学金是科学技术倡议下的旗舰项目之一。它由印度科学技术部和外交部通过印度工商联合会（FICCI）在印非论坛峰会下实施，以通过非洲和印度之间的科学技术合作促进人类能力建设。该奖学金的目的是为非洲研究人员提供一个机会，在印度科学家的指导下，在印度不同的大学和研发机构进行科学技术各个领域的合作研究（http://www.indoafrica-cvrf.in/fellowship.aspx）。这项享有盛誉的奖学金旨在进一步加强印度与非洲国家在科学技术领域的联系。该项目涵盖了生命、地球、农业、兽医、医学、生物技术、自然化学、物理科学、计算机科学、材料科学和工程科学等所有科学领域，包括数学和统计学。迄今为止，CV 拉曼计划共向非洲学者（个人交流）授予了 450 项奖学金。

4.3 非洲卓越中心（ACEs）

印度科学技术部与世界银行的合作将印度领先的研究机构团体［8 所印度理工学院（IIT）和 2 个国家实验室］与世界银行在东非和南部非洲各国设立的非洲卓越中心联系起来（DST，2019）。印度将是首批尝试通过结对模式作为知识提供者与这些非洲卓越中心集体合作的国家之一。作为知识提供者，双方重点关注材料科学和可再生能源等研究领域，水基础设施和管理、环境，信息学与信息和通信技术，以及铁路等研究领域。这项合作将包括师生交流、参观计划、联合研究和课程开发。

4.4 印度—卢旺达创新增长计划（IRIGP）

该双边倡议由印度科学技术部与贸易和工业部（卢旺达政府）下属的国家工业研究与发展局牵头负责落实。这是印度和卢旺达为加强纯粹基于科学、技术和创新的双边关系而提出的第一项此类倡议，旨在满足受援国的需求，并于 2017 年 2 月启动和实施（http://www.ficci.in/initiativepage.asp?sectorid=61&activityDetail_id=20041）。该方案旨在培养技能和创业发展，以创建成功的企业，同时注重具有更广泛社会效益的创新。该方案促进了印度和卢旺达的中小企业的发展，推动了可持续发展目标，同时在印度和卢旺达产生了广泛的社会经济影响。

IRIGP 成功地证明，来自印度且经过验证、稳健、负担得起的技术主导的创新可以被采用和部署，以触发卢旺达的可持续包容性增长。在该试点项目的第一年，来自印度的 11 家企业和机构与卢旺达的 14 家企业和组织在农业生产、食品加工、医疗保健、信息技术和信息计算机技术、皮革和清洁能源等领域进行了配对。在第一年，印度—卢旺达计划还包括 100% 可降解的卫生用品，这对教育女童、通过创造生计机会实现妇女赋权，以及确保女性卫生和健康至关重要。此外，该计划还致力于开发了一个完整的皮革园区，包括整个价值链和最后 1 英里的高速宽带互联网服务，这对满足大众的期望并确保为他们提供服务是必不可少的。印度中央皮革研究所（CLRI）和卢旺达国家工业研究和发展局（NIRDA）也正式签署了建设卢旺达皮革园区的正式协议。

4.5 印度—埃塞俄比亚创新和技术商业化计划（IEITCP）

在印度—埃塞俄比亚科学技术合作方面，针对非洲国家的技术转让启动了一项新计划，即印度—埃塞俄比亚创新和技术商业化（IEITCP）（https://ieitcp.org/）。该计划的目标是通过将埃塞俄比亚工业与印度领先的技术和创新联系起来，满足埃塞俄比亚的社会经济需求。

IEITCP 是在 2019 年 2 月 21—22 日于海得拉巴市举行的 DST-FICCI 全球研发峰会上宣布的。该计划旨在在 5 年内识别和利用 50 项经过验证的印度技术 / 创新模式，并且通过独特而严格的评估过程的筛选，用它们在埃塞俄比亚创建可持续的联合项目 / 合资企业。该计划将创建一个生态系统，让印度的创新和技术企业推动与埃塞俄比亚的 B2B/B2G 商业企业，推动印度和埃塞俄比亚的增长。在第一轮比赛中，13 家印度和埃塞俄比亚公司在 B2B、B2G 和 G2G 平台上根据以下部门签署的 15 项商业合作协议进行了配对：医疗保健、IT/ICT、教育、农业文化、食品加工、可再生能源、水和卫生、环境、林业。

4.6 印度—非洲技术伙伴计划

该计划目标是建立一个机制，促进印度技术向非洲国家的转让，建立长期的科学和技术合作伙伴关系，为印度工业进入非洲市场创造有利的环境，并通过①伙伴关系发展活动 / 研究 / 门户网站建设受援国吸收新技术的能力；②能力建设，即技术管理培训计划和知识产权培训计划；以及③技术转让和部署。

4.7 加强体制

印度正在协助非洲选定的 3 个区域机构，如突尼斯巴斯德研究所、贝宁数学和物理科学研究所、加蓬马苏库科学技术学院，通过发展机构 / 学术联系、培训非洲研究人员和交流技术知识加强体制建设。

5 结论

为实现可持续发展目标，维护本地区所有成员国之间的和平与稳定，南南合作在当今的世界发展格局中发挥着不可或缺的作用（Sharma and Varshney，2020b）。印度一直在通过南南合作向正在进行的和新的项目提供技术与财政援助。2022 年是重要的一年，印度不仅庆祝其独立 75 周年，而且担任上海合作组织、金砖国家和其他一些多边平台的主席国。科学技术将成为其他贸易和经济议程的桥梁。印度的目标是在世界平台上展示其在科学技术领域的实力和存在。2020 年 10 月举行了一次为期一个月的活动，印度总理向发达国家和发展中国家的印度科学界侨民发表了讲话，表明该部门作为实现可持续发展目标的关键之一的优先地位。

通过不结盟运动科学和技术中心的活动，所有成员国都受益匪浅，不仅可以方便地与其他快速新兴经济体分享科技方面的经验和专业知识，还可以实现印度在周边、大周边和亚洲、拉丁美洲、非洲和中东地区的邻国、邻国之邻国和其他国家扩大影响力的愿景，并通过科技和创新外交促进南南合作。除了不结盟运动，东盟在过去 50 年中一直是一个强大的南南合作联盟，它是世界上最具活力和增长最快的地区之一，对区域一体化有着全面的前瞻性安排。

非洲国家以极大的热情接待和欢迎印非科学技术活动。非洲观察家们密切关注印度—卢旺达创新增长计划和印度—埃塞俄比亚创新和技术商业化计划，认为它们是非洲所需的举措范例，可以增强非洲人民的能力，帮助非洲实现可持续发展目标，特别是在教育、卫生部门和创业方面。现在，印度已收到赞比亚等其他非洲国家关于在伙伴关系领导下发展此类创新的建议。

南南合作存在许多挑战和差距。一方面是有必要建立有效的机制来控制和监测南南合作的有效性。另一个重要方面是缺乏能够规范南南合作所有事务的结构。南方所有国家都开始意识到，南南合作正在改变南方人民的生活，是实现可持续发展目标的必要工具。

尽管所有这些合作主要针对经济、政治、文化和技术合作，旨在促进所有发展中国家的公平增长，但科学和技术是这些参与水平的关键组成部分，能实现杠杆式的互利。印度正在通过向邻国提供技术援助、能力建设计划、知识共享、生产合作财政援助和技术转让等方式参与南南合作。这种援助是根据它们的需要和优先事项进行调整的，伙伴国往往认为这是这样的。因此，在过去十年中，印度在南南合作中的作用和期望增加了许多倍。毫无疑问，印度仍然是对南南合作做出重大贡献的主要参与者。

免责声明——本文观点仅代表作者本人，不代表其所属组织。印度科学技术部科学技术司国际合作处（ICD）于新德里。

参考文献

DST（2019）Monthly report March 2019. The department of science and technology. Government of India. http://dst.gov.in/sites/default/files/For%20 DST%20Website.pdf, https://economict imes.indiatimes.com/news/economy/policy/brics-nations-stress-on-improving-environment-pro moting-circular-economy-to-recover-from-covid-19-effects/articleshow/77279527.cms?utm_source=contentofinterest&utm_medium=text&utm_campaign=cppst.

Economic Times（2020a）BRICS nations stress on improving environment, promoting circular economy to recover from COVID-19 effects. The Economic Times. July 31, 2020a. https:// economictimes.indiatimes.com/news/economy/policy/brics-nations-stress-on-improving-enviro nment-promoting-circular-economy-to-recover-from-covid-19-effects/articleshow/77279527. cms?from=mdr.

Economic Times（2020b）India to host summit of SCO council of heads of government on Nov 30, says MEA. The Economic Times. September 3, 2020b. https://economictimes.indiatimes.com/news/politics-and-nation/india-to-host-summit-of-sco-council-of-heads-of-government-on-nov-30-says-mea/articleshow/77909478.cms?utm_source=contentofinterest&utm_medium=text&utm_campaign=cppst.

Sharma J, Varshney S K（2020a）Role of Indian science diplomacy in combating COVID-19. Sci Dipl Rev 2（2）:35-41.

Sharma J, Varshney S K（2020b）Role of science, technology, and innovation to achieve the sustainable development goals. Sci Dipl 4（1）:18-21.

寻求科学合作：南非对非洲的科学外交

索科扎尼·西米拉内，罗德尼·马纳加，辛吉里拉伊·穆坦加，尼卡修斯·阿丘·才克[①]

摘要：为了加强非洲的科学外交，南非通过科学和创新部（DSI）与非洲大陆的许多国家签订了科学技术双边协议。此外，还通过科学理事会和高等院校达成了更多的协议和约定。为了加强在非洲的科学外交，科学和

---

① 索科扎尼·西米拉内（通讯作者），罗德尼·马纳加，辛吉里拉伊·穆坦加，尼卡修斯·阿丘·才克

南非非洲研究所，人类科学研究委员会，比勒陀利亚，南非

电子邮箱：tsimelane@hsrc.ac.za

罗德尼·马纳加

电子邮箱：rmanaga@hsrc.ac.za

辛吉里拉伊·穆坦加

电子邮箱：smutanga@csir.co.za

尼卡修斯·阿丘·才克

电子邮箱：cachu@hsrc.ac.za

维努戈帕兰·伊特科特，贾斯迈特·考尔·巴韦贾（主编），发展中国家的科学、技术和创新外交，发展研究

https://doi.org/10.1007/978-981-19-6802-0_14

创新部制定了一项科技外交计划，探索加强与非洲国家和机构联系的可能途径。为了了解南非如何与非洲大陆进行科学交往，笔者通过科学对话寻找交往机会。研究结果表明，为了对非洲联盟（AU）科学、技术和创新议程的发展做出有意义的贡献，南非需要有一个明确的目标和计划，而且目标和计划应建立在对非洲科学、技术与发展的总体优势和劣势，以及各个伙伴国家的具体挑战有清楚认识的基础之上。支持非洲大陆的科学和技术战略（如非盟的 STISA）以及有助于发展和支持研究能力和基础设施的科学技术倡议应指导南非对非洲的科学外交。

关键词： 科学外交；南非；非洲；科学合作；研究；伙伴关系

1 引言

对南非来说，自 1994 年以来，非洲大陆一直是其外交优先事项的主流（Landsberg and van Wyk，2012）。在前总统塔博·姆贝基（Thabo Mbeki）的领导下，南非对非洲的外交政策达到了顶峰（van Nieuwkerk，2012）。在此期间，南非对非洲的外交重点是政治稳定、和平与安全、贸易与发展。在过去的 20 年里，人们越来越认识到科学外交对非洲的重要性。科学外交作为一种概念代表了 21 世纪外交界的范式转变（Turekian，2018）。长期以来，它一直被用作双边和多边关系的工具（S4D4C，2019）。在这方面，南非通过科学和创新部与非洲大陆的各个国家签订了科学双边协议。通过南非科学委员会，如国家研究基金会（NRF）、科学和工业研究委员会（CSIR）、人文科学研究委员会（HSRC）、科学与技术创新署（TIA），以及由科学和创新部与高等教育机构资助的更多其他机构，还存在其他协议和合作。

在世界各地，各国政府已经意识到科学在促进外交关系中的重要性，尽管这些关系通常不被归类为科学外交。随着科学在外交界的重要性不断提高，科学外交的应用和定义也大大拓宽（S4D4C，2019）。这与人们越来越认识到，科学技术是各国面临的许多挑战和机遇的基础，无论是作为全球问题的驱动因素还是潜在的解决方案提供商（S4D4C，2019）。全球互联互通增强了对科学技术外交的激励，将其作为外交接触的工具，在外交议程上获得了突出地位（Ngwenya，2015）。

国际科学合作似乎建立在两个合作基础上，即推进知识和确保科学能力，从而促进实现更广泛的国家利益（Gluckman et al.，2017）。因此，科学外交是一种利用科学参与、合作和知识交流来支持科学发现之外的更广泛目标的努力（Turekian，2018）。这是以国际人员、思想、共享设备和研究基础设施的形式进行的。科学的突破长期以来依赖于国际人员交流和合作（The Royal Society，2010）。这表明科学外交不局限于办公室和实验室，而是需要人与人之间的交往和互动。它是一种与来自不同国家、文化和背景的人接触的方式。它为解决重大社会问题提供了一种共同的语言、视角和方法，并以同行评审和基准等共同的自我评价方法为基础（Ngwenya，2015）。

全球化进程推动社会以前所未有的速度吸收和转移技术（Ngwenya，2015）。在这一过程中，发达国家设法利用自己的技术能力，而发展中国家则处于科学突破的边缘。2009 年，在英国威尔顿宫举行的一次会议上，科学外交受到瞩目（Gluckman et al.，2017）。会议的成果是形成了一个已被广泛使用的词汇表，科学外交被认为有 3 种广泛的形式，分别是：

外交中的科学：为外交政策目标提供信息和支持的科学。

外交促进科学：促进国际科学合作的外交。

科学促进外交：科学合作改善国际关系。

承认科学外交已成为追求国家议程的方式，这是软实力外交的一个组成部分（The Royal Society，2010）。为了推动科学外交的发展，美国科学促进会于 2008 年成立了科学外交中心，目标是通过为科学家、政策分析师和政策制定者提供一个论坛，促进利用科学和科学合作促进国际理解和繁荣的总体目标（Inglesi-Lotz and Pouris，2018）。

在以科学为中心的发展世界中，知识是通过分享和审查研究条件而建立的。在这个过程中，同行们分享科学、技术和创新的观点，以寻求对气候变化、贫困、新型冠状病毒感染疫情、人权、人类发展的社会动力等现有问题的共识。科学外交是一种利基外交，要求非国家（non-state）专家参与科学事务的双边和多边谈判（Ngwenya，2015）。

多年来，人们对科学技术的看法主要由自然科学家的观点和想法决定。因此，人们越来越认识到，科学和技术的有效影响需要社会科学家和自然科学家之间的平等合作和伙伴关系。这体现在许多方面，例如，应对大流行病、气候变化、和平与安全，以及核裁军等挑战的方法汇集了自然科学家和社会科学家，并有民间社会的积极参与。

为了使自己成为一个能够与同行促进和发展科学知识的国家，南非 DSI 制定了一项科学和技术外交计划（DST，2021），旨在探索与非洲各个国家和机构建立联系的模式。该部门寻求利用该项目建立和加强与世界，特别是非洲大陆的关系。该计划的既定目标是：

（1）整合社会和自然科学家的合作，以确保开发平衡的解决方案，即跨学科和整合社会观点的解决方案；

（2）加强与非洲社会科学机构的联合研究合作，通过综合科学知识开发促进相互的社会经济发展；

（3）提高对社会融入知识经济的重要性的认识；

（4）为社区提供工具，使其成为自身发展的驱动力，从而赋予他们权力，使他们能够影响和促进知识经济的发展；

（5）加强“科学与社会”制度，使社区更接近科学，并从社区的角度衡量科学贡献的影响。

为了深入了解南非如何利用科学研究所的科学外交加强与非洲国家的科学接触与合作，我们通过科学对话寻找合作机会。

2 方法

采用案例研究方法深入了解了 6 个选定国家的科学技术和创新状况。其中包括代表葡语地区的莫桑比克、代表英语地区的肯尼亚、埃塞俄比亚和乌干达，以及代表非洲大陆法语地区的马里和科特迪瓦。访问这些国家的目的如下：

（1）确定这些国家的科学技术环境状况，以便与南非建立有效的合作；

（2）确定现有挑战和可能改进的领域；

（3）南非针对已确定的机遇制定适当的政策应对措施，将南非定位为一个寻求通过科学、技术和创新影响非洲发展的国家。

来自学术界、科学家、民间社会和政府的代表参加的焦点小组讨论了被用作交流思想和表达对受访国科技创新现状意见的平台。除了讨论问题，还确定了南非与访问国之间可能合作的领域。与会者提出了各自国家的参与者面临的挑战、提高研究质量的方法，以及政策制定者对研究结果的接受情况。

3 结果

参与对话的男女研究人员比例相等。这些人来自各个领域（政治学、农业、经济、工程等）和背景（政策制定、教育管理、政府和研究），其中社会科学家和学者占了很大一部分。访问的所有国家都是这样。

为了与非洲大陆进行有意义的接触，并通过科学技术和创新在全大陆产生影响，有人指出，南非需要一个明确的战略，而且目标明确，计划基于对非洲科学、技术和发展的优势和劣势的清楚理解。

普遍的看法是，所访问的许多国家的政策制定者很少或根本没有接受研究结果。这主要是由于研究人员和政策制定者之间存在分歧。高等学校没有能力进行高质量的研究，因为它们把教学置于研究之上。缺乏对研究基础设施的投资、资金和对研究的支持，阻碍了教师将时间投入研究。

鉴于整个非洲大陆机构合作的重要性，迫切需要进行支持规划和为政府政策提供信息的研究。然而，这需要发展研究能力和对基础设施的投资，使研究人员能够进行和产生与世界其他机构相当的本土研究结果。

除了这些一般性调查结果，每个参加对话的国家都公布了针对具体国家的调查结果，这些结果为双边和区域合作提供了条件。

3.1 莫桑比克

由于经济困难，国家没有分配用于研究的预算和资源。科研机构非常依赖外国资金，而这些资金很难获得。决策者不使用研究成果，因此研究人员感到政府不太重视他们。更令人担忧的是研究人员无法从政府机构获取数据。为解决现存的一些问题，提出了一些建议，这些建议列于表 1。

表 1　为解决莫桑比克提出的一些关切而提出的建议

建　　议	行动要求
研究人员的流动性受到某些签证要求的阻碍，尤其是在南非	为研究人员创建学术签证
需要访问数据以改进研究和政策支持	为在非洲进行的研究提供的非洲数据库
有必要分享关于区域筹资机会的信息，以供未来合作	
为社会利益而需要的研究，为迎合人们的问题而需要的研究	研究人员寻找资金以应对社区的挑战
研究方法论（知识开发过程非殖民化）	知识交流和支持
在粮食安全、水、自然资源管理和灾害管理领域开展合作	确定可以尝试合作的机会

3.2 科特迪瓦

确定了 3 个主题重点，这可以成为科特迪瓦和南非双边研究合作的基础。分别是农业、自然资源管理和信息通信技术（ICT）。

讨论指出，非洲要从这些领域获益，就需要发展后向和前向价值链。与会者认为，卫生和社会保障部门是两国应关注的主要部门。关键的考虑因素是疾病负担对非洲国家经济的社会影响，以及两国研究人员可以优先开展哪类研究，以确保加强社会保障政策，保护非洲人口，特别是年轻一代。

环境退化和废物管理被认为是需要考虑的领域，因为这些都是研究人员可以探索的重要领域。讨论集中在许多非洲城市收集和处理废物的方法与途径上。由于非洲大陆许多城市缺乏清洁和饮用水，因此有必要研究非洲城市如何收集、储存、处理和分配水。

对话还谈到了性别在科学、技术和创新中的重要性。资源调动的挑战被搁置，并探讨了如何调动资源以加强两国之间的研究和合作的各种选择。作为前进的方向，提出了以下 4 条建议。

（1）建立一个全大陆和针对具体国家的研究数据库，以进行有效合作。数据库应划分为特定学科领域，以便于协作和联网。

（2）创造一个有利的环境，使在南非和科特迪瓦的研究机构和研究人员能够开始合作，最大限度地利用两国的研究专业知识。

（3）在政治层面，南非科学技术部和科特迪瓦高等教育和科学研究部应开始对话，并建立平台，通过这些平台可以确定研究重点领域，并为这些项目筹集资金。

（4）还得出结论，CIRES 和 HSRC 之间应签署一份谅解备忘录，以最大限度地扩大已确定研究领域的研究合作。

3.3 埃塞俄比亚

埃塞俄比亚是一个处在十字路口的国家，任何合作机会都是可以接受的。缺乏研究和开发的机构力量和人力被认为是该国的一个缺点。因此，政府正在投资青年发展和研发基础设施。为了在南非和埃塞俄比亚之间建立合作关系，建议提供合作机会（表 2）。

表 2　南非与埃塞俄比亚之间的合作机会

建　　议	行动要求
建议贡达尔大学和南非非洲研究所人类科学研究委员会（AISA-HSRC）发起联合研究和合作工作，以推进南非和埃塞俄比亚之间已经建立的关系	两个机构的研究人员开展的联合研究项目产出了联合出版物 工作人员互访进行研究和知识共享 建立新方案和项目的互助 信息和出版物的交流 联合组织会议、政策对话和研讨会

3.4 肯尼亚

与访问的其他国家相比，肯尼亚的创新体系结构良好。政府充分认识到科学、技术和创新在创造财富和建设国家向知识经济转型所需的人力资本方面的作用。该国的《2030年愿景》建议加强科学、技术和创新的应用，以提高国家发展三大支柱的生产力和效率水平。

有了这一认识，该国正在通过在所有经济部门识别、获取、转让、传播和应用相关的科技创新知识来实施科技创新政策框架。

合作机会被确定为以下8条。

（1）通过高级同事对初级研究人员进行跨学科研究方面的培训和指导进行能力建设——有经验的跨学科研究应成为初级研究人员的倡导者。

（2）出版物——期刊论文、书籍、研讨会和学术论文的合著者有些在经济上很困难，由于研究人员更喜欢西方期刊——很少提交论文——关于开放与限制访问的争论。

（3）奖励杰出的跨学科研究活动，以提供必要的激励措施。

（4）启动社会科学家、自然科学家，以及基于资源的国家和地区机构之间的对话，提高人们对学术交流重要性的认识。

（5）保持跨学科研究人员的质量标准，尤其是在伦理委员会、审查小组等中的代表。

（6）通过联合实地访问、务虚会、研讨会、会议、特邀发言人、共享设施等方式分享和交流思想与知识的会议。

（7）资助跨学科合作研究。

（8）使研究产出成为大学和研究机构向上流动的关键绩效指标。

3.5 马里

马里面临着国家脆弱性、不安全、普遍贫困和国家机构薄弱等重大挑战。这些挑战中的大多数都是根深蒂固的。南非可以为确保克服其中一些挑战做出贡献。马里面临的一些挑战不是马里特有的，非洲大陆大多数国家都可能面临这些挑战。应该作出集体努力，以确保非洲大陆的大多数挑战已经过去。因此，对话与会者建议考虑采取以下4项措施。

（1）建立一个研究人员和学者网络，继续就两国面临的紧迫挑战进行辩论并提出解决方案。该网络平台应侧重于博士生的培训、会议和研讨会的组织、提案撰写研讨会的资助和研究人员交流项目。

（2）为马里研究人员创建一个出版和传播平台，使南非研究人员和学术界了解他们的工作。

（3）振兴廷巴克图数字化项目，南非政府已经花费了大量资金。

（4）建立一个冲突调解论坛，使马里学者和研究人员能够利用南非在解决该国安全和分离主义倾向方面的专门知识。

虽然非洲大陆在政治上团结一致，但在科学、技术和创新领域却鲜有联合。对话肯定了非洲科学和技术促进发展中心（CODESRIA）在为非洲研究人员提供一个分享专业知识和传播其研究成果的平台方面所做的工作，同时认为需要建立更多这样的机构来团结非洲科学界的声音。这些机构应确保其工作跨越学科、语言、种族和宗教。

3.6 乌干达

人们一直认为，大学需要帮助乌干达向前迈进。从乌干达的角度来看，南非已经做好了拉拢其他非洲国家的准备。世界正在经历全球变暖、季节变化，以及风暴和蝗虫群等其他环境挑战等问题。贩毒、疾病和许多其他问题也需要研究。

非洲国家需要超越军事、政治和战争，转向知识，因为知识是发展的重要支柱。根据乌干达研究人员的观察，对高等教育和研究的关注较少。人们普遍认为，学术机构需要推动政府优先考虑高等院校的研究、教学和学习。研究人员和学者在开展研究时需要有意识地赢得政府的关注，从而消除政府对研究的错误认识。为此，研究人员在开发信息时需要简化信息。

就像非洲大陆的许多国家一样，乌干达政府的政策也不是基于研究的。该国的研究利用不足，许多信息被堆放在图书馆里，因此基于证据的研究建议没有用于政策制定。在国家预算中，教育在国家发展中具有非常重要的战略意义，被置于研究和资助的优先事项之下。一般来说，资金限制了该国的研究活动，这阻碍了讲师将时间投入研究。作为前进的方向，提出了以下建议：

- 区域科学和技术外交活动，将审议该区域的热点问题；

- 通过提高对绿色经济和绿色增长重要性的认识，提高对可持续性等国际主题的认识；
- 性别平等：非洲实行父权制，需要鼓励男性实行性别平等；
- 科学合作：这必须包括信息交流、研究和联合提案撰写。

4 讨论

所访问的国家为了解非洲大陆的科学、技术和研究状况提供了一些有价值的见解。从重点小组的讨论中可以推断出，用于研究、科学和技术的资金不足。因此，非洲许多国家的研究活动少之又少。各地区的情况有所不同，葡萄牙语和法语地区受研究资金短缺的影响较大。英语地区，尤其是东非地区，拥有一些资源，尽管还不够，但可以开展一些研究。因此，在东非进行的讨论内容广泛，信息丰富，既概述了需要开展的工作，也介绍了非洲大陆如何解决资源匮乏问题。

尽管存在挑战，但研究人员还是对合作感兴趣。为此，水资源管理、和平与安全、环境管理、产品开发、研究成果的定价，以及决策者吸收研究成果的共享模式被确定为优先合作的领域。令人严重关切的是，研究成果几乎无法用于非洲大陆的政策制定。这一点在乌干达、肯尼亚和莫桑比克得到了很好的阐述。

所有讨论中提到的最突出的挑战是研究资金不足和缺乏进行可信研究的基础设施。这突出了调动资源和制定措施以成功发展非洲大陆科学技术的必要性。如果没有足够的资源，非洲将仍然是知识生产的被动参与者。虽然现在提供科学外交领域的最佳实践模式还为时尚早，但非洲的科学参与显然需要必要的条件。其中一些条件可能包括在双边层面共享科学专门知识，并为此类合作提供资金。

南非通过其科学委员会提供了建立旨在拉近科学家之间距离的举措的机会（表 3）。此外，南非的大多数高等教育机构都吸引了大量来自非洲大陆的学生和讲师。这表明，科学外交的动机不仅仅是创造新知识，还包括人员流动和加强各级关系。

表 3　南非与非洲国家接触的倡议

倡　　议	种　　类	战略目标
国家研究基金会 会议基金 知识交流 博士后研究计划 研究人员分级计划	大洲的	促进本区域（南共体）和非洲大陆的知识发展
南非科学论坛	国际的	加强世界和非洲大陆的合作，从而促进南非成为一个知识型国家
非洲青年毕业生和学者大会	国际的	为年轻的学者和研究人员提供一个与阅读社区分享他们的工作的机会，从而有机会培养他们的信心
非洲复兴团结会议	国际的	为非洲大陆的研究人员和散居国外的研究人员提供分享研究成果的平台，从而为非洲大陆知识的发展做出贡献
非洲研究奖学金项目	大洲的	吸引非洲大陆的顶尖研究人员与南非的机构合作，从而加强该国的研究能力
稀缺技能计划	国际的	吸引和留住有利于南非经济的技能，包括高等院校的研究和教学

鉴于此，重要的是要承认科学外交的其他一些特点。虽然许多科学努力都是由计划外的互动驱动的，但科学外交有一种更具战略性的方法（Turekian，2018）。对南非来说，科学和技术外交计划为与非洲大陆的接触提供了宝贵的空间，并促进社会科学家和自然科学家之间更强有力的合作。

5 结论

在寻求加强非洲的科学外交时，南非需要认识到，在竞争日益激烈的全球化和知识经济中，非洲未来的繁荣在很大程度上取决于非洲大陆通过跨学科研究、技术创新和合作产生知识的潜力。这需要做到以下 7 方面。

（1）高度重视能力建设和技能发展。

（2）配备充足设施的高质量教育和研究机构。

（3）支持对非洲多学科研究基础设施采取连贯的战略方法。

（4）建立大陆研究基础设施，使几名研究人员能够在多个地点和国家进行合作和共同研究。

（5）制定多国倡议，更好地利用、开发和共享资源和研究基础设施。

（6）为多学科研究基础设施的发展制定一个大陆路线图，包括根据需要开发新的基础设施和升级现有的基础设施。这有可能促进跨学科研究议程的实施。

（7）促进网络建设并改进国家、区域和大陆研究基础设施的有效利用。

为了帮助和提高对研究结果的吸收，有必要：

（1）通过在非洲联盟一级达成共识，即各国需要将其政策建立在循证研究结果的基础上，加强对研究中获得的知识的应用；

（2）通过发展大陆卓越中心，促进各国向知识型经济体的迁移；

（3）通过鼓励大学通过其工作的商业化产生自己的资金来增加研究资金。

有鉴于此，大学需要展示对政策、计划和项目的充分了解，通过提出研究中的最佳可用证据，影响决策者使用什么证据、何时使用，以及如何使用。并确保普通公民的隐性知识、实践/经验和声音是专为支持发展而制定的政策所需的同等有效的证据形式。

为了缓解研究中的限制和挑战，以下建议值得考虑。

- 通过国家研究基金会模式，发展对整个非洲大陆研究的投资。
- 免除研究设备的税收。对研究设备征税往往会影响非洲的研究活动水平。
- 培养一支专注于研究的专业队伍。非洲的大多数研究人员都面临着教学和研究等优先事项相互竞争的问题。
- 建立资助非洲大陆研究的机制。非洲的大多数研究都依赖于外部/外国资助。如果不能做到这一点，研究人员就无法获得工作所需的资金。
- 非洲的大多数大学缺乏最先进的设施和基础设施来促进创新研究。为此，大学有机会合作并整合资源，建立设备齐全的研究中心。

- 签证处理程序限制了研究人员的流动性，从而阻碍了合作研究的范围。
- 人才流失：更多受过培训的人留在获得奖学金的国家。这减少了可用于当地研究的人才资源库。

智库等知识创造机构需要开始加强彼此之间的合作，而不是各自为政。非洲社会科学研究发展理事会等组织必须促进这些合作。研究人员需要在个人层面接受挑战，在国家、地区和全球层面与他人开展合作。跨国合作是开展循证研究的关键。这种研究需要采用跨学科和跨国别的方法，因而亟须努力促进社会科学家与自然科学家之间的密切合作。国际社会科学理事会最近改为国际科学理事会，人文学科和社会科学现在已经合并，这表明不同学科的研究正趋于融合。

非洲可以从合作研究和允许不同部门共同努力发展知识中获得很多东西。各机构需要做好准备，利用现有的机会推进多学科合作研究。需要加强非洲大陆研究人员的交流计划。加强现有的基础设施并加以利用，通过采取更有力的措施来扩大其规模，这一点至关重要。非洲要融入知识经济，就必须让各大学走到一起，发展合作卓越中心，而不是让每所大学各自为政。

致谢。科学、技术和创新外交对话得到了南非科学与创新部（DSI）的资助。参与对话的机构、研究人员和民间社会成员为本研究的成功提供了帮助。我们对他们的贡献和支持表示感谢。

参考文献

Gluckman P D，TurekianV，Grimes R W，Kishi T（Dec 2017）Science diplomacy: a pragmatic perspective from the inside. Sci Dipl 6（4）. http://www.sciencediplomacy.org/article/2018/pragmatic-perspective.

DST（2021）International cooperation and resources. Department of Science and

Technology, Republic of South Africa. https://www.dst.gov.za/index.php/programmes/international-cooperation-and-resources.

Inglesi-Lotz R, Pouris A (2018) Does South African research output promote innovation? South Afr J Sci 114 (9/10). http://orcid.org/0000-0001-7509-4687.

Landsberg C, van Wyk J (2012) South African foreign policy review, vol 1. Africa Institute of SouthAfrica. Pretoria.

Ngwenya L (2015) Case study report: science and technology diplomacy and the 2012/2013.

German-South Africa year of science. Case study report. Unpublished mini dissertation. University of Pretoria, Pretoria.

S4D4C (2019) The Madrid Declaration on Science diplomacy. https://www.s4d4c.eu/s4d4c-1st-global-meeting/the-madrid-declaration-on-science-diplomacy. Accessed Apr 2020.

The Royal Society (2010) New frontiers in science diplomacy-Navigating the changing balance of power. Science Policy Centre. London.

Turekian V (2018) The evolution of Science Diplomacy. https://doi.org/10.1111/1758-5899.12622. Accessed Apr 2020.

van Nieuwkerk A (2012) A review of South Africa's diplomacy since 1994. In: Landsberg C, van Wyk J (eds) South African foreign policy review, vol 1. Africa Institute of South Africa, Pretoria.

国际科学外交案例研究：ASRT 对埃及科学技术发展的贡献

萨米·H. 索罗尔，吉娜·埃尔－费基，阿比尔·阿提亚，马哈茂德·M. 萨克尔 ①

摘要： 埃及科学研究技术院（ASRT）与不同国家和组织签署了多项合作协议。这些组织包括国际应用系统分析研究所（IIASA）、中东同步加速器光源实验科学与应用国际中心（SESAME）和联合核研究所（JINR）。它们被认为是科学外交领域的世界领导者。本文概述了这些组织的历史，重点是科学外交在其发展中的作用，并介绍了埃及的参与程度及其对埃及科

---

① 萨米·H.索罗尔，吉娜·埃尔－费基，阿比尔·阿提亚（通讯作者），马哈茂德·M.萨克尔

科学研究技术院，开罗，埃及

电子邮箱：attiaabeer6@gmail.com

萨米·H.索罗尔

电子邮箱：soror@asrt.sci.eg

马哈茂德·M.萨克尔

电子邮箱：msakr@asrt.sci.eg

维努戈帕兰·伊特科特，贾斯迈特·考尔·巴韦贾（主编），发展中国家的科学、技术和创新外交，发展研究

https://doi.org/10.1007/978-981-19-6802-0_15

学技术发展的益处。各种联合培训和教育活动提供的机会尤其有利于青年研究人员获得更高水平的资格。合作还鼓励埃及采取新举措，在学校儿童中培养科学意识。

关键词： 科学外交；全球挑战；国际应用系统分析研究所；中东同步加速器光源实验科学与应用国际中心；联合核研究所；超越政治问题的机遇

路易·巴斯德（Louis Pasteur）[①] 可以说是第一位科学外交家。他的名言“科学不分国界，因为知识属于人类，是照亮世界的火炬”[②] 有助于塑造通过科学将各国团结在一起的概念，因为他们都拥有科学。

“科学的软实力有可能重塑全球外交”[③]——艾哈迈德·泽维尔（Ahmed Zewail）[④]。

1 引言

科学外交正在获得全球支持。这一概念涵盖了科学在外交政策中可以发挥的不同作用，特别关注其在国家之间建立伙伴关系的能力：与朋友或敌人建立牢固的关系，无论政治风向和突发奇想如何，都能保持这种关系。科学外交为国家间建立信任、对话和互联互通提供了框架。

地球现在面临着人类历史上前所未有的众多威胁。世界正在经历一个重大的转型阶段，特点是日益全球化。全球化意味着一个地区所面临的挑战不再受国际边界的限制。需要跨国应对气候变化、粮食短缺和自然资源、能源、社会冲突和流行病等全球挑战。问题是无边界的。他们需要以科学

---

① 法国科学家，1822—1895 年。

② https://www.aps.org/publications/apsnews/199906/truth.cfm.

③ https://www.the-american-interest.com/2010/07/01/the-soft-power-of-science/.

④ 埃及诺贝尔奖获得者和科学家，1946—2016 年。

技术为基础的跨国解决方案。科学和技术对帮助世界各地的政治家在这一转型阶段找到并遵循可行的道路至关重要。

科学研究技术院（ASRT）是埃及的国家智囊团和多个不同领域的专家之家，负责战略规划、制定技术路线图和开展未来研究，并就埃及和世界面临的相关科学技术挑战向政府和决策者提供必要的科学咨询。由于对科学外交的重要性抱有真正而深刻的信念，埃及科学研究技术院一直是在明确的科学外交框架内应对各种地方、地区和国际挑战的先锋。

2 埃及科学研究技术院在科学、技术和创新外交中的作用

埃及科学研究技术院认识到全球挑战无法由一个国家来应对，因此与对应实体和国际组织签订了双边和多边合作协议。尽管它可能属于科学外交一词，但一些人并不认为双边协议是科学外交。这里有一个合理的观点，因为双边协议总是包括关系正常或至少正常的国家，与意大利、波兰、白俄罗斯、中国、法国、南非、保加利亚、匈牙利、捷克和印度都有双边关系。

在国际组织方面，科学技术协会是以下所列组织的成员，但不限于这些组织。国际科学院组织（IAP）、不结盟国家和其他发展中国家科学和技术中心（NAM S&T Centre）、国际应用系统分析研究所（IIASA）、国际遗传工程和生物技术中心（ICGEB）、阿拉伯科学研究理事会联合会（FASRC）、世界知识产权组织（WIPO）、欧洲核研究理事会（CERN）、俄罗斯杜布纳联合核研究所（JINR）和中东同步加速器光源实验科学与应用国际中心（SESAME）。

如上所述，埃及科学研究技术院与多个国际组织之间存在关系。本文重点介绍 3 个案例研究，它们是科学外交的典范，为埃及的科学技术发展做出了贡献。每个案例都是国家间科学外交关系成功的典范。这 3 个案例都“在发展科学外交方面取得了成功”，但“在全球的地理位置 ”并不相同。它们揭示了埃及科学研究技术院成功开展国际合作的广泛领域，并提

到了该院加入的如下三个组织。

（1）国际应用系统分析研究所（IIASA）。

（2）中东同步加速器光源实验科学与应用国际中心（SESAME）。

（3）联合核研究所（JINR）。

值得注意的是，以 ASRT 为代表的埃及是阿拉伯世界和中东、北非地区唯一一个加入 3 个组织的成员：IIASA（埃及和以色列）、JINR（埃及）和 SESAME（埃及、以色列、巴勒斯坦和约旦）。以下各节简要介绍 ASRT 与上述 3 个组织的合作情况。

2.1 国际应用系统分析研究所（IIASA）

国际应用系统分析研究所（IIASA）是一个独立的国际研究机构，在非洲、美洲、亚洲和欧洲都有国家成员组织。它位于奥地利的拉森堡。

在 20 世纪的 60 年代末和 70 年代初，冷战达到了顶峰。东西方集团之间很少进行公开交流。然而，有关方面正在进行秘密审议，以利用科学作为拉近它们距离的桥梁。1972 年 10 月，经过 6 年的艰苦谈判，在美国总统林登・约翰逊和苏联总理阿列克谢・柯西金的鼓励下，苏联、美国和其他 10 个东西方集团国家的代表在伦敦会面，签署了成立国际应用系统分析研究所的章程。这标志着一个非同寻常的项目的开始，该项目旨在利用科学合作搭建跨越冷战鸿沟的桥梁。国际应用系统分析研究所是利用多学科交叉，在国际范围内应对日益严重的全球问题的先驱组织之一。

该学会通过研究计划和举措进行政策导向的研究。所解决的问题要么太大，要么太复杂，要么两者兼而有之，无法由一个国家或学术学科来解决。气候变化、能源安全、人口老龄化、可持续发展和其他紧迫挑战影响着全人类的未来，因此是国际应用系统分析研究所及该所研究人员感兴趣的主要领域。①

1）ASRT 的愿景及其在编制 IIASA 2011—2020 年战略计划中的作用

2003 年，以科学研究技术院为代表的埃及成为第一个加入国际应用

① https://iiasa.ac.at/web/home/about/whatisiiasa.

系统分析研究所的非洲—阿拉伯—中东和北非（MENA）国家。埃及科学研究技术院是国家成员组织（NMO）的成员之一。各国由其国家成员组织代表参加理事会；他们通常每年举行两次会议，讨论理事会的问题并规划活动。理事会的主要任务之一是批准国际应用系统分析研究所的研究战略计划。

ASRT 通过参与为国际应用系统分析研究所 2011—2020 年战略计划做准备的理事会会议，确保该计划应包括埃及等发展中国家感兴趣的具有挑战性的问题，如气候变化及其改善的潜在影响、水和粮食短缺与安全、能源及其社会经济影响。

2）参与带来的好处

国际应用系统分析研究所的成员资格有助于埃及通过能力发展和培训计划，将研究和科学发展作为系统分析方法的政策基础。尽管国际应用系统分析研究所既不是一个教学机构，也不是一个培训机构，但它通过一些项目为提高能力提供了极好的机会。

3）能力发展计划

青年科学家苏美尔计划（YSSP）已使多名埃及青年研究人员受益。每年 6 — 8 月，青年科学家苏美尔计划都会提供在奥地利拉克森堡国际应用系统分析研究所总部工作 3 个月的机会。自加入研究所以来，已有 8 名以上的埃及科学家获得了参加青年科学项目的全额奖学金，涉及能源、经济或人口研究等多个学科。参加者来自研究所、中心、大学和政府实体。IIASA 的研究工作以高质量的科学研究为基础，这些研究成果定期发表在影响力较大的出版物上。参与“青年科学和社会科学计划”的出版物包括：

Z. 阿尔 - 扎拉克和 A. 古戎（Al-Zalak Z & Goujon A，2017）。探索埃及的生育趋势。人口学研究，37:995-1030。https://doi.org/10.4054/DemRes.2017.37.32；

N. 法拉格和 N. 科曼丹托娃（Farag N 和 Komendantova N，2014）。埃及可再生能源项目投资对社会经济发展的乘数效应：沙漠技术与当地能源消费情景。国际可再生能源研究杂志，4（4）：1108-1118（2014）。

2007年，研究所与开罗人口中心（CDC）合作，对埃及及其各省到2051年的人口增长和可持续发展政策进行了联合研究。开罗人口中心的胡达·阿尔基特卡特（Huda Alkitkat）在IIASA人口项目教授的指导下获得了博士学位，其研究题目为《埃及的人口与人力资本增长：至2051年各省的预测》。由于这项研究的重要性，在埃及科学研究技术院举办了“埃及的人口、人力资本和水”研讨会，向埃及科学界介绍研究成果。该研讨会是与内阁信息和决策支持中心（IDSC）以及疾病预防控制中心（CDC）共同举办的。IIASA水项目和人口项目的负责人在会上作了主要发言。听众包括大学教授、政府官员和感兴趣的研究人员。

2010年，安妮·古戎（Anne Goujon）和胡达·阿尔基特卡特（Huda Alkitkat）发表了另一篇论文:《到2050年埃及的人口和人力资本》（*Population and capital humaine Egypt a l'horizon 2050*）。埃及：日食，地中海汇流，4（75）：34-48。

4）与能源和水有关的合作

由于人口的增加，埃及对能源的需求一直在稳步增长。因此，埃及一直在探索化石以外的其他能源。因此，埃及在过去几年中成为开发可再生能源发电领域的地区领导者。这可能使埃及向欧洲和该地区最需要电力的国家出口电力。

MESSAGE① 是由IIASA能源科学家开发的一个建模框架。其主要目的是提供中长期能源系统规划、能源政策分析和情景开发。在IIASA的国家倡议背景下，埃及能源研究与培训协会（ASRT）和IIASA就制定埃及长期能源展望达成一致。该展望使用IIASA的能源MESSAGE模型来规划到2030年建立可持续能源系统的途径。该计划将IIASA系统分析专业知识与埃及当地能源研究专业知识，以及埃及决策者和研究用户结合起来，制定一份深入且资源充足的项目提案。预计IIASA将提供IIASA和ASRT的研究伙伴，以确定埃及的研究伙伴和用户。IIASA致力于为该模型的使

① https://iiasa.ac.at/web/home/research/researchPrograms/Energy/MESSAGE.en.html.

用提供初步的分析、使用方法和数据支持，随后由当地社区支持。该模型将有助于了解能源的生产和消费模式；原始模型允许对主要能源问题进行多方面的评估，并已广泛应用于能源情景的制定，以及社会经济和技术应对战略的确定。一旦在埃及建成并运行，它将成为该地区和非洲大陆的一笔巨大财富。

ASRT 于 2018 年与 IIASA 合作举办了一次培训研讨会，主要介绍和探索 IIASA 水资源计划中的项目和建模方法。研讨会的目的是加强参与者对模型和系统分析方法的开发和使用的知识，以更好地了解当前和未来围绕水资源管理的问题。

IIASA 是一个充满活力的科学外交范例。在同一张桌子上，伊朗坐在以色列和埃及旁边，美国坐在俄罗斯旁边，而韩国和日本有着相同的科学思想。

2.2 中东同步加速器光源实验科学与应用国际中心

2019 年年初，美国科学促进会宣布了其 2019 年科学外交奖，授予 5 名科学家，他们是 SESAME 成立的幕后推手。那些为该设施的建立做出核心贡献的人说："SESAME 是一个杰出的例子，说明科学家如何在长期政治紧张的国家之间团结起来追求知识。"美国科学促进会首席执行官在介绍科学外交奖时说。SESAME 是科学外交的一个最突出的例子，昨天的敌人并肩而坐。它揭示了科学在地缘政治冲突中建立联系的力量。

这是一段漫长而又鼓舞人心的科技创新外交旅程。中东地区对同步辐射光源的需求一直存在并持续着。20 世纪 80 年代初，SESAME 被认为是为了促进这个几十年来饱受冲突之苦的地区的科学合作。1995 年，埃及科学研究部部长威尼斯·古达（Venice Gouda）教授与以色列耶路撒冷希伯来大学校长埃利泽·拉比诺维奇（Eliezer Rabinovici）教授在西奈半岛的达哈布会面。会晤的结果是，双方同意支持科学外交努力，并为阿以科学合作提供官方支持。

2.2.1 利用现有机会

就在那时，东西德宣布统一后，柏林同步加速器辐射电子贮存环公司（BESSY I）即将退役，其贮存环的拆除计划正在进行中。然而，德国汉堡电子同步加速器（DESY）的古斯塔夫－阿道夫·沃斯（Gustaf-Adolf Voss）[①] 和美国斯坦福直线加速器中心的赫尔曼·威尼克（Herman Winick）[②] 却萌生了利用 BESSY I 的设备和部件在其他地方建立另一个设施的想法。于是，利用 BESSY I 拆除的部件在中东建立一个国际同步辐射光源的想法诞生了。

1997 年，由塞尔吉奥·福比尼（Sergio Fubini）[③] 担任主席的中东科学合作组织（MESC）在意大利都灵举行了一次会议。31 位阿拉伯和以色列科学家应邀参加了会议。在一次小组讨论中，沃斯介绍了他和威尼克关于转让 BESSY I 并在中东使用其部件的建议。MESC 随后在 1998 年于瑞典乌普萨拉大学举行的指导委员会会议上提出了这一绝妙的想法。在后来的一次会议上，提出并讨论了将 BESSYI 移至中东的更具体、更详细的计划。一些阿拉伯国家和以色列的代表出席了会议。经过广泛的讨论，中东科学合作组织决定接受这项建议，并努力争取国际社会对实施这项建议的支持。MESC 成立了一个规划委员会，由欧洲核子研究组织（CERN）前总干事赫尔维格·肖珀（Herwig Schopper）[④] 领导。

肖珀向时任联合国教科文组织总干事的费德里科·马约尔（Federico Mayor）[⑤] 提出了这一建议，以获得国际支持。肖珀和他的规划委员会建议采用欧洲核研究组织的模式，该组织是在联合国教科文组织保护伞下成立的一个实体。1999 年，马约尔下令在教科文组织总部召开一次会议，邀请中东和该地区的代表参加。会议的成果是启动了一个在中东建立同步辐射光源的项目，并任命了一个由肖珀担任主席的国际临时理事会。

临时理事会已被授权采取一切适当措施，在教科文组织的保护伞下规

① 德国物理学家，1929—2013 年。

② 美国科学家，1932 年生。

③ 意大利理论物理学家，1928—2005 年。

④ 捷克物理学家，1924 年生。

⑤ 西班牙科学家，1934 年生。

划和管理这一国际设施。然后是选择名称和简称，巴勒斯坦当局提议的名称和简称是：中东同步加速器光源实验科学与应用国际中心（SESAME），它最能准确地描述该设施及其预期的功能。

2002 年，教科文组织执行局批准成立由教科文组织赞助的 SESAME。总干事邀请成员国作为成员或观察员加入该项目。

2000 年，时任联合国教科文组织总干事的松浦晃一郎（Koichiro Matsuura）① 与德国教育与研究部部长进行了交涉。她同意为联合国教科文组织在其赞助下建立 SESAME 提供一切必要的便利，并为拆除 BESSY I 筹集国际资金。因此，德国正式批准向 SESAME 捐赠 BESSY I 的部件。拆卸工作由俄罗斯和亚美尼亚的工程师负责，所有部件都进行了分类。除了联合国教科文组织，SESAME 国际临时理事会的成员和美国也负责提供资金。约旦教育部负责储藏环的妥善运输和储藏。BESSY I 的部件于 2002 年从柏林运往约旦。

2004 年 4 月，SESAME 获得了法人资格，梦想变成了现实。6 个潜在成员接受了 SESAME 的章程：巴林、埃及、以色列、约旦、巴基斯坦和土耳其。不久之后，巴勒斯坦当局也接受了该章程，成为 SESAME 的第 7 个正式成员。成员国成立了 SESAME 常设理事会，取代了临时国际理事会。

SESAME 第一届理事会由朔佩尔（Schopper）担任主席，约旦和土耳其代表担任副主席。中心与约旦政府签订了正式的席位协议，由约旦政府担任中心的东道主。

2.2.2 SESAME 中的科学外交

在 SESAME 于 2017 年正式成立之前，这是一段漫长而不屈的旅程。尽管中东地区发生了诸多政治动荡，加上 SESAME 经历了各种财政困难，但 SESAME 的工作仍在继续，项目取得了成功。如果不是成员国科学领导人真诚合作和取得成功的意愿，这一目标是不可能实现的。理事会由巴勒斯坦、以色列、埃及、土耳其和伊朗等几个存在明显政治冲突的国家组

① 日本外交官，1937 年生。

成，但在理事会会议上，所有成员都不计较政治冲突，齐心协力寻找克服 SESAME 面临的障碍的最佳途径。2011 年，由于埃及政局不稳，埃及是否有能力继续支持该项目并履行其财政捐助存在不确定性。然而，即使在如此艰难的时期，埃及仍继续支持 SESAME。它无视政治上的不确定性，与所有合作伙伴共同努力，以实现在中东建立首个同类设施的目标。

现在，在 2020 年，SESAME 已经有两条可运行的光束线：XAFS/XRF 和 IR。第三条光束线服务材料科学，计划很快运行。除了软 X 射线束线，SESAME 计划还包括断层扫描束线、大分子晶体学束线和 SAX/WAXS。中东同步加速器光源实验科学及应用国际中心（SESAME）是中东地区唯一一个可以看到来自不同冲突国家的科学家共同工作、交流专业知识的机构。

自从中东同步加速器光源实验科学与应用国际中心在 20 世纪 80 年代还是一个想法以来，埃及一直是该中心的坚定倡导者。埃及在达哈布市的西奈半岛主办了第一届中东同步加速器光源实验科学与应用国际会议。达哈布市是主办中东同步加速器光源实验科学及应用国际中心的候选城市之一。自 2004 年正式成立以来，埃及科学与技术协会是埃及在 SESAME 的官方代表。ASRT 主席多次当选 SESAME 理事会副主席。自 SESAME 成立以来，执行主任就是埃及人。运行中的光束线由埃及科学家操作。埃及多次主办 SESAME 用户会议。ASRT 支持埃及科学家参加 SESAME 的活动并在 SESAME 进行实验。SESAME 是中东地区第一个重要的国际科学中心。同步加速器为不同领域的创新研究提供了理想的环境。来自所有成员国的研究人员和团队都会到 SESAME 进行实验。在同步加速器工作也促进了成员国不同科学领域的发展。

2.3 俄罗斯联合核研究所（JINR）

我们努力加入位于俄罗斯杜布纳的联合核研究所，这是埃及相信科学外交在促进科学发展和国家间关系中发挥重要作用的又一个例子。

埃及与其他发展中国家一样，认识到科学在社会经济发展中发挥的重要作用，以及科学互动与合作对加强与其他国家联系的积极影响。在此背景下，埃及科学研究技术院于 2009 年与俄罗斯联合核研究所（JINR）签署了一项协议。其主要目标是通过实施联合研究项目、科学家和专家的考察访问、研讨会和讲习班，以及为发展核科学领域的世界级交流建立联系，加强各国之间的科学技术合作。

尽管双边国际活动可能更有利于在合作机构内对优先领域进行重点探索，更不用说过多研究人员的参与有可能具有文化意识差异并且必须允许数据共享，但当双边协议属于多边合作的更大保护伞下时，可以应对全球当前更大范围的挑战。ASRT-JINR 协议就是这样，预计会有大量的数据生成和共享。多年来，通过埃及科学机构，JINR 和 ASRT 之间的伙伴关系和合作工作蓬勃发展，提供了以下互动和沟通的主要方面。

2.3.1 早期职业生涯

培养年轻的研究人员了解科学外交的概念，为在当今全球互联的科学环境中获得安全的职业生涯铺平道路，这一点非常重要。这需要对他们的教育采取多学科的方法，外语和跨文化技能可能非常重要。自 2009 年以来，通过 ASRT 与 JINR 的合作，这种跨学科教育方法一直被采用，每年都在 JINR 为埃及硕士生和博士生举办夏季和冬季学校。

ASRT-JINR 的合作模式在早期职业研究人员中很明显；它创造并建立了持续数十年的关系。埃及人和其他民族都能与同龄人互动，这对他们与其他领域的专家接触大有裨益，不仅在科学和技术基础上，而且有助于他们接触社会，通过科学与其他文化建立联系。

自 2009 年签署协议以来，已为埃及青年研究人员举办了 11 期夏季和冬季学校。其目的是发展他们的科学和知识能力，对他们进行和平核研究领域现代技术的培训并使其具备相关资格。今后，除了反应堆工程、核物理和加速器的转让，这些青年研究人员还将承担埃及核技术本地化的任务。他们正准备参与相关的国家研究项目。每年参加培训的青年研究人员为 15—28 人，此外还有 2 名指导教授和 238 名学生。

2010—2012 年，埃及学生穆罕默德·加法尔（Mahmoud Gaafar）获得了 BLTP 奖学金，并在 JINR 工作。此外，他还在埃及获得了硕士学位，发表了4篇科学论文，并在三次国际会议上作了报告，包括2011年7月4—8日在斯洛伐克斯塔拉莱斯纳举行的“数学建模与计算物理”国际会议，以及2011年9月18—23日在荷兰海牙举行的国际超导电子学会议（ISEC，2011）。

更进一步地说，2020年，ASRT和JINR强调了在学校层面就加强良好科学教育的重要性，以建立牢固的科学文化，提高学生对科学的尊重。目的是引导他们创造、创新和交流，并让他们接触其他文化。2020年预算的一部分用于资助儿童大学的10名学生参加JINR的暑期学校。儿童大学是一个由ASRT在埃及39所大学和研究机构运营的项目，旨在让儿童接触不同的教育方法，并在下一代中建立科学文化。埃及儿童大学是欧洲儿童大学网络的成员。

2.3.2 联合研究项目和科学交流

大型跨国项目需要资金和人力资本，而这是单个国家无法提供的。因此，在这种情况下，成本分担具有重要意义，例如NICA（Nuclotron-Based Ion Collider Facility）项目。NICA项目模拟了欧洲核子研究组织正在进行的大型强子对撞机实验。NICA为埃及研究人员和工程师提供了一个参与实验装置和设备安装的机会，同时向埃及方面转让技术和诀窍。

然而，定期开展的小型项目的重要性也不容忽视；这些项目通常具有成本效益，而且更容易获得资金。开放数据是全球合作的另一个关键因素。它确保通过同行评审程序收集和共享高质量的数据，并确定不同群体获取这些数据的价值。来自18个埃及研究机构的科学家和JINR的科学家参与了联合项目。因此，这些科学家获准在几年的时间里，每次到海外实验室进行几周的联合研究。他们有机会与同行交流成果、起草文件和发表论文。这是建立国际了解与合作的有效途径。

2011年，在第一届联合协调委员会批准研究经费后，联合研究工作开始活跃起来。JINR的4名研究人员参加了2011年11月20—24日在埃及赫尔格达举行的第八届核与粒子物理会议（NUPPAC'11）。2012年1月1日，一个由17名埃及研究人员组成的小组在JINR停留了613天，与JINR

实验室的其他科学家合作进行研究工作。同年，埃及接待了 6 名俄罗斯科学家，为期 59 天。

联合研究项目对协议的可持续性至关重要。截至 2021 年，共资助了 102 个联合项目。2009—2010 年，90 名教员和研究人员访问了 JINR，使用他们的设施并与合作伙伴互动。ASRT-JINR 的合作成果使许多具有高影响因子的科研论文在国际期刊上发表，论文总数达到 120 篇。此外，一些年轻的研究人员不但获得了硕士学位，而且获得了德国、英国、日本和俄罗斯的博士奖学金。埃及物理学家在 JINR 完成了 7 篇论文的答辩。

路线图：2017 年 3 月 29 日，ASRT 主持召开了联合协调委员会第七次会议，提出了作为长期合作计划的路线图建议。2018 年 12 月 13 日，以国家核科学网络为代表的 ASRT 与 JINR 签署了路线图。该路线图包括扩大与埃及大学和研究中心的合作范围。其目的是使埃及博士生能够在特定的研究期限内共同完成核科学与技术领域的研究，以及该合作范围内的其他领域，如凝聚态物理、核物理、辐射生物学和粒子物理。

作为实施路线图的一个重要里程碑，ASRT 和 JINR 批准在 ASRT 的前提下为 JINR 建立一个信息中心，该中心正在进行中。该信息中心将有助于向埃及研究人员介绍与 JINR 的合作领域，同时是为了提高 JINR 研究结构的利用率。它还将作为一个中心，与 JINR 协调各种合作机制，包括未来与行业的合作伙伴关系。它将允许向感兴趣的埃及学生传播 JINR 正在进行的研究结果。同样，还批准每年资助两名埃及博士生到 JINR，在埃及和俄罗斯的联合指导下进行为期 3 个月的博士研究。此外，目前正在 ASRT 的场地上建立一个由 ASRT 管理、JINR 监督的虚拟实验室。该虚拟实验室将是 JINR 在非洲和中东及北非地区的第一个实验室。

3 结论

总之，外交一般被定义为摆脱困境并与他人成功对话的艺术。因此，科学外交被定义为通过科学参与全球事务的有效工具。科学外交的成功可以用7个主要因素来衡量："对新的可能性持开放态度、远见和领导力、良好的科学、人际关系、沟通、时间和自身利益"[①]，以及政策制定者和政治家在这一过程中的参与程度。科学和技术促进发展协会在国际上的参与，以及与不同科学机构的合作是其将科学与政策联系起来的核心作用，通过这种方式，科学家分析问题并提出解决方案，而立法机构则努力将其付诸实施。

① 2012年国家研究委员会。美国和国际对全球科学政策和科学外交的看法：研讨会报告。华盛顿特区：美国国家科学院出版社。https://doi.org/10.17226/13300.

南非科学院和科学外交

斯坦利·马福萨 ①

摘要： 本文是作者在《南非科学杂志》上发表的一篇评论［"Maphosa S. 南非科学院与科学外交。S Afr J Sci. 2019;115（9/10），Art. #https://doi.org/10.17159/sajs.2019/a0314"］的修订版。该评论描述了南非科学院在促进创新和学术活动方面的作用。本文经南非科学院《南非科学杂志》总编辑琳达·菲克（Linda Fick）博士授权公开发布。

关键词： 南非科学院；国家创新体系；科学咨询；青年科学家；性别平等

南非科学院（ASSAF）最近发布了关于南非学术出版状况的第二份报告。该报告题为《12 年后：关于南非国内和来自南非的研究成果出版情况的第二份南非科学院报告》。报告概述了南非科学院在促进创新和学术活动

---

① 斯坦利·马福萨
南非科学院，比勒陀利亚，南非
电子邮箱：stanley@assaf.org.za

维努戈帕兰·伊特科特，贾斯迈特·考尔·巴韦贾（主编），发展中国家的科学、技术和创新外交，发展研究
https://doi.org/10.1007/978-981-19-6802-0_16

方面发挥的重要作用。不过，南非科学院还有一系列其他战略目标，将重点介绍与以下 3 方面有关的内容：向国家政府提供科学建议、在国际科学外交（包括非洲内外的跨境问题）中发挥的关键作用，以及分享其他科学院参与双边联合委员会和行动规划的最佳做法。

南非科学院成立于 1994—1995 年，并于 2002 年根据南非科学院章程（2001 年第 67 号法案）成为南非政府正式承认的唯一国家科学院——这是南非民主时代较早出现的有益成果之一。为了履行国家和国际职责，南非科学院在名称中采用了单数“科学”一词，指“知识”，反映了一种共同的探究方式，而不是不同学科的集合。根据《科学院法》，科学院的使命是：

（1）表彰学术成就和科学思想应用于社会的卓越成就；

（2）动员成员确保他们能够为社会服务贡献自己的专业知识；

（3）对具有国家重要性的问题进行系统和循证研究，产生对决策有重大影响的权威报告；

（4）促进南非本土研究出版物体系的发展，提高其质量、可见性、可及性和影响；

（5）出版以科学为重点的期刊，将向广泛的国内和国际观众展示南部非洲的最佳研究；

（6）与国家、区域和国际组织建立富有成效的伙伴关系，以建立我们在科学方面的能力及其在国家创新体系中的应用；

（7）为一个国家科学院的可持续运作和发展创造多样化的资金来源；

（8）通过各种媒体和论坛与相关利益相关者进行有效沟通。

本文介绍的活动是考察团第 6 项使命内容具体化的活动。此外，以下内容还得到了南非其他国家政策框架的支持和加强，如《十年创新计划》《国家研究与发展战略》和《国家发展计划》。科学内容在关键外交政策问题中的重要性日益增加，这就要求南非政府实施协调一致的科学外交战略，而南非科学与战略伙伴关系署在其中发挥着重要作用。

1 国际合作

多年来，随着 ASSAF 在国内外的声誉不断提高，其国际责任也显著增加。ASSAF 为全球声明做出了贡献，并确保当选成员和其他南非科学家参与高级别活动。

为了实现更好的国际合作效果，ASSAF 拥有许多战略合作伙伴。2016 年更名为学院间合作伙伴关系的全球学院网络就是这样的合作伙伴之一。该网络有 3 个分支机构——卫生学院、科学学院和研究学院——均位于意大利的里雅斯特。ASSAF 在所有 3 个分支的执行委员会中都发挥着重要作用，其任务是代表发展中国家。

ASSAF 还与金砖国家的科学院合作，并支持建立金砖国家科学院网络。这种关系旨在加强五国学院在共同框架下的合作，并为金砖国家年度峰会提供科学建议。

南非科学院还参与了国际政府科学网络（INGSA）非洲分会的组建，并仍在为该网络提供支持。通过被称为“科学 20 国”（S20）的 20 国集团国家科学院，非洲科学院联合会通过声明、报告和其他活动积极参与科学外交，向高层提供科学建议。南非科学院大力宣传并鼓励南非科学家以个人身份或作为科学外交的技术后备力量在国际层面做出贡献。

世界科学院（TWAS）是 ASSAF 的另一个战略合作伙伴，自 2015 年以来，ASSAF 一直是 TWAS—撒哈拉以南非洲地区合作伙伴（TWAS-SAREP）办事处的东道主。TWAS-SAREP 的主要目标是在该地区宣传 TWAS 的目标，重点是颁奖和支持青年科学家。该地区合作伙伴支持非洲大陆的科学外交培训，通过世界科学院青年联盟网络（TYAN）在青年附属机构之间建立联系，并确保在一系列非洲国家——特别是那些科学发展相对落后的国家——举办地区青年科学家会议。通过这种方式，第三世界科学院非洲科学与工程学院和各国的青年科学院和高级科学院合作，并协助科学院的发展。

另一个战略伙伴是国际科学理事会（ISCU）；ASAAF 还是国际科学理事会非洲地区办事处（ISC-ROA）的东道主。ASSAF 和 ISC-ROA 的目标密切吻合，特别是在全非洲合作、感兴趣的专题领域和促进青年科学家方面，所有这些都为协同伙伴关系提供了重要机会。ASAAT 目前正在加强和巩固南南关系，这反映了全球权力分配平衡的变化，以及新兴经济体在多边科学和创新体系中日益增强的影响力。

2 海外合作

合作包括与海外科学院签订双边和多边协议，支持海外战略伙伴关系，以及与欧盟委员会等多边组织的接触等。ASSAF 将海外学院带到非洲大陆，支持非洲合作、科技女性和年轻科学家，包括作为 ASSAF 旗舰的南非青年科学院（SAYAS）和 TWAS-SAREP。它还将海外学院和合作伙伴与 ASSAF 内的其他项目联系起来，开展合作活动。

在这方面，ASSAF 与德国国家科学院积极合作，共同开展了多项活动。南非科学院还与其他科学院，特别是与南非科技部（DST）正在开展或计划开展双边合作的科学院进行接触，并参加与南非科技部签署了双边合作协议的国家的联合委员会和行动规划会议，以确保两国科学院能够在共同选定的优先领域提供科学建议。目前，ASSAF 与德国、奥地利、中国、白俄罗斯和印度签署了谅解备忘录，并正在与俄罗斯续签双边协定。

此外，ASSAF 还与英国科学院、美国科学促进会（AAAS）、英国皇家学会和其他学院合作开展了一系列合作活动，并开始与驻比勒陀利亚的外交使团和大使馆网络合作。通过大使馆系列讲座，ASSAF 可以接触到受邀前往南非的知名科学家和政策制定者。ASSAF 与访客祖国的大使馆合作，在南非各地举办这些访客的讲座。已经与美国、瑞士、英国、意大利和新西兰合作举办了讲座。其他大使馆也对这一倡议表示了兴趣。大使馆系列讲座是 ASSAF 与在南非设有大使馆的国家的学院合作的切入点。

在多边层面上，ASSAF 是欧洲联盟地平线 2020 计划的执行伙伴，负责报告南非和欧洲科学家参与这一研究资助框架的情况。ASSAF 还与欧洲、亚太地区和拉丁美洲的其他地区科学院网络合作，以确保南非科学家能够参与这些科学院创建的活动，并协助 ASSAF 发展与各个成员科学院的合作。ASSAF 还与学院人权网络合作。在未来一年，将特别关注与金砖国家学院集团和金砖国家科学院网络建立新的联系。该网络将明确自身的定位，以便能够为金砖国家峰会提供科学建议。

ASSAF 在英国皇家学会的支持下与英联邦科学院合作，如上所述，还与 20 国集团国家的科学院成员——所谓的科学 20（S20）——合作，通过每年发表的声明为 20 国集团峰会提供战略前瞻和科学建议。ASSAF 还通过南非外交使团与 20 国集团驻东京和布鲁塞尔的国际办事处建立了联系。这些外交使团致力于促进与日本和欧盟的合作。ASSAF 与借调到博茨瓦纳哈博罗内的南部非洲发展共同体（SADC）秘书处的 DST 官员密切合作。在多边框架内，南非寻求鼓励和支持科学合作，以及在其伙伴之间建立信任和关系，并促进就有争议或困难的问题达成共识。

3 非洲合作

非洲国家面临许多共同的发展挑战，并受到非洲联盟委员会泛非政策的约束。在共同解决这些问题方面，学术界可以发挥重要作用。南非的未来与非洲的未来直接相关，因此，ASSAF 联合会通过其非洲战略，继续支持地区和非洲大陆科学院的发展进程、提高认识和科学宣传，特别是非洲各国政府对研究与发展的投资。ASSAF 与非洲科学院网络合作，加强非洲科学院并建立新的科学院，特别是在南共体内部。为此，ASSAF 一直在与安哥拉、莱索托、纳米比亚和斯威士兰进行讨论，在这一接触的基础上，斯威士兰建立了斯威士兰王国科学院，安哥拉将很快建立自己的科学院。2017 年 6 月，ASSAF 在斯威士兰向南部非洲发展共同体负责科学和技术的部长们做了演讲，随后部长们承诺组建新的学院并支持现有的学院。ASSAF 还协助组建了博茨瓦纳科学院。

在南部非洲发展共同体之外，ASSAF 支持卢旺达科学院制定了章程，从而使其能够申请注册成为全美科学与技术咨询协会的成员。ASSAF 与贝宁、尼日利亚、塞内加尔、乌干达和毛里求斯的科学院签署了谅解备忘录，并在双边和多边层面与这些科学院和其他科学院建立了伙伴关系。

值得注意的是，ASSAF 参加了与南非有科学和技术双边协议的非洲国家的联合委员会和行动规划会议。ASSAF 承认非洲日，并将其作为提高非洲大陆科学意识的关键机会，还与下一届非洲科学周爱因斯坦论坛合作。

ASSAF 为散居在其他非洲国家的南非科学家举办座谈会，其中来自津巴布韦、尼日利亚和肯尼亚的科学家最多。此外，ASSAF 与非洲发展新伙伴关系的科学、技术和创新中心、非洲科学院和 ISC-ROA 合作开发了一个非洲科学家数据库。ASSAF 将自己定位为实施《非洲科学、技术和创新战略》(STISA-2024) 和实现可持续发展目标的关键贡献者。ASSAF 在其所有活动中与 TWAS-SAREP 合作，促进非洲的科学外交：2018 年，ASSAF 开始与 AAAS、TWAS 和 DST 等合作伙伴在国内和非洲其他地区倡导科学外交培训。2018 年 3 月，ASSAF 在非洲举办了第一届 TWAS 和 AAS 科学外交培训。这种培训以前一直在的里雅斯特举行。其他培训课程将在 TWAS 其他 4 个区域合作伙伴办事处举行，从 2019 年的埃及开始。学院正在与 DST 合作。

最后，ASSAF 正在努力加强南部非洲发展共同体内部的联系，特别是在科学、技术和创新与性别平等议定书方面。TWAS-SAREP 和 ISC-ROA 目前由 ASSAF 主办，并与非洲科学院网络（NASAC）和其他大陆科学实体合作，ASSAF 确保这些组织中最优秀的非洲科学家参与大陆科学咨询生态系统。

4 青年科学家与性别相关活动

自 2010 年以来，ASSAF 每年都会主办一次青年科学家会议，与联合国或非盟国际年的主题一致，作为其支持青年科学家发展承诺的一部分。ASSAF 为 SAYAS 的运营活动提供资金，以支持青年学院的发展。ASSAF 还协助 SAYAS 提高其在全球青年学院和其他非洲科学院的知名度。通过这种方式，ASSAF 为与 SAYAS 的联合活动创造了机会，并确保 SAYAS 成员参与 ASSAF 的常务委员会和研究小组。

ASSAF 积极支持提名年轻科学家获得奖项和领导机会，并作为其中一些奖项和领导机遇的执行机构，包括金砖国家青年科学家会议、TWAS 区域青年科学家奖和 TWAS 青年附属机构的青年医生领导者计划。该计划与卫生领域的国际学院合作组织（IAP for Health）和世界卫生组织有关；林道诺贝尔奖获得者大会；以及非盟—世界科学院（AU-TWAS）青年科学家奖。

发展中国家妇女科学组织（OWSD）南非国家分会由 ASSAF 主办，ASSAF 中所有与性别有关的活动都通过该分会的工作进行协调。ASSAF 还协助南部非洲发展共同体的其他成员国（例如斯威士兰）建立了妇女参与科学、工程和技术（WISET）国家分会。南部非洲发展共同体通过一项章程引入了 WISET 国家分会，到 2019 年年中，每个国家都应设立一个分会。

自 2015 年以来，ASSAF 也是科学、创新、技术和工程中的性别倡议（Gender In SITE）在南部非洲地区的焦点。Gender In SITE 是一项全球倡议，旨在提高决策者对针对男性和女性的科学创新技术与工程倡议性别方面的认识。通过这一举措，非洲社会发展援助基金有机会巩固和加强整个南部非洲与性别有关的活动和政策影响力。通过科学、创新、技术和工程中的性别倡议，ASSAF 一直在与南部非洲发展共同体成员国合作，为监测《性别问题议定书》的执行情况编写情况说明书。

当然，ASSAF 对与科学外交有关的事务没有专属责任，并与广泛的科学委员会和政府就共同关心的事务密切合作。许多南非国家科学委员会或其他公共资助的研究和技术组织也有致力于国际合作的团队。其中之一是国家研究基金会，负责执行国际科学技术合作协议。ASSAF 科学外交议程包括多项倡议，但都是针对国家战略优先事项的。

ASSAF 在科学外交方面的优先事项也许可以最好地概括为强调国际科学合作既是其自身的目标，也是实现国家和外交战略目标的工具。其国际关系往往提供了 ASSAF 寻求支持未通过基线预算资助活动的一些资源。仅在 2019 年，国际联络计划就筹集了 1500 万南非兰特，用于支持科学外交干预活动。这些外交干预措施为确保“科学促进可持续发展”在全球论坛上得到优先关注发挥了作用。

5 结论

目前，南非科学外交的旗舰领域之一是非洲射电天文学，特别是平方千米阵列（SKA）。ASSAF 支持 SKA，并将其作为在非洲和其他地区开展科学外交培训和其他活动的范例。当然，ASSAF 在科学外交方面的努力是积极的，有许多值得骄傲的地方。尽管如此，更详细的分析可能还会询问国际合作面临的障碍、死胡同和挫折，但这需要等待。

如上所述，ASSAF 的科学外交议程包括 5 个领域，并在 5 个领域取得了成功，分别为：①战略伙伴；②非洲合作；③海外合作；④青年科学家联络；⑤科学、技术和创新领域的性别平等（图 1）。这 5 个组成部分之间的动态接口肯定会增加。这也许是 ASSAF 未来科学外交工作面临的最大挑战：既要有一个足够集中的议程，以确保最佳的资源投入，又要有足够的灵活性，以便能够应对 21 世纪国际关系迅速变化的动态。

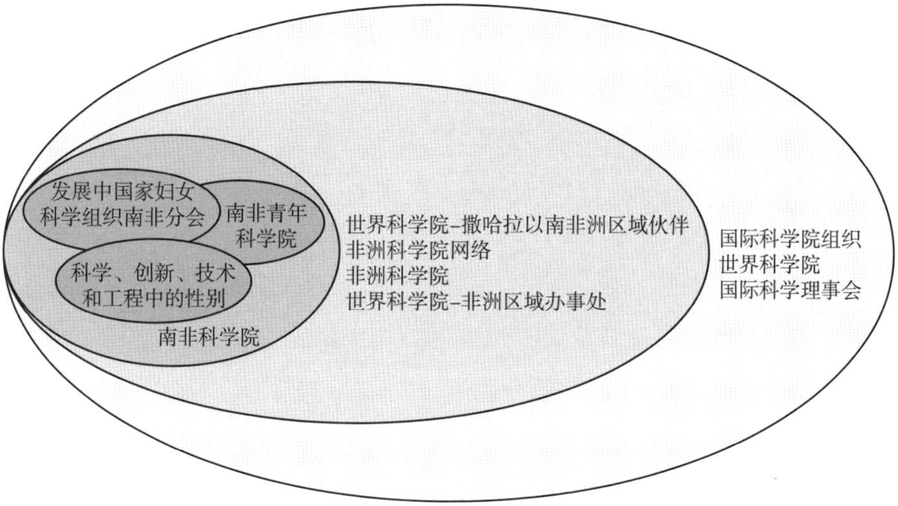

图 1　ASSAF 的科学外交议程包括海外（外圈）和非洲（中圈）合作，以及青年科学家联络和科学、技术和创新领域的性别平等（内圈）

区域和双边合作经验

在国际知识共享计划中协调国家、学术界和捐助者利益攸关方：科学和创新外交的视角

拉尼尔·D. 古纳拉坦[1]

摘要： 亚洲开发银行地区技术援助计划的一个试点项目旨在确定亚洲国家在技术创新和经济增长方面的良好做法，并与一些发展中成员国（DMC）分享。韩国、中国、马来西亚和印度被选为研究良好做法的国家，蒙古、越南和斯里兰卡被选为发展中成员国。该项目由韩国庆熙大学的一个团队领导，参与该项目的有各国专家以及亚行官员和顾问。该项目首先在首尔、北京、吉隆坡和新德里举办了讲习班，各国专家分别作了专题介绍，实地考察了科学技术机构，并进行了讨论。在亚洲开发银行总部举办的总结研讨会最后确定了所收集的材料。第二阶段包括在韩国为3个发展

① 拉尼尔·D. 古纳拉坦
斯里兰卡国家科学技术委员会，巴塔拉木拉，斯里兰卡
电子邮箱：anildg@yahoo.com

维努戈帕兰·伊特科特，贾斯迈特·考尔·巴韦贾（主编），发展中国家的科学、技术和创新外交，发展研究
https://doi.org/10.1007/978-981-19-6802-0_17

中经济体的选定代表举办培训。在乌兰巴托、河内和科伦坡举办的总结讲习班包括向来自发展中经济体的更多官员和学者介绍项目成果。该项目不仅是科学和发展专业人员之间开展国际合作的一次复杂而成功的活动，而且还突出了个人接触和交流的作用，以及在项目实施中承认当地传统和文化的必要性。

关键词：创新政策；科学外交；亚洲开发银行；区域技术援助；良好实践 · 知识共享计划

1 引言

科学外交有很多类型，最常见的是科学家通过机构交流、会议、联合计划或项目，以及全球科学界可利用的各种其他机制的相互作用，以促进科学知识和思想的传播。在更高的层面上，科学家之间的这些联系可能会通过更正式的外交程序来促成国际协议、富裕或发达国家的奖学金或财政援助计划，以及促进不结盟运动科学和技术中心等跨国组织的工作，或者仅仅是专业外交官在工作中协助向本国转让知识和技术。

贫穷或欠发达国家的一些最优秀的科学家在美国、英国、日本或德国等发达国家的大学接受全部或部分高级培训。此外，发达国家之间有着悠久的学术交流传统，例如博士后研究基金。因此，这些科学家中的大多数回国后，都曾在跨国实验室或研究小组工作，而且已经建立了一个国际联系网络。这将对他们以后的职业生涯大有裨益。科学家之间因同事关系和共同利益而形成的这种联系，可能比他们各自国家之间的正式外交关系更加牢固，甚至在少数情况下国家间可能是敌对的。这使科学家能够在加强国家间的关系方面发挥富有成效的作用，如促进建设、转让知识和技术、改善经济，并在科学投入至关重要的领域协助起草国际条约等。

2 程序

2007年12月，亚洲开发银行（ADB）批准了一项名为“利用亚洲良好实践促进创新和发展”的区域技术援助（RETA）知识共享计划（KSP）。该项目由亚洲开发银行管理的大韩民国电子亚洲和知识伙伴关系基金资助。目标是研究亚洲某些国家是如何通过科学、技术和创新发展经济的，吸收最佳做法并将这些知识传播给欠发达国家。该计划的渊源是亚洲开发银行的《2020 年长期战略框架》（亚洲开发银行，2008）。该框架设想发展中国家需要提高科学、技术和创新能力。

这个项目是一个复杂而雄心勃勃的项目，历时近 3 年。由于它至少在一定程度上是学术性质的，所以由一个学术机构韩国庆熙大学泛太平洋国际问题研究生院牵头。项目确定了 4 个通过科学、技术和创新达到适当发展水平的国家，即韩国、中国、马来西亚和印度。最初的建议还包括泰国和中国台湾地区，但它们没有被列入最终计划。第一个目标是明确这些国家实现本国现有目标的途径，并选定其他亚洲国家可以采用的战略、过程和模式。根据各种标准，最终选择了 3 个“发展中国家”，蒙古、越南和斯里兰卡代表这些“其他”国家。这在本质上是一个试点项目。这些国家的代表还将参加项目的信息收集，然后帮助协调第二个目标，即将所获得的知识传授给这些国家的官员。

整个项目是发展经济学的一个练习，而不是科学和技术，大多数参与者是经济学家和行政人员，而不是科学家。然而，该项目的实施过程反映了正式和非正式外交的混合，这在任何涉及政府机构、学术机构和主要捐助者的国际科学项目中都可以看到。该项目的产出是在韩国的两个培训项目、3 个知识共享讲习班（每个目标国家一个），以及项目负责人编写的一份报告。本文将简要讨论这份最终报告，但重点是执行过程和从作者的角度吸取的经验教训。作者本人参与了其中的大部分环节。

该项目在斯里兰卡的协调机构是国家科学技术委员会（NASTEC），作者当时是该委员会的首席执行官。国家科学技术委员会隶属于科学技术部（当时的名称）。该部的名称后来多次变更，现在是国家技能发展、职业教育、研究和创新部。国家科学技术委员会的法定职能之一是作为斯里兰卡政府的科学技术政策咨询机构。该部及外交部和其他部委定期向国家科学技术委员会提出与此相关的询问。

2008 年，NASTEC 刚刚完成了斯里兰卡国家科技政策的起草工作。RETA 项目的组织者对这一事实非常感兴趣，并可能对斯里兰卡被选为 DMC 伙伴产生影响。国家技术和经济研究中心过去和现在都是不结盟运动科技中心在斯里兰卡的协调机构。

2.1 过程

2008 年 8 月，亚洲开发银行代表李润琼（Hyunjung Lee）女士访问了 NASTEC。她向国家科学技术委员会主席纳利尼·拉特纳西里（Nalini Ratnasiri）教授和上一节所述 RETA 的起草者介绍了情况。斯里兰卡国家科学技术委员会很高兴作为协调组织加入该项目。

正如李润琼所说，收集良好做法信息的过程将包括从韩国首尔开始在快速发展国家举行的一系列研讨会。那里的重点机构是庆熙大学泛太平洋国际问题研究生院，由郭在星（Jae Sung Kwak）教授领导的一个学者团队。郭在星教授时任该校副院长兼该项目的任务经理，将进行数据分析，并在此基础上制订培训计划。其他研讨会将在中国北京、马来西亚吉隆坡，以及印度新德里举行。最后，将在菲律宾马尼拉的亚洲开发银行总部举行会议总结，对所收集到的信息进行整理和归纳。然后，将结果用于为该项目设想的培训计划编制课程。

2.2 发展模式

庆熙大学的项目负责人开发了一个通过科学、技术和创新促进国家发展的模型。他们把从参与国收集到的数据纳入该模型。该模型的核心是创新政策。它以四大“支柱”为基础。这些支柱如下。

支柱 1：科学、技术和产业政策。商业化技术是大多数国家经济发展和增值的核心。这一支柱与整合科学、技术和工业政策有关；促进研究和发展；支持适销产品的生产和商业化；以及建立必要的监管和法律框架。

支柱 2：全球接口。这一支柱包括工业出口导向、促进贸易和吸引投资，包括外国直接投资。

支柱 3：人力资源开发。这一支柱的重要性不言而喻。

支柱 4：信息通信技术和新兴技术。这实际上是一个由两部分组成的支柱，它强调将信息和通信技术纳入所有活动的重要性，同时与其他新兴技术保持同步，以免在瞬息万变的世界中落伍。

亚洲开发银行技术援助顾问、最初背景文件的起草者阿西特·萨卡尔（Asit Sarkar）教授在首尔举行的第一次研讨会上进一步阐述了这一发展经济学中的典型模式。结合对不同国家（包括 3 个 DMC）如何解决与这些支柱的不同方面有关问题的描述。该模式为该项目的培训计划提供了一个框架。项目负责人撰写的最终报告（亚行，2010）详细介绍了所有情况，非常全面地介绍了每个快速发展国家为达到自身技术发展水平而采取的战略。本文下一节将概述该报告的要点。感兴趣的读者可以很容易地找到有关制定创新政策的许多其他资源（如世界银行，2010）。

2.3 首尔讲习班

第一期讲习班于 2008 年 9 月 26—27 日在韩国首尔举行。出席会议的斯里兰卡团队包括科学技术部秘书 A.N.R. 阿玛拉通加（A.N.R. Amarathunga）和作者。出席会议的还有来自蒙古和越南的类似团队，以及来自韩国（包括庆熙大学的团队）和亚洲开发银行的专家。

9月26日，与会者参观了韩国大田市附近的大德创新特区（DaedeokInnopolis）科学技术园。该园大约在1973年建立，现在已经发展成为一个由6所大学、大约 70 个作为私营部门公司和大学合作设立的研发机构，以及大约 900 个中小企业附属机构组成的庞大综合体。韩国当局愿意分享他们在建立科学技术园区方面的专业知识，并为此制订了一个培训计划。斯里兰卡为了后来能够利用这一项引人注目的科学外交活动，派遣了一名高级科学管理员参与该计划。

9 月 27 日，韩国专家就韩国的发展经验作了几次介绍，随后进行了详细而富有成果的讨论。正如那些参与并目睹了这一过程的人所讲述的那样，韩国从亚洲最贫穷、战争最严重的国家演变为最富有、技术最发达的国家，为其他参与者提供了许多引人入胜的见解和值得汲取的教训。特别是，作者要感谢泛太平洋国际问题研究生院院长郭在星教授所作的坦率和鼓舞人心的总结性发言。他在随后举行的一些培训讲习班上重复了这一发言，以造福与会者。

2.4 北京讲习班

第二次讲习班于 2008 年 11 月 7—8 日在中国北京举行。S.A.K. 巴亚瓦尔达纳（S.A.K. Abayawardana）（时任斯里兰卡国家科学技术委员会顾问）博士和作者代表斯里兰卡出席了会议。与以往一样，来自庆熙大学、蒙古和越南的团队，以及亚洲开发银行的李润琼女士也出席了会议，当然还有来自中国的专家、学者和政府官员。

11 月 7 日，在介绍性发言后，与会者参观了位于北京的一个创新中心，该中心是位于北京各地的创新中心综合体的一部分。11 月 8 日，中国专家就中国的发展经验作了几次介绍，随后进行了详细的讨论。来自发展中国家的代表能够提供反馈，并试图比较韩国和中国的经验。然而，许多发言难以理解，因为发言者不熟悉英语。

讲习班期间，郭在星教授找到了作者，请他协助寻找协调拟在印度举办讲习班的人选，因为官方的联系已经中断。作者回到科伦坡后，与当时的不结盟运动科学和技术中心主任阿伦·库尔什雷什塔（Arun Kulshreshtha）教授联系，寻求他的帮助。在与同事协商后，阿伦·库尔什雷什塔教授本人在几天内就同意在不结盟运动科学和技术中心的支持下承担这一职责，但有一项约定，即亚洲开发银行将承担财务义务。这一安排非常奏效，是值得信赖的伙伴之间非正式“外交”能够迅速有效发挥作用的一个很好的例子。

2.5 吉隆坡和新德里讲习班

第三次研讨会于 2009 年 1 月 22—23 日在马来西亚吉隆坡举行，第四次研讨会于 2009 年 4 月 17—18 日在印度新德里举行。作者和阿巴亚瓦尔达纳博士、庆熙大学的项目负责人、亚洲开发银行的李润琼、不结盟运动科学和技术中心的阿伦·库尔什雷什塔教授、蒙古和越南的团队，以及来自东道国的专家参加了这两次研讨会。两次研讨会都采用了我们熟悉的模式，即详细介绍和讨论，以及实地参观技术展示机构。与以往一样，发言者介绍了各国促进创新的途径。从这些讲习班收集的数据，以及项目负责人研究的文献资料构成了报告的基础。

2.6 亚洲开发银行总结研讨会

最后一次会议于 2009 年 5 月 10—11 日在菲律宾马尼拉举行。阿巴亚瓦尔达纳博士和撰文人代表斯里兰卡出席了会议。其他与会国、庆熙大学和亚洲开发银行的代表也出席了会议。

5 月 10 日，在与会者下榻的酒店举行了头脑风暴会议。对几个问题进行了深入讨论。5 月 11 日，在马尼拉亚洲开发银行总部大楼举行了一次更为正式的会议。多位专家就最终确定的培训计划的不同方面作了发言，发展中经济体（蒙古、斯里兰卡和越南）的代表就两方面也作了发言：① 这些国家在所要解决的问题方面的现状；② 每个国家的需求与发达国家的经验和做法的一致性。亚洲开发银行在这些国家的代表通过视频会议出席了会议。

3 结果

在马尼拉完成第一阶段的项目后，庆熙大学团队将成果整理为两个培训项目的综合课程。如前所述，还编写了一份包含这些材料的综合报告。课程的核心是前文所述的四大支柱框架，并在框架内调整各国的创新和发展战略。项目还包括实地考察韩国的重要创新和工业基地。项目结束时，将在每个发展中经济体举办三次为期一天半的讲习班，向这些国家的官员介绍项目成果。

3.1 韩国的培训项目

安排了两个培训项目：一个是为“初级”官员举办的为期 4 周的培训

计划，另一个是为高级官员举办的为期 2 周的“行政”培训计划。第一个项目于 2009 年 7 月 26 日至 8 月 22 日在庆熙大学举行。来自斯里兰卡各部委的 5 名官员以及来自蒙古和越南的同类人员参加了培训。第二个项目原定于同年 9 月举行，但因全球暴发甲型流感而不得不推迟，最终于 2010 年 3 月 1—13 日举行。斯里兰卡的 4 名高级官员，包括当时的佩拉德尼亚大学副校长参加了培训。

3.2 DMC 的总结研讨会

这些活动都是在 2010 年 6 月举行的。最后一次于 6 月 28—29 日在斯里兰卡科伦坡举行。参加者包括庆熙大学的团队、李润琼、蒂萨・维萨罗纳（Tissa Vitharana）教授（斯里兰卡科学技术部部长）、参加过韩国知识共享项目的学员（其中许多人在研讨会上做了发言），以及约 40 名学者、政府官员和行业高管。在为期一天半的时间里，以简要的形式介绍了所吸取的经验教训。

3.3 最终报告

报告导言涵盖了基本的经济理论，并对相关文献进行了全面调查。报告的第二部分详细讨论了上文提到的创新政策的四大支柱。在随后的章节中，影响发展的各种问题，以及成功解决这些问题的国家的解决方案和良好做法，都与这些支柱联系在一起。

报告的第三部分讨论了发展中国家面临的挑战，特别是在创新政策方面。根据蒙古、斯里兰卡和越南提交的报告以及其他现有资料，详细介绍了这些国家面临的问题。其中许多挑战是每个国家所特有的，取决于其历史、地理、自然资源、文化和特殊情况。例如，在本项目启动时，斯里兰卡正处于长期激烈内战的最后阶段，几乎没有从 2004 年海啸的破坏中恢复过来。同时，还发现了一些共同的问题。这些问题包括：

- 创新体系薄弱且分散，私营部门与其他经济部门脱节，构成整体的各种政策缺乏连贯性和一体化，其中许多政策由不同部委独立制定，在没有中央控制的情况下实施。
- 基础设施薄弱，包括信息和通信技术，但也包括计量、质量控制和标准等技术服务。

- 知识基础不足且往往过时：供应驱动型大学对劳动力市场没有反应；研究机构大多遵循控制它们的政府或部委；以及缺乏重要的研究人员、机构和创新网络公司。
- 市场经济疲软，阻碍了私营部门参与创新和商业化。
- 脆弱的体制框架，政策执行依赖相对较新的机构，这些机构尚未形成透明和高效的行政管理传统，以及问责文化。
- 根深蒂固的传统，包括文化遗产和既得利益群体，往往伴随着政治不稳定，成为变革的障碍。
- 整个官僚机构完全无力执行复杂的政策。

接下来的章节是报告中最大的一部分，根据研讨会上提供的信息以及其他来源，对中国、印度、韩国和马来西亚通过技术和创新实现发展的途径进行了详细而批判性的分析。在几十年的时间里，这些国家中的每一个都从相对不发达、以农业为主的国家变成了技术先进的国家，尽管技术并不一定会带来经济的相似繁荣。每个国家都找到了不同的途径来实现这一目标，制定了不同的政策、制度框架和其他解决方案来解决所面临的问题。其中一些解决方案可以为其他国家所采用；另一些则过于特殊，在其他地方难以奏效。例如，中国和印度巨大的国内市场为这些国家的企业提供了竞争优势，而蒙古或斯里兰卡的企业根本不具备这种优势。

有些解决方案也有时间限制。上述国家中至少有 3 个是通过逆向工程“模仿”开始工业化的，然后引进技术并开发自己的技术。世界贸易组织的规则将使这些在今天变得不那么可行。

这些国家制定的许多政策和进程是成功的，其他国家则由于各种原因而不那么成功。详细讨论这一节超出了本文的范围。然而，正如引言中所述，该项目的最终目标是确定和传播“亚洲创新与发展良好做法”。报告的最后一部分从收集的数据中提炼出这些良好做法，并根据相应的支柱进行排列。这些良好做法按国家汇总如下。

韩国

- 政府的作用随着工业发展的不同阶段而演变。
- 为了避免政策重复和冲突，成立了由韩国总统担任主席的国家科学技术委员会，以决定政策方向和优先事项，科学技术部担任其秘书处。
- 20 世纪 90 年代末，财政和经济部组织了 19 个部委和 17 个研究机构的整合和进程协调，以确保韩国参与知识经济发展。
- 政府设立了财阀（韩国大型工业企业集团）无法进入的“创业圣地”，并发展了风险投资行业，以促进和保护高科学技术中小企业的发展。
- 自 20 世纪 90 年代以来，政府减少了在研发方面的支持，并采取措施促进和鼓励私营部门的研发。
- 高等教育的扩展尽可能利用私营部门的资源，为优先领域的发展腾出了政府资金。
- 1971 年，政府在大邱的大德（Daedok）研究中心成立了韩国高级科学技术学院，专门从事科学技术教育和研究。
- 通过放松对信息基础设施部门的管制和国有电信运营商的私有化，促进了信息和通信技术服务的发展，从而带来了更多的竞争。

中国

- 从 20 世纪 80 年代中期开始，中国开始重新调整公共研究机构的重点，在减少其数量的同时强调质量而非数量，并在中国科学院重组若干卓越中心。与此同时，各大学的科研能力也得到了大规模提升。
- 在需求而非供应方政策的推动下，制定了利用公共采购程序支持创新的程序。
- 与韩国的情况一样，政府也采取措施促进和鼓励私营部门的研发和创新，以及通过外国直接投资（FDI）进行技术转让。
- 2007 年，在科学技术部的协调下，政府在 4 个关键领域（钢铁、煤炭、化工和农业装备）促进了产研“战略联盟”，企业、研究机构和大学参与其中，并优先获得资助。
- 建立了出口加工区和科学技术园区，以适当的激励措施促进本地和外国投资。

- 国际标准逐渐被采纳并用于促进创新和发展本土技术。
- 1986 年，科技部启动了“星火计划”，向农村非国有企业转让技术和管理诀窍，并在供应链内进行技术升级。
- 中国还采取了一些措施，将大学科学技术专业的招生率提高到了很高的水平，并通过为从国外归来的中国学生提供奖励来鼓励国际交流。

印度

- 印度的“绿色革命”是对农业研究、技术和推广服务的大规模投资，并得到价格激励和基础设施（道路、灌溉计划、市场等）的支持，从而实现了粮食自给自足。
- 通过以农民为中心和市场驱动的推广服务，即农业技术管理机构，促进了利益相关者对农业的参与。
- 许多领域创新的先进研究都是在科学与工业研究委员会（CSIR）下属的研究所，以及印度科学研究所和几所印度理工学院等重点大学进行的，政府投入巨大。这些大学还提供创新和发展所需的高技能人才。

然而，有趣的是，印度最成功的事例——信息和通信技术部门的发展似乎很少有政府的参与或政策支持，而主要是依靠大量印度侨民的倡议，尤其是来自美国的侨民。

马来西亚

- 马来西亚第二个国家科学技术政策（2003 年）侧重于将公共部门和工业之间的科学技术发展结合起来，改善各机构之间的协调以及与私营部门的联系，并优先考虑各部门。
- 为了解决该国大学对创新贡献不足的问题，马来西亚科学技术大学（MUST）被确立为一所以研究为基础的研究性大学。
- 马来西亚多媒体超级走廊作为一个技术园区和孵化器系统于 20 世纪 90 年代启动，目的是使马来西亚成为全球信息和通信技术中心。作为这项倡议的一部分，政府已开始实施一项创业发展综合计划，其中包括风险投资和孵化器，以培养一大批推广新技术的企业家。

4 讨论

这种性质的项目的成败取决于多个因素，其中一些因素如下：

- 相对于项目的规模和复杂程度，可用的财政资源。
- 协调者的组织技能，包括地方和整体的能力，以及他们应对复杂性的能力。
- 资源人员的素质、专业知识和沟通技能，尤其是使用通用国际语言（在本例中为英语），而该语言不是任何人的母语。
- 赋予目标受众权力的性质和程度。
- 所有利益攸关方对透明度的诚意和承诺程度。
- 项目结束后的跟进或后续行动，这需要额外的人力、财力、时间和承诺。

亚洲开发银行关于“利用亚洲创新和发展良好做法的地区技术援助知识共享计划”几乎实现了所有已宣布的目标。该项目虽然相当复杂，但资金充足，郭在星教授组建了一支由庆熙大学的优秀学者和研究生组成的团队，他们的奉献精神和组织技能都非常出色。北京、吉隆坡、新德里和马尼拉的当地组织者也做得很好，使研讨会得以顺利进行。亚洲开发银行代表李润琼出席了每一次研讨会并给予大力支持，她帮助并指导该项目圆满结束。

从斯里兰卡这样的发展中经济体的角度来看，对 4 个“发达”国家进行简要比较可能会有帮助。韩国的面积和人口与亚洲的许多中等国家相当，但它是通过一条真正独特的道路发展到今天的富裕程度的。韩国人民做出了巨大牺牲，而当时（20 世纪 60 年代初）对国际贸易的监管远不如今天。中国和印度拥有幅员辽阔的优势，它们不断增长的工业，无论在多大程度上以出口为导向，都会得到国内巨大市场的支持。在参与该计划的所有发达国家中，马来西亚似乎是最有意思的，也是与斯里兰卡等国最相关的。

在面积、文化、人口种族多样性、社会经济发展水平等方面，马来西亚似乎与斯里兰卡最为接近。马来西亚为解决本国问题而采取的许多措施，包括外国直接投资、技术转让、工业化和科学技术人力资源开发，似乎比其他一些备选方案更适合亚洲中小国家。由于这些原因，马来西亚的经验引起了多国的极大的兴趣。

这种性质的项目既能在参与者之间建立密切的个人关系，也能促进这种关系的发展。这促进了国际合作，即使是很小的合作，也能带来附带利益。例如，在本案例中，这些附带利益包括斯里兰卡的一位高级科学管理人员参加了关于建立科学技术园区（仿照大德新城）的培训讲习班，庆熙大学的两名韩国研究生在斯里兰卡实习了几个月，其中一人在国家技术和经济研究中心实习（其他地区管理中心也提供这种实习机会）。

然而，对成果的认真审查表明，如果有更多利益攸关方的全心投入，是可以取得更多成果的。鉴于该项目的主要成果包括一条明确的国家发展道路，高级行政人员和决策者应该更多地了解这一点，这一点非常重要。为期两周的“行政人员培训计划”就是为这些人设计的，但只有 4 名斯里兰卡学员参加了培训。

笔者无法谈论在蒙古和越南举办的最终讲习班，但 2010 年 7 月在科伦坡举办的讲习班也没有多少高级官员参加。在斯里兰卡这样的国家，这些人通常都很忙，更愿意派下属代表他们出席；当然，也不可能在一天之内传授本项目期间获得的所有知识。尽管如此，由于没有更多的“推动者”和“摇旗呐喊者”，人们还是觉得整个会议只是一次学术活动。

虽然该项目在其规定的范围内是成功的，但从以下意义上讲，它似乎是不完整的：花费了大量的时间、金钱和精力，其最终的实际成果只是培训了来自 3 个国家的大约 30 名中高级管理人员。人们不禁感到，所获得的知识应该不止于此，应该有第二阶段，甚至第三阶段，旨在通过各种机制向更多国家的更多管理者、决策者和科学家传播这些知识。在许多发展中的经济体，或许可以利用当地大学的力量在当地开展培训项目。可能最终确实发生了一些这样的事情，但如果发生了，笔者并不知晓。

由于资金、时间和人员的限制，这种性质的项目必然有其自身的局限性。狭义上的成功是可以实现的，而更广泛的成果则需要更多的努力。这是科学家为科学家开展外交的局限性。

5 结论

亚洲开发银行的“利用亚洲创新与发展方面采用良好做法的地区技术援助知识共享计划”是一个重要的国际项目，笔者有幸在其中发挥了重要作用。该项目由庆熙大学的一个专家团队领导，涉及 7 个国家——4 个“发达国家”（至少在技术意义上）和 3 个“发展中国家”。通过在发达国家举办的一系列研讨会，收集了有关成功创新实践的信息，并将其纳入一个框架，用于为发展中成员国的代表（主要是政府官员）准备两个培训项目。

一个为期 4 周的培训项目面向约 15 名地区管理中心的代表。另一个为期两周、针对高级官员的培训由于甲型流感的暴发而推迟了约 6 个月，但最终于 2010 年 3 月举行。该项目的高潮是在蒙古、越南和斯里兰卡等发展中经济体举办了 3 期讲习班。2010 年年底撰写了一份非常全面的项目成果报告，即已确定的良好做法。

该项目成功地收集了有关亚洲良好创新做法的信息，并在此基础上制订了培训计划。在此过程中，项目促进了参与者之间的大量合作和善意，并推动了有关国家之间富有成效的互动。项目的成功使我们有理由在项目结束后开展更多的“后续活动”。遗憾的是，这似乎并没有发生。

致谢：笔者感谢亚洲开发银行，特别是李润琼女士，选择斯里兰卡作为该项目的参与国，并选择国家技术和经济研究中心作为该项目的协调机构；感谢庆熙大学在两次富有成效的访问期间给予的热情接待，并为笔者提供了一次很好的学习经历；感谢郭在星教授在该项目期间建立的友谊，并为笔者提供了亚洲开发银行最终报告的草稿，该报告是该项目的主要成果。感谢不结盟运动科学和技术中心允许作者参加在南非举行的科学与创新外交研讨会。本项目的其他参与者，包括庆熙大学的学者及蒙古和越南的团队，进行了许多富有成果的互动；还有国家科学技术委员会的工作人员，提供了所有协助。

参考文献

ADB（2008）Strategy 2020: The long-term strategic framework of the Asian Development Bank 2008-2020.

ADB（2010）Accelerating development through innovation in Asia: model country practices for DMC's. Report，RETA 6426.

World Bank（2010）Innovation policy: a guide for developing countries，Washington，DC，USA.

区域科学、技术和创新外交中的毛里求斯：以射电天文学为例

吉里什·库马尔·比哈里，迈克尔·雷蒙德·英格斯[①]

摘要：毛里求斯是小岛屿发展中国家（SIDS），是撒哈拉沙漠以南非洲最发达的国家。本文介绍了毛里求斯参与南非平方千米阵列（SA SKA）联盟的情况及其对未来科学、技术和创新发展的益处。由于毛里求斯在射电天文学方面的经验，与该联盟的其他非洲伙伴国家相比，参与南非平方千米阵列对毛里求斯的科学、技术和创新产生了更有益的影响。在毛里求斯，参与促成了若干与平方千米阵列有关的项目和探路倡议。这些项目和倡议对学术界和学生社区都有益处，并为学生提供了射电天文学专业化学习和

---

① 吉里什·库马尔·比哈里（通讯作者）
毛里求斯大学理学院物理系，莫卡雷杜伊特 8083 号，毛里求斯
电子邮箱：gkb@uom.ac.mu
迈克尔·雷蒙德·英格斯
开普敦大学（UCT）电气工程系，Private Bag，Rondebosch，开普敦 7701，南非
电子邮箱：michael.inggs@uct.ac.za

维努戈帕兰·伊特科特，贾斯迈特·考尔·巴韦贾（主编），发展中国家的科学、技术和创新外交，发展研究
https://doi.org/10.1007/978-981-19-6802-0_18

实践经验的机会。迄今为止的经验表明，非洲 SKA 在当地的实施有可能促进毛里求斯的科学、技术和创新，并为学术界和从事专业仪器制造的行业提供新的机会。本文列举了与最大限度地从这一参与中获益有关的挑战和未来前景以及所需的行动。

关键词： 毛里求斯；平方千米阵列；小岛屿发展中国家；科学和外交

1 引言

毛里求斯是一个小岛屿发展中国家（SIDS），位于西南印度洋（SWIO），拥有多种族文化和宗教人口（126.5 万人）。其主要同名岛屿的陆地面积约为 2000 平方千米。它有几个较小的岛屿散布在印度洋上，因此拥有约 230 万平方千米的专属经济区（EEZ）。它是撒哈拉以南非洲最发达的非洲国家，人类发展指数（HDI）很高，在易卜拉欣非洲国家治理指数中排名第一。根据《经济学家》资料处的民主指数，它是非洲相关国家中唯一拥有完全民主的国家。成人识字率超过 90%。它已从一个以甘蔗单一种植为主的低收入经济体发展为一个多元化的高收入经济体。主要经济支柱是旅游业、纺织业、制糖业和金融服务业。[①]

然而，该国地理位置很偏僻。此外，尽管该国拥有世界上最大的专属经济区，但有效的自然资源和人力资源却十分有限。这是因为它的陆地面积非常小，人口少，航空和海军设施（无论是武装设施还是商业设施）都非常有限。还应指出的是，毛里求斯没有陆基或海基军队。任何陆地、海

---

① 《人口和生命统计（2019 年）》，毛里求斯统计局，2020 年 3 月。2020 年 5 月 6 日检索。http://statsmauritius.govmu.org/English/Publications/Pages/Pop_Vital_Yr19.aspx.

“世界经济展望数据库，2019 年 4 月”，国际货币基金组织（IMF）。检索日期：2019 年 6 月 8 日。https://www.imf.org/external/pubs/ft/weo/2019/01/weodata/weorept.aspx?pr.x=10&pr.y=10&sy=2017&ey=2024&scsm=1&ssd=1&sort=country&ds=.&br=1&c=684&s=NGDPD%252CPP PGDP%252CNGDPDPC%252CPPPPC&grp=0&a=.

“毛里求斯的 GINI 指数（世界银行估计值）”，世界银行。2020 年 7 月 1 日检索。https://data.worldbank.org/indicator/SI.POV.GINI?locations=MU.

上或空中武装反应部队都隶属于当地正规警察部队的一个分支。在这一缺陷得到解决之前，有效开发以海洋为基础的庞大蓝色经济只是一厢情愿的想法。这种状况不利于进一步扩大任何领域的活动（联合国开发计划署，2019），因为这些领域需要非信息和通信技术（ICT）为基础的研发和产业。可以从历史的角度来看待这种情况。与许多其他殖民地一样，毛里求斯也是一个单一经济体。主要进口国是殖民国家，这里指的是英国。这种对单一收入来源的依赖岌岌可危，并有滥用垄断之嫌。

独立后，该国与其他国家和财团建立了联盟。这些联盟和协议的例子包括欧盟与非洲、加勒比地区和太平洋国家集团（ACP）之间的联盟和协议，以及美国与非洲国家之间的《非洲增长与机会法》。① 南非射电天文台的合作模式也反映在科学技术企业中。与欧盟、印度、日本、中国、俄罗斯和南非等国的合作伙伴开展的大量合作促成了研究中心的建立、研究领域的启动和开花结果。这样的例子在科学、金融和工业领域比比皆是。最近的一个例子是毛里求斯参与了南非平方千米阵列（SASKA）联盟。

2 平方千米阵列（SKA）

平方千米阵列是一个复杂的、涉及多国的新一代射电望远镜。

2.1 历史

国际无线电科学联盟（URSI）于 1993 年 9 月成立了大型望远镜工作组（LTWG）。这样做的目的是在全球范围内开展工作，为新的大型射电天文台确定科学和技术目标。LTWG 建立了一个讨论技术要求的平台，并与众多科学界人士一起为此做出贡献。来自 6 个国家（澳大利亚、加拿大、中国、印度、荷兰和美国）的 8 个机构于 1997 年签署了一项技术研究计划合作协议备忘录。2000 年 8 月，在英国曼彻斯特举行的一次国际天文学联

① 《非洲增长与机会法》的完整资源——新闻、立法、贸易数据，2020 年。检索 2020 年 9 月 15 日。http://www.agoa.info/.

非洲、加勒比和太平洋国家集团。2020 年 9 月 15 日检索。http://www.acp.int/node.

盟会议上，11 个国家（澳大利亚、加拿大、中国、德国、印度、意大利、荷兰、波兰、瑞典、英国和美国）的代表签署了国际空间站阵列指导委员会（ISSC）谅解备忘录。2005 年 1 月，该谅解备忘录被合作开发平方千米阵列的协议备忘录（MoA）取代。协议备忘录的有效期延长至 2007 年 12 月月底。

同年，由于拟议扩大国际 SKA 项目办公室（ISPO），国际平方千米阵列指导委员会（ISSC）征集承办项目办公室的建议。曼彻斯特大学从三份提案中脱颖而出，成为项目办公室的主办机构。国际平方千米阵列指导委员会与曼彻斯特大学签署了谅解备忘录。2008 年 1 月 1 日，项目办公室迁至曼彻斯特新的艾伦・图灵大楼。该大楼也是卓瑞尔河岸（Jodrell Bank）天体物理中心所在地。

不过，2007 年还是为 SKA 计划制定了新的《国际合作协定》（ICA）。该协议由欧洲国家、美国和加拿大 SKA 协会、澳大利亚 SKA 协调委员会、南非国家研究基金会、中国国家天文台和印度国家射电天体物理中心签署。它于 2008 年 1 月 1 日生效。成立了 SKA 科学与工程委员会（SSEC），以取代国际空间科学委员会。在科学和工程委员会内,《国际天体物理学协定》签署方讨论并决定 SKA 的科学和技术事项。

2007 年，为成立 SKA 计划发展办公室又签署了一份谅解备忘录。该备忘录也于 2008 年 1 月 1 日生效。该谅解备忘录为实现 SKA 技术开发和设计工作的国际化提供了一个框架。

该协议由澳大利亚联邦科学与工业研究组织澳大利亚望远镜国家设施、卡尔加里大学、康奈尔大学、欧洲 VLBI 联合研究所和南非国家研究基金会签署。签署方通过 SPDO 共同基金为 SPDO 提供资金。资金用于资助业务活动。

SKA 组织（SKAO）成立于 2011 年 12 月，是一家非营利性公司，目的是在国际合作伙伴之间建立正式关系，并为项目提供中央管理。SKA 组织目前管理着该项目。SKAO 是一家英国私营担保有限公司。公司没有股本。相反，成员是担保人（有限责任），而不是股东。董事会董事由成员任命。

SKAO 办公室的迅速扩大使其于 2012 年 11 月搬迁到位于英国柴郡朱德瑞尔银行天文台的新大楼。

平方千米阵列天文台第一次理事会会议于 2021 年 2 月 3 日和 4 日召开。会议启动了未来十年的计划，以组装平方千米阵列天文台。①

2.2 说明

平方千米阵列（SKA）是一个干涉孔径合成射电望远镜。它将设在南半球，由南部非洲联盟（约占 75%）和澳大利亚联盟（约占 25%）托管。两个核心将位于无线电干扰极低的地区。这台望远镜将是观测银河系的理想设备。它的总收集面积约为 1 平方千米。基线范围从几米到 3000 千米。第一阶段的工作频率为 50—14000 兆赫。它的面积和接收系统比其他任何射电望远镜的灵敏度高 50 倍。由于它是一个干涉仪，还将具有极好的瞬时天空覆盖率和分辨率。勘测速度将至少快 1000—10000 倍。它需要极高性能的大规模并行和集中计算网络。它需要容量与全球互联网总容量相近或更大的光纤链路。该项目于 2018 年开始建设，一期工程预计在 10 年内完工。由于频率范围非常大，将使用 3 种不同类型的阵列。它们分别是位于澳大利亚的 SKA-low（50—350 兆赫）、位于南非的 SKA-mid（350 兆赫—14 吉赫）和 SKA-survey（350 兆赫—4 吉赫）阵列。主办 SKA 的国家需要拥有无线电干扰率极低的偏远地区。南非和澳大利亚于 2012 年联合中标。②

2.3 SA SKA 联盟

在准备申办期间，南非决定与几个伙伴国家（主要是南部非洲的伙伴国家）合作建设这台望远镜。托管远程站的伙伴国家有博茨瓦纳、加纳、肯尼亚、马达加斯加、毛里求斯、莫桑比克、纳米比亚和赞比亚。最长的南北基线和东西基线分别从南非到加纳和毛里求斯。2004 年 10 月在南非

---

① SKA 项目的历史。https://www.skatelescope.org/history-of-the-skaproject/.

② 平方千米阵列。2020 年 9 月 15 日检索。https://www.skatelescope.org.

科学技术部与伙伴国家举行了首次会议。①

在开展科学研究和技术开发的同时，南非政府还于2005年启动了一项人力资本开发（HCD）计划。该计划不仅针对本国公民，还为南非SKA联盟国家提供了大量奖学金和补助金。主要参与者是南非射电天文台（SARAO）①，它已接管南非所有射电天文计划的职责。南非射电天文台还着手在非洲伙伴国家开展射电天文学技术能力建设。同时已经规划、建造或翻新了一些天线①。

3 南非申办 SKA

南非对SKA项目的参与几乎是偶然开始的。作为欧洲团队的一部分，南非很晚才加入该项目（当时联盟已经成立）。规模较小的当地射电天文学团队得到了天文学部②的大力支持。政府正在寻求一个大型项目，以展示该国在种族隔离后的科学技术能力。财政支持远远超出了通常对天文学投入的非常有限的金额。当时正在试运行的SALT仪器所取得的成功使政府更加相信天文学界能够完成任务。伯尼·法纳洛夫博士是一位人脉广泛的工会会员，恰好具有天文学背景，他的任命为当时参与SKA财团提供了前所未有的支持。

重要的是要认识到，南非努力的成功离不开一些重要的基础。首先，开普敦的天文学界实力雄厚，历史可追溯到早期英国殖民时期，并在开普敦建立了天文台。此外，第二次世界大战期间对通信和雷达的研究也产生了射电天文学遗产。20世纪60年代，由于种族隔离，美国撤出了位于哈

① SKA南非之旅。2020年9月15日检索。http://www.skaphase1.csir.co. za/wp-content/uploads/2015/11/SKA-South-Africa-Journey-Brochure.pdf，南非射电天文台。2020年9月15日检索。https://www.sarao.ac.za/.

② 负责科学/技术的部门名称经常更改。我们称之为“部”，即科学和创新部。科学部的众多名称之一。https://nationalgovernment.co.za/units/view/36/department-of-science-and-innovation-dsi.2021年2月21日访问。

特射电天文台（Hartebeesthoek）[①] 的深空跟踪站，这使射电天文学向前迈进了一大步。哈特比斯特天文台因此留下了一根 25 米长的天线和经验丰富的当地工作人员。他们将天线重新用于射电天文学。这就是后来的哈特射电天文台。

基于 20 世纪 60 年代对电离层的雷达研究，以及杰克·格莱德希尔（Jack Gledhill）教授开创性的测量电离层的射电望远镜（Gledhill，1967），罗兹大学成为射电天文学的主要推动者。参与这项早期工作的许多学生和工作人员，以及对哈特射电天文台的深空跟踪站的持续参与，为南非建立对 SKA 的快速反应提供了核心科学和工程基础。罗德斯大学（Rhodes University）的一些关键员工与乔卓尔·班克天文台卓瑞尔河天体物理中心和剑桥大学的同事一起工作。

哈特·拉奥和罗兹支持的早期工作是调查南非是否拥有可以支持大型射电望远镜的无线电静区。政府再次介入，通过一项法案建立了一个大型的无线电静默保护区，甚至可以拆除某些广播设备。在荷兰射电天文研究所（ASTRON）专家的帮助下，组装了一些移动设备，并对预留区域进行了测试，为未来的 SKA 中心场址征地做准备。这是一项信念行动，因为若干年内都不会做出任何科学空间保护区的决定。

对背景技能的另一个重要贡献是斯泰伦博斯大学发展起来的计算电磁学技能。这导致了以三维全波电磁仿真软件（FEKO）工具而闻名的衍生公司 EMSS[②] 的诞生。此外，一个强大的电磁干扰和缓解小组发展壮大，形成了 MESA[③]。显然，高性能的天线设计和安静的无线电环境是无线电天文台的关键组成部分。

在开普敦大学（UCT），一个强大的雷达系统小组不断发展壮大，利用可重构逻辑（FPGA）开发信号处理技术，并衍生出开放燃料公司（Open

① 哈特射电天文台。http://www.hartrao.ac.za/. 2021 年 2 月 21 日访问。

② EMMSFEKO 被投资者收购。https://www.altair.com/feko/.2021 年 2 月 21 日访问。

③ Mesa 解决方案。https://www.mesasolutions.co.za/activities.2021 年 2 月 21 日访问。

Fuel)。此外，开普敦大学的一批科学家和工程师在科技部的激励和支持下建立了高性能计算中心①，包括一个先进计算机工程（ACE）实验室②。系统工程是 UCT 师生为南非射电望远镜做出的重要贡献。开放燃料公司将其全体员工调往 KAT7 项目，为迅速壮大的 KAT7 团队强大的数字能力奠定了基础。

为了向不断发展的 SKA 联盟证明南非的科学和工程能力，科技部为设计、建造和测试带有 7 个 15 米天线的卡鲁阵列望远镜（KAT7）提供了支持。首先，在哈特射电天文台的深空跟踪站调试了一个带喇叭阵列馈电的实验天线，并在新获得的站点上将单馈电版本用于 7 个阵列。KAT7 取得了巨大成功。通过上述技能组合，研制出了一台现代化的孔径合成望远镜，并配备了现代化的可重新配置的网络信号处理器。在此期间，南非为 CASPER③计划做出了巨大贡献，接管了 ROACH 处理器的开发工作。ROACH2 成为包括 KAT7 在内的世界各地许多望远镜的支柱。由沃西默（Werthimer）在加州大学伯克利分校发起并持续开展的 ROACH 活动已成为一个平台，在学生和博士后研究员的推动下，促成了全球范围内的杰出合作。

重要的是，政治家们要认识到，资助和中标承办大型国际设施并不会自动带来大额的本地合同。从本质上讲，这些项目的结果是联合体中的每个国家都能获得吸收本国贡献的工程。然而，基础设施的土建工程最容易由东道国的公司来实施，而且系统的长期运行很可能由当地工作人员主导，从而带来经济效益。向当地研究人员和学生提供设施也是吸引这些引进的科学、工程和技术资源的一个重要因素。

以南非为例，该国科学家和工程师的专业精神赢得了广泛赞誉，他们为国际 SKA 做出了巨大贡献，并将继续如此。为设计、建造、测试和操作探路者仪器而组建的庞大团队正在慢慢分散于工业之中。很明显，这些

---

① 高性能计算中心 . https://www.chpc.ac.za/. 2021 年 2 月 21 日访问。

② 先进计算机工程实验室。https://www.chpc.ac.za/index.php/research-and 协作 / ace-lab。2021 年 2 月 21 日访问。

③ 天文学信号处理与电子研究的合作。https:// casper.berkeley.edu/A。2021 年 2 月 21 日访问。

技能的积累将带来强大的本地甚至国际公司，进而能够利用所开发的技术。当地公司的声誉和所获得的技术优势将有望超过政府的巨额投资。对经济学家来说，尝试量化这一点将是一个有趣的项目。

3.1 毛里求斯大学和 SKA：在高级官员和部长会议上的联系

毛里求斯大学（UoM）大学与南非 SKA 的首次接触是在 2004 年。南非科学技术部（SADST）邀请毛里求斯教育和科研部，以及其他南部非洲国家参加 2004 年 10 月 25—26 日在比勒陀利亚举行的研讨会。这次研讨会的目的是研究南非牵头与南部非洲国家共同申办平方千米阵列（SKA）的事宜。每个国家被要求派出 3 名代表，分别来自政府、科学和电信监管机构。毛里求斯代表团由毛里求斯研究理事会（MRC）、毛里求斯信息和通信技术管理局（ICTA）的负责人，以及毛里求斯射电望远镜（MRT）的负责人比哈里（Beeharry）组成。这是南非非洲科学技术部组织的第三次会议，南部非洲国家应邀参加会议，以形成合作。毛里求斯没有参加前两次会议。首次会议之后，双方建立了联系，并在随后几年开展了部际工作。

双年度或年度会议的结构确定为：每个南非 SKA 伙伴国派出一个代表团。代表团团长由现任研究部长或部委高级官员担任，通常为常务秘书级别。可能有一名来自该部的人员负责 SKA 档案。其他代表是提供科学技术专业知识的学者。

会议分两部分举行。第一部分涉及相关的科学和技术问题。每个国家介绍本国在相关科学技术领域的规划、基础设施和人员能力发展方面的准备情况。第二部分进行小组讨论并编写建议报告。在后一部分中，将对报告进行介绍和审议。最后，确定并通过一系列决议和决定。这就为今后在南非和各自的 SKA 伙伴国开展行动奠定了前提。例如①，在南非和各自的

---

① 10 月 16 日在南非开普敦举行的关于 SKA/AVN 的第 5 次部长级论坛会议。https://www.dst.gov.za/images/2018/Final-CRecord-of-the-Fifth-SKA-Ministerial-Forum-2018.pdf.

2016 年第 6 次 SKA 非洲伙伴国会议。2020 年 9 月 18 日检索。https://www. dst.gov.za/index.php/media-room/latest-news/2933-joint-media-statement-on-the-outcomes-of-the-6th-ska-africa-partner-countries-meeting.

SKA 伙伴国开展行动。此外，还可能对东道国进行实地考察。2015 年高级官员会议在毛里求斯举行。①

3.2 毛里求斯的 SKA 相关项目和相关路径查找倡议

在 2004 年之前，除了南非和毛里求斯，其他非洲国家都没有射电天文学方面的经验。毛里求斯已经有了毛里求斯射电望远镜（MRT）。这是一个孔径合成阵列，旨在以 151.5 兆赫的频率观测南天（Golap et al.，1998）。因此，与其他 7 个伙伴国家相比，南亚 SKA 联合体产生了不同的影响。这种影响超越了纯粹的科学和技术领域，进入了政府政策领域。

4 毛里求斯 SKA 相关参与情况

4.1 南非射电天文台人力资本开发计划（Sarao HCD）

毛里求斯参与南非 SKA 联合项目对学术界和学生群体大有裨益。自 2004 年以来，南非射电天文台人力资本开发计划邀请伙伴国的学者参加了许多大会、讲习班和会议，还为学生提供了许多奖学金。这些奖学金大多颁发给优等生、硕士生和博士生。这有助于打破与世隔绝的局面，使毛里求斯的学生和学者接触来自射电天文学界和非洲伙伴国家的同行。这种情况促成了富有成果的多边合作。

其中的许多互动都有利于在项目中建立伙伴关系。这些伙伴关系或者直接与 SKA 的准备工作有关，或者与学生项目的联合监督有关。这让学生们受益匪浅，他们的导师既有来自原籍国的，也有来自射电天文学界的。②

不过，在南非 SKA 联盟内部，学术界还是参与了一些与国家和区域间项目有关的倡议的决策。这也导致一些学者参与了与 SKA 无关的活动。③

① 2016 年第五届 SKA 非洲伙伴国会议。2020 年 9 月 18 日检索。http://pmo.govmu.org/English/Documents/Cabinet%20Decisions%202015/Cabinet%20Decisions%2014%20August%2015.pdf.

② SKA 南非之旅。2020 年 9 月 15 日检索。http://www.skaphase1.csir.co.za/wp-content/uploads/2015/11/SKA-South-Africa-Journey-Brochure.pdf.

③ 同①。

4.2 非洲甚长基线干涉测量（VLBI）网络（AVN）

AVN 是在非洲建设 SKA 的努力的一部分。这是一个由 25 米级碟形射电望远镜组成的网络，用于在非洲开展 VLBI 工作。它将为国际 VLBI 团体所做的科学研究做出重大贡献。这项工作将有助于发展与非洲有关的科学、工程和技术技能。它还将提高SKA伙伴国建设所需的规章制度和机构能力。该计划旨在使非洲伙伴国家能够建造、维护、运行和使用射电望远镜。它将推动非洲的新科学技术发展。它还将在 SKA 伙伴国启动和发展射电天文学科学团体。这将反过来影响当地的工业环境。①

毛里求斯的情况有所不同，因为当地在利用天线孔径合成阵列进行低频射电天文学研究方面经验丰富，需要掌握 25 米级碟形科学和技术方面的专门技能。目前，一些学生正在接受普通射电天文学方面的培训。然而，专业化和实践经验是必不可少的。在规划和运作方面，已经开展了无线电频率干扰场地评估工作（Beeharry，G.K.，私人通信）。

4.3 与 SKA 有关的地方路径探测器计划

毛里求斯学术界参与南非 SKA 联合会的工作，促成了许多与 SKA 有关的地方路径探测器倡议。下文将简要介绍这些举措。

1）中频孔径阵列（MFAA）

作为 SKA 的一部分，MFAA 是正在考虑部署的阵列之一。毛里求斯大学研究了一种低成本解决方案（Beeharry，2015a，b，c; Joyseeree and Beeharry，2015; Jaulim et al.，2015，Dookun and Beeharry，2016）。它由三部分组成。

（1）利用为平方千米阵列第二阶段（SKA2）设计的维瓦尔第天线，建造了一个中频孔径阵列（MFAA）。该阵列是从零开始建造的，而且成本很低。16 个铝制天线元件安装在一个木制平台上。其方向允许在 E 平面和 H 平面上进行极化。每根天线上都铆有一块馈电板。馈电板的独特设

---

① 非洲甚长基线干涉测量（VLBI）网络（AVN）。9 月 18 日检索。https://www.sarao.ac.za/science/avn/.

计实现了超宽带宽并减少了相互耦合。每个天线元件的频率范围为 450—1550 兆赫。它完全符合 SKA 的 MFAA 预期覆盖范围。使用信号发生器、频谱分析仪和第二个维瓦尔第天线发现了维瓦尔第天线的辐射模式。当两根天线面对面时，结果显示出最大值。这证实了维瓦尔第天线的端射特性（Joyseeree and Beeharry，2015）。

（2）为东西向排列的线性双元素干涉仪设计了一个光束前置系统。基于延迟线技术的两个移相器使用同轴电缆和二极管网络进行相位选择和取消选择，中心频率为 10.7 兆赫。每个移相器由 6 位组成，使用阿尔杜诺（Arduino）电路板进行数字控制，以产生 64 个离散相移，最小相移 5。进行了向东 26 的光束形成，发现干涉仪“条纹图案 ”的移动与进行的光束形成相吻合（Jaulim et al.，2015）。

（3）对维瓦尔第（Vivaldi）天线的设计和构造进行了改进。构建了一个由 16 个这样的天线组成的阵列，每个天线都安装了一个低噪声放大器（LNA）。改进了低噪声放大器的结构，使用了表面贴装器件。维瓦尔第天线还在 CST Microwave 软件上进行了建模。通过仿真模型研究了辐射模式、电压驻波比和 S 参数等特性。对两个现有系统、一个后端接收器单元和一个 10.7 兆赫移相器进行了测试、更新，并与前端系统一起实施，以建立一个 16 维瓦尔第线性方形天线阵列（Dookun and Beeharry，2016）。

2）射电天文学多频干涉测量望远镜（MITRA）

射电天文学多频干涉测量望远镜（MITRA）是毛里求斯大学（UoM）和德班理工大学（DUT）的合作项目。原型（MITRA1.0）的频率范围为 200—800 兆赫。基线范围从一个台站的几米到整个仪器的 250—500 千米至 1000—3000 千米。该仪器采用模块化设计，由多个台站组成。每个台站可以独立运行，也可以使用整个仪器的子集。整个仪器的最终技术指标取决于参与者的数量。已经在毛里求斯布拉多（Bras d'Eau）地区的毛里求斯射电望远镜（MRT）站和南非德班的 DUT 站建造了两个相同的原型阵列，每个阵列有 16 根天线（Armoogum and Beeharry，2013; Beeharry，2014a，b，c，2015a，b，c; Beeharry er al.，2011，2012a，b， c，2013a，b; Dookun and Beeharry，2016; Ingala，2013; Jaulim et al.，2015; Joyseeree and Beeharry，2015; Prithee and Beeharry，2013）。南非科学技术部长于 2011 年访问了 MITRA。[①]

3）毛里求斯氘望远镜（MDT）

毛里求斯氘望远镜（MDT）是南半球的一个低频射电望远镜。它的设计和原型是为了观测 327.4 兆赫的氘原子发射。该望远镜将利用 322—328.6 兆赫的射电天文学保留波段，主要在该波段附近工作。通过使用受保护频段的无线电频率，可将干扰问题降至最低。这种射频干扰主要是由于民用活动的杂散发射造成的。

启动该项目有几个原因。首先，毛里求斯是 SKA 的伙伴国，因此该国必须拥有一台全面运作的射电望远镜，以助力该领域的发展。其次，目前只对氘进行过一次专门实验，研究小组认为进行第二次实验将对科学做出巨大贡献。最后，研究小组将利用从这项工作中获得的经验，掌握新型射电技术的基本实践知识。这将有助于建造和部署更复杂的仪器，如 SKA 相关仪器。

我们的工作重点是设计和建造一个灵敏的高分辨率双极性仪器。该仪器将使用多站低成本偶极子，如八木天线（Yagi-Uda antennas）。工作带宽将在 300—350 兆赫。前端设计保持简单，使用廉价、易于设计和建造的天线。大部分工作由接收器通过先进的数字信号处理技术完成。这与过去形成了鲜明的对比，因为过去的情况正好相反。这主要是由于当时的接收机噪声非常大。一个子阵列原型已经建成，正在进行测试。

利用 TEC 的资金，毛里求斯大学邀请我们中的一位（英格斯）与 MRT 的员工和学生一起工作 6 个月。他最初只能工作 3 个月。在此期间，他主要负责协助实施毛里求斯氘望远镜系统工程，重点是阵列天线和前端电子设备。此外，在 CASPER 小组的协助下，为相关器选择了新的 SNAP

---

① 2011 年 9 月 19 日（星期一），南非科学技术部部长潘多尔博士访问毛里求斯大学。2020 年 9 月 18 日检索。https://uomnews.wordpress.com/2011/09/23/multifrequency-interferometry-telescope-for-radio-astronomy-in-mauritius/#more-715.

电路板。一名来自德班理工大学（DUT）的学生在早期阶段协助进行了FPGA 编程。

FEKO 用于模拟各种八木阵列，以用作阵列的元素。尝试了不同八木天线的各种组合，并模拟了由此产生的阵列性能。由于缺乏天线测试范围，因此将单个八木天线的计算结果与文献中公布的基于现场测量的单位进行了比较。在计算结果与测量结果之间获得了良好的对应关系，为阵列预测提供了信心。

毛里求斯的潮湿环境意味着必须小心实施低噪声放大器及其与八木驱动元件的耦合。考虑到所需的高总体增益，设计并测试了分段放大，并在一定距离内分布，以避免不稳定。

英格斯具有遥感背景，因此能够向许多政府机构和研究机构做报告。在年度科学会议上，英格斯发表了一篇论文，介绍射电天文学教学和研究作为众多重要商业方向的推动者的优势。他还参加了一些当地的SKA 联络会议。因此，虽然资助的是射电天文学交流，但广泛的交流是可能的。

5 毛里求斯的优势

我们可以从南非 SKA 方面的经验中学到很多东西，同时也要注意到，根据毛里求斯的技术基础设施，必须在哪些方面降低期望值。南非有 100多年的技术发展历史，资金来源是采矿业，然后是种族隔离制裁期间的进口替代需求。这使南非拥有了核武器制造以及建造和发射卫星的能力。

如本文所述，毛里求斯拥有受过良好教育的人才，但工业能力却不强。糖的种植和提炼是个例外，同样还有服装制造。有技能的人口也可以成为信息技术和商业领域的一支强大力量，并可以进入电子工业领域。不过，东方国家可能在低水平制造业中占主导地位，毛里求斯可将重点放在更专业的设备上。

对射电天文学的投资必将促进科学、技术和创新，传播本岛的科学和工程能力，或许还能吸引专业设备开发和制造方面的投资者。例如，医疗设备。

“新空间”产业蓬勃发展，吸引该产业落户毛里求斯可带来诸多益处。空间技术和卫星建造为培训人员和学生提供了大量机会，但射电天文学也涵盖了许多核心技术和无争议的国际合作项目。

要使毛里求斯岛发展成为一个先进的电子制造经济体，毛里求斯政府就必须对本地的射电天文学和/或空间技术项目进行大量投资。

毛里求斯参与南非 SKA 项目取得了一些重要成果。

在科学、工程和教育方面，它已经实现了：

（1）帮助当地学者、工程技术人员与非洲和国际同行，以及学生和博士后进行交流。这促成了互动，进而建立了持久的联盟。

（2）为启动新的射电天文学非洲间合作项目 MITRA 播下了种子。

（3）为设计和开发新的本地射电天文阵列 MDT 提供了灵感。

在机构间方面，它实现了：

（1）帮助成立了一个高级别指导委员会及其工作组。这产生了一些潜在的后果。

（2）提高人们对南非 SKA 项目的科学技术进步可能带来的众多工业机会的认识。

（3）促进政府机构和半官方机构联合开展新的科学技术活动。

6 区域科学和外交

6.1 毛里求斯签署非洲射电天文学合作谅解备忘录

2016 年，毛里求斯同意签署非洲射电天文学合作制度化谅解备忘录（MoU），作为非洲 SKA 的一部分。这样做是为了加强射电天文学和 AVN 的合作，为非洲 SKA 项目做准备。主轴是科学和机构能力建设，以促进射电天文学的发展。此外，还提到了资金和技术资源问题。[①]

6.2 毛里求斯 SKA 指导委员会

2016 年签署谅解备忘录之后，毛里求斯成立了一个指导委员会，以规划和实施毛里求斯的 SKA 项目。[②] 该指导委员会由教育和人力资源、高等教育和科学研究部组成，其他几个部委和政府机构利益攸关方也参与其中。除此之外，指导委员会还得到以下四个工作组的支持：

第 1 工作组——技术事项；

第 2 工作组——人力资本开发（由我们中的一人担任主席，GKB）；

第 3 工作组——高性能计算（HPC）；

第 4 工作组——市场营销和资金。

指导委员会责成各工作组就各自的职权范围提交报告。人力资本发展工作组组长指导了无线电频率干扰活动。2018 年 4 月举行了指导委员会第五次会议。此后至 2021 年 1 月未再开展任何活动。随后，上级部委代表、SARAO 代表和 UoM 学术界代表举行了一次虚拟会议。我们中的一位（比哈里）领导着第 2 工作组。在毛里求斯期间，英格斯以顾问身份参加了指导委员会的两次会议。

7 挑战和未来展望

如果在后新型冠状病毒感染疫情时代有充足的资金，我们现在将深入探讨未来可能的发展。

（1）MITRT 和 MDT 的科学技术发展可以继续。可以在其他非洲国家推广和实施这两项设施。

---

① 非洲平方千米阵列（SKA）项目背景下非洲射电天文学合作制度化谅解备忘录。2020 年 9 月 18 日检索。https://pmo.govmu.org/CabinetDecision/2016/Cabinet%20Decisions%2025%20March%202016.pdf.

② 毛里求斯平方千米阵列工作组和指导委员会。https://pmo.govmu.org/CabinetDecision/2017/Cabinet_Decisions_taken_on_31_MARCH_2017.pdf.

（2）如果有适当的鼓励和激励措施，高性能计算、射频电子和网络方面的相关本地工业发展可以实现。

（3）推动当地与 SKA 有关的举措制度化，类似于南非射电天文台（SARAO）。

（4）扩大与南部非洲伙伴国家的合作。

（5）寻求更多的全球科学技术联盟。

8 结论

在当前的形势下，对尖端项目的高额投资是难以想象的。然而，正如当地过去在不同领域所证明的那样，挑战是可以应对的，障碍是可以克服的。在当地实施非洲 SKA 将为工业界和学术界带来新的机遇。不采取任何行动都可能是一种失误，因为这将关闭科学和工业领域多条大有可为的路径。

致谢。笔者感谢毛里求斯大学物理系主任和副校长提供了展示这项工作的机会。笔者还要感谢上级教育和人力资源、高等教育和科学研究部，感谢他们成为指导委员会和工作组的成员。笔者还要感谢高等教育委员会（HEC，前身为 TEC）的资助。最后，还要感谢南非科技部和南非射电天文台的多次邀请和提供机会。

参考文献

Armoogum J, Beeharry G K（2013）Digital back end schemes for the MITRA. IEEE/URSI Africon 2013.

Astronomy Geographic Advantage Bill. https://www.gov.za/documents/astronomy-geographic-advantage-bill-0. Accessed 21 Feb 2021.

Beeharry G（2014a）Developments in Mauritius. “Transformational Science with the SKA” conference workshop “Science interest for a mid-frequency aperture array in southern Africa”, Stellenbosch, South Africa, February 2014a.

Beeharry G K (2014b) MITRA. In: 1st MIDPREP workshop and AAMID consortium meeting, ASTRON, Dwingeloo, Netherlands, April 2014b.

Beeharry G K (2014c) Aperture arrays for Africa. African SKA Senior Offificials' Meeting, Nairobi, November 2014c.

Beeharry G K (2015a) MITRA update & MFAA in Mauritius. In: 2nd MID-PREP workshop and AAMID consortium meeting at the Instituto de Telecomunicações, Campus Universitário de Santiago, Aveiro, Portugal.

Beeharry G K (2015b) The MITRA as a solar and ionospheric instrument. United Nations/Japan Workshop on Space Weather “Science and Data Products from ISWI Instruments”, Fukuoka, Japan, March 2015.

Beeharry G K (2015c) MITRA update & MFAA in Mauritius. In: 2nd MID-PREP workshop and AAMID consortium meeting at the Instituto de Telecomunicações, Campus Universitário de Santiago, Aveiro, Portugal. https://www.astron.nl/midprep2015c/programme.php. Accessed 18 Sept 2020.

Beeharry G K (2018) Private communication to the Ministry of Education and Human Resources, Tertiary Education and Scientifific Research.

Beeharry G K, MacPherson S D, Van Vuuren G P J (2011) The MITRA. In: 6th African SKA working group meeting, Pretoria, South Africa, June 2011.

Beeharry G K, MacPherson S D, Van Vuuren G P J (2012a) A multifrequency interferometry telescope for radio astronomy: MITRA (an update). In: SKA Bursary conference, Stellenbosch, South Africa, 2012.

Beeharry G K, MacPherson S D, Van Vuuren G P J (2012b) The MITRA update. In: 7th African SKA working group meeting, Gaborone, Botswana, January 2012.

Beeharry G K, Mac Pherson S D, Van Vuuren G P J (2012c) The MITRA update. In: 8th African SKA working group meeting, Pretoria, South Africa, October 2012.

Beeharry G K, Mac Pherson S D, Van Vuuren G P J (2013a) The multifrequency interferometry telescope for radio astronomy (MITRA). IEEE/URSI Africon 2013.

Beeharry G K, Mac Pherson S D, Van Vuuren G P J (2013b) Multifrequency interferometry telescope for radio astronomy (MITRA) : Science and technology. G.P.J. Xplore, 2013.

Dookun A B S, Beeharry G K (2016) A front-end system for a prototype mid-frequency prototype aperture array in Mauritius. BSc (Hons) research project University of Mauritius.

Gledhill J A (1967) Magnetosphere of Jupiter. Nature 214:155–156.

Golap K et al (1998) A low frequency radio telescope at Mauritius for a southern sky survey. J Astrophys Astron 19 (1–2) :35–53. 1998JApA...19...35G. R. http://articles.adsabs.harvard.edu/ cgi-bin/nph-iarticle_query?1998JApA...19...35G. Accessed 15 September 2020.

Ingala D (2013) An overview of the MITRA radio telescope signal chain. IEEE/URSI Africon 2013.

Ingala D (2015) Development of a multi-frequency interferometer telescope for radio astronomy (MITRA) . Masters of Technology Thesis in Electronic Engineering at the Durban University of Technology, January 2015.

Jaulim A, Beeharry G K, Oree S (2015) A beamformer for a prototype vivaldi mid frequency aperture array. IEEE RADIO 2015, conference paper.

Joyseeree S, Beeharry G K (2015) Design and construction of a prototype vivaldi antenna mid frequency aperture array. In: IEEE RADIO 2015, conference paper.

Prithee N, Beeharry G K (2013) A prototype data transport system for the MITRA. IEEE/URSI Africon 2013.

Ragoomundun N, Beeharry G K (2019) A hybrid SDR-GPU receiver for a low-frequency array in radio astronomy. Exp Astron 47:313.

Ragoomundun N, Beeharry G K (2020) A cuBLAS-based GPU correlation engine for a low frequency radio telescope. Astron Comput 32:100407. ISSN 2213-1337.

UNDP (2019) 2019 Human Development Report. United Nations Development Programme. http://hdr.undp.org/sites/default/fifiles/hdr2019.pdf. Accessed 10 Dec 2019.

印度与日本和法国的科学技术合作：倡议和伙伴关系

普尼玛·鲁帕尔①

摘要：科学技术合作是印度和多个国家外交关系中的重要支柱，因为基于科学的方法有助于通过为全球关切的问题提供解决方案，为人们的生活带来切实改善。大多数知识驱动型经济体具有巨大的互补性，这为应用科学与技术寻找创新和负担得起的解决方案来应对社会挑战创造了无限机会。印度利用科学外交扩大了在科学、技术和创新领域的参与范围，与日本和法国在海洋和地球科学与技术、利用和探索外层空间，以及应对与水有关的挑战等不同领域发起了多项倡议。事实证明，这种合作是在国家、大学或工业层面建设基础设施、发挥科学技术专长和建立新桥梁的重要工具。这种合作与相应的教育计划和外联活动一起，一方面推动了知识前沿

① 普尼玛·鲁帕尔

印度—法国高等研究促进中心（Centre Franco-Indien Pour La Promotion de La Recherche Avancée-CEFIPRA），5B，一层，印度人居中心，Lodhi 路，新德里 110003，印度

电子邮箱：purnimarupal@gmail.com

维努戈帕兰·伊特科特，贾斯迈特·考尔·巴韦贾（主编），发展中国家的科学、技术和创新外交，发展研究

https://doi.org/10.1007/978-981-19-6802-0_19

的发展，造福全球；另一方面加强了与社会重要阶层的联系，并促进了整体政治关系。本文汇集了印度与日本、法国的各种科学技术倡议和伙伴关系。

关键词：科学外交；战略伙伴关系；科学技术；科学、技术和创新；法国；日本；印度

1 引言

从国际科学合作和双边合作这两个角度，可以很好地界定科学知识的进步，以确保为更广泛的国家利益提供科学能力（Vaughn et al.，2018）。科学外交包含了这些为直接和间接国家利益而努力的概念。为了实现全面发展的目标，科学外交被视为一个需要推广的重要工具。为实现这一目标，各科学技术部/局正在任命与研究和教育系统有正式联系的科学顾问、科学参赞。

2009 年，在英国威尔顿宫举行的一次皇家学会会议上，科学外交这一全球实践的概念得到了强调和应有的重视。这次会议最具影响力的成果是提供科学建议，为外交政策目标提供信息和支持，促进国际科学合作外交，以及通过科学合作改善国际关系（Royal Society，2010）。

2 科学部门在加强印度外交政策中的作用

科学外交的有效框架主要是通过在国际科学和科学外交中投入一个国家的智力资源来实现的。一个国家促进科学外交的努力必须被视为促进其国家利益的建设性措施。旨在为促进国家需求、解决跨境利益问题，以及应对全球需求和挑战而设计的议程是科学外交的新选择。这些新套路是有益的，因为它们区分了这一职能将由各部委和科学部门通过充分的政治干预和适当的政策来管理。每套新方案都有其自身的意义，通过这些方案，可以考虑到明确的期望和政府机构的作用，从而提出有效倡议并进行协调。

要发展这一新的分类法，科学技术部和外交部内部需要建立科学咨询机制，并获得适当的科学专门知识，尽管规模较大的部委都设有专门的科学技术小组，而且几乎每一位科学外交官都有公认的科学背景。1999 年 11 月，内阁秘书处成立了印度政府首席科学顾问办公室。[①] 首席科学顾问办公室的职责是就科学、技术和创新相关事宜向总理和内阁秘书处提供务实的建议，重点是与政府部门、机构和行业合作，将科学技术应用于关键的基础设施、经济和社会部门。阿卜杜勒·卡拉姆（A. P. J. Abdul Kalam）博士于 1999—2001 年担任第一任首席科学顾问；R. 吉登伯勒姆（R. Chidambaram）博士接替阿卜杜勒·卡拉姆博士，于 2001—2018 年担任首席科学顾问；K. 维杰·拉格万（K. Vijay Raghavan）教授于 2018 年 4 月 3 日接替 R. 吉登伯勒姆博士。建立这些科学咨询机制的愿景是有效实施和执行政府的政策和计划，促进社会和经济的进步。这些内部专家和他们的团队将帮助提高科学技术领域的能力，使其与各国的社会需求产生共鸣。负责在国内实施科学技术政策的政府部门和部委与首席科学顾问在业务和战略上有着密切的联系。

科学家或专业人员可能从其母国机构（如部委、大学或研究中心）被任命到使馆，负责协调科学、技术和创新（STI）事务。他们的职位名称差别很大，如科学参赞（法国）、科学专员（美国）、科学顾问或协调员（西班牙）、科学特使（也是美国）或科学处（印度）。科学参赞通常具有良好的科学知识或理解能力，能够更好地与科学界接触，促进两国在科学、技术和创新问题上的顺利合作。然而，不同的国家有不同的科学合作模式，例如，美国采用的是科学专员模式，由外交官来完成这项任务，而在印度，科学家被任命为大使馆的科学参赞。[②]

科学顾问的主要作用和职责通常是跟踪联合合作计划的实施情况，并

---

① 印度政府首席科学顾问办公室。https://www.psa.gov.in/abo ut-us.

② 使馆科学参赞、专员、顾问和特使，S4D4C 欧洲科学外交在线课程。https://www.s4d4c.eu/topic/2-3-3-science-counsellors-attachesadvisers-and-envoys-in-embassies/.

就与认证国在科学、技术和创新领域开展双边合作的新领域提出建议。这些科学官员发挥重要作用，充当科学技术活动信息的协调中心，并与认证国的有关政府部门、研发机构、学术和研究机构等进行联络。因此，科学参赞通过与各自负责促进和传播科学、医学、工程学和社会科学的国家机构建立牢固的联系，同时根据具体情况承认机构的自主权，有助于促进加强科学技术合作。

印度科学技术部各主要部门的国际司在科学外交中发挥着举足轻重的作用。科学技术领域的国际合作现已被视为扩大外交利益和促进贸易的无懈可击的战略。科学和创新不仅被用作展示国家利益的工具，还通过促进STEM（科学、技术、工程和数学）部门的发展，提高中低收入国家的科学素养和能力建设，从而协助和帮助这些国家的发展。因此，科学是一项世界性的事业，各国的研究机构和科学界都在大力推动科学技术进步。

3 通过科学外交解决全球问题

科学外交被视为制定科学、技术和创新政策（STIP）以建设基础设施的一个重要方面。它被用来释放其他国家的科学技术专长。科学外交还有助于促进关系，并通过谅解备忘录，以及国家、大学或行业层面的伙伴关系协议建立新的桥梁。它还有助于扩大与科学界的联系。科学外交是一项重要工具，在改善不同国家之间的关系方面具有巨大潜力。各国之间的科学援助是通过复合行动进行的，从非正式的科学家到科学家伙伴关系，从研究机构之间的合作到科学组织之间的正式协议。印度科学技术部（DST）是负责制定和实施这些协议的节点科学部门之一。在一些国家，国际参与取得了更大的进展，导致双边科学技术中心的建立。[①]

为了全球利益，各国必须将本国关切放在一边，扩大解决海洋污染、全球生物多样性、臭氧消耗、气候变化、水和传染病等问题的范围。在本

① 国际科学技术合作，https://dst.gov.in/international-st-cooperation.

文中，笔者分享了她在新德里印度科学与工业研究理事会国际科学技术事务局的职业经历[①]，她在印度驻日本东京代表团担任印度科学技术参赞的经历，以及她目前担任新德里印度—法国高级研究促进中心（IFCPAR/CEFIPRA）主任的经历。

3.1 印度和日本

印度和日本是亚洲最大的两个经济体，其中科学技术已被确定为两国在特别战略和全球伙伴关系下开展双边合作的重要支柱。科学技术在两国的外交关系中发挥着举足轻重的作用，因为以科学为基础的方法正在为两国人民的生活带来许多切实的改善。印度和日本之间的科学技术外联活动在战略上是联系双方社会重要阶层的有力工具。国际科学技术合作是为气候变化和防治新发传染病等全球性问题寻找解决方案的重要途径。印度与日本的双边科学技术合作促进了友好关系，加强了双方的政治关系，有助于促进民主和公民社会，并推动了知识前沿的发展，从而造福全球。

第二届印度—日本清洁能源与能效政府—民间研讨会于 2018 年 5 月举行，旨在落实印度—日本清洁能源与能效合作计划。日本环境国务大臣出席了 2018 年 11 月 30 日在新德里与日本教育部合作举办的“第三届废物变废为宝项目 PPP 模式国际会议”。日本环境省还于 2018 年 12 月在钦奈举办了日本“废水处理”（Johkasou）技术研讨会。环境、森林和气候变化部（MoEFCC）和印度政府代表团参加了 2019 年 5 月 27—29 日在日本举行的林业联合工作组第一次审查会议（https://www.indembassy-tokyo.gov.in/st_cooperation.html）。

日本宇宙航空研究开发机构（JAXA）与印度空间研究组织（ISRO）之间的合作可以追溯到 20 世纪 60 年代，当时在图姆巴（Thumba）建立了图姆巴赤道火箭站（Thiruvananthapuram）。来自日本的科学家，特别是名古屋大学的科学家，成功地利用印度空间研究组织在图姆巴的

① 国际科学技术事务局（ISTAD），https://www.csir.res.in/divisions/international-staffairs-directorate-istad.

设施和海得拉巴的气球设施对宇宙进行了 X 射线、伽马射线和红外观测（https://www.indembassy-tokyo.gov.in/st_cooperation.html）。印度空间研究组织（ISRO）和日本宇宙航空研究开发机构（JAXA）正在敲定有关 SAFE 农业气象项目合作活动的实施安排（IA）。该项目利用通过 ISRO/MOSDAC 和 JAXA/JASMIN 分发的星基气象数据开发“Agromet”产品，以整合太阳辐射、降雨、地表温度、土壤水分和归一化植被指数（NDVI）。日本宇宙航空研究开发机构和印度空间研究组织将通过亚太区域空间机构论坛框架下的亚洲哨兵项目在减灾领域开展合作。第 26 届亚太空间论坛在名古屋（日本）闭幕，主题为“推进多样化联系，迈向新的空间时代”，论坛由日本文部科学省（MEXT）和 JAXA 共同组织，印度空间研究组织也参加了会议。

正如日本有“社会 5.0”的概念一样，印度也有“数字印度”“智慧城市”“初创印度”等旗舰计划，以促进“生活便利”，关注聚焦人工智能（AI）、大数据和物联网（IoT）等下一代技术。鉴于这些互补性和融合性，双方签署了共同工作合作协议。印度信息技术和电子部将是印度方面实施该计划的节点机构，通信部、DIPP 和 NITIAayog 将作为其他利益相关者。日本经济产业省（METI）、文部科学省（MEXT）和 MIC 将作为其他利益相关方（https://www.meti.go.jp/english/press/2018/1029_003.html）。IJDP 还包括在印度和日本之间建立“创业中心”。在 2018 年 5 月日本大臣访问期间，双方签署了《日印初创企业倡议联合声明》。日本贸易振兴机构在班加罗尔建立了第一个初创企业中心，而印度投资局则在 https://www.startupindia.gov.in/japan 上推出了 IJDP 门户网站。在“数字伙伴关系”的广泛愿景下，两国政府推动开展了各类活动和具体项目。

印度农业研究理事会（ICAR）和日本国际农业科学研究中心（JIRCAS）正携手开展全面的研究合作。第一次启动会议于 2018 年 6 月 15 日在卡纳尔举行，双方讨论了在受盐影响田地开发低成本地下排水和灌溉技术以促进可持续农业生产，以及开发地区采用的耐盐作物等方面的合作。据此，JIRCAS 与 ICAR 下属的中央土壤盐分研究所（CSSRI）和印度农业研究所

（IARI）展开了土壤盐分缓解和耐盐作物改良方面的合作。日本农林水产省（MAFF）与印度农业和农民福利部（MoAFW）也在相关领域开展合作。在 2017 年印度世界粮食大会（WFI）之后，于 2017 年 11 月 6 日举行了第一次联合工作组会议（JWG）。确定的 3 个合作领域包括农业生产力、食品加工和渔业。在第一次联合工作组讨论的基础上，MAFF 和 MoAFW 商议了促进对印度农业和渔业投资的方式，并于 2018 年 10 月 29 日签署了《日本促进对印度农业和渔业领域投资的方案》。日本 ISE 食品公司在日印食品商务理事会支持下的特兰加纳大型项目被登记为该计划的第一个投资案例。MAFF 和 MoAFW 还讨论了建立印日农业卓越中心的问题。

地球科学部（MoES）和日本海洋地球科学技术中心（JAMSTEC）正致力于通过联合调查、巡航、研发活动等，在平等互利的基础上，在海洋和地球科学技术领域开展合作。2018 年 7 月，教育和科学部与 JAMSTEC 确定了 3 个联合项目，涉及季风预测气候建模、深海勘探，以及安达曼海地震和海啸预警研究等领域。其他各种机构，如国家极地和海洋研究中心（NCPOR）和日本国家极地研究所（NIPR）也在合作开展联合研究活动（https://www.meti.go.jp/english/press/2018/1029_003.html; https://www.indembassy-tokyo.gov.in/jp/st_cooper ation_jp.html）。

印度科学技术部生物技术司和印度政府正在与日本国家先进工业科学技术研究所（AIST）开展全面合作。在印度—日本战略和全球合作伙伴关系下，8 个以药物 / 疾病治疗（如癌症等）为重点的项目得到了支持。与东京计算生物学研究中心（CBRC）的科学家合作，在生物信息学领域资助了 4 个项目，包括开发软件工具以识别和描述嗅觉受体成员、设计用于癌症靶向给药系统的受控机体凝集素，以及识别耐多药细菌的外排泵抑制剂。与筑波生物医学研究所（Biomedical Research Institute at Tsukuba）合作，在细胞工程领域支持了另外 4 个项目，重点研究探索癌症以及利用芦荟植物化学物质进行干预的新方。位于日本 AIST 筑波校区生物医学研究所（BRI）的 DBT-AIST 国际先进生物医学联合实验室（DAILAB）也于 2013 年 10 月成立。这两个机构在生命科学和生物技术领域的第一个国际实验室正在积极开展针对压力、老化和癌症干预的综合药物筛选研究项目，重点是阐明所选定药物的功能机制，此外还为印度和其他国家的青年研究人员开展了多项教育和培训计划。在德里印度理工学院、印度法里达巴德生物技术区域中心、斯里兰卡斯里贾亚瓦德纳普拉大学、印度马尼帕尔大学和印度锡金大学建立了特殊培训教育和研究卫星学院（SISTER）。DBT 还与 AIST 签订了联合研究合同，在同一次访问中将 DAILAB 扩展为 DAICENTER。DIACENTER 扩大了合作范围，与印度和其他亚洲国家（如斯里兰卡、印度尼西亚和泰国）的一些机构开展重点研究活动。它将专注于将学术界与产业界、网络创新与创业精神联系起来，从而促进两国的科学技术关系。DAILAB 已成为印日科学技术合作的典范（For more details，https://unit.aist.go.jp/bmd/en/information/DAICENTER.html）。

AIIMS 与大阪大学携手开展研究与学术合作。两国还在医疗保健领域就三级医疗保健、医院基础设施建设、发展医疗物流和促进医疗保健创新网络等具体项目开展合作。推广阿育吠陀也是两国的优先事项。为此，于 2019 年 12 月分别与神奈川县、神户市和东京都合作举办了主题为“健康老龄化和阿育吠陀”的阿育吠陀研讨会（https://www.indembassy-tokyo.gov.in/jp/st_cooperation_jp.html）。

印度核学会（INS）和日本原子能学会（JAES）正在合作促进和平利用核科学技术（https://www.ind embassy-tokyo.gov.in/jp/st_cooperation_jp.html）。因此，《印度—日本和平利用核能合作协定》于 2016 年 11 月签署，并于 2017 年 7 月生效。该协议具有纪念意义，因为日本是世界上唯一遭受过核打击的国家。该协议涵盖了合作的多个方面，从信息和专业知识的交流到反应堆设计和建造方面的支持。一个有争议的方面是“无效条款”，该条款在印度进行核试验的情况下自动暂停双方之间的合作。“然而，通过在条约中附加一份单独的备忘录解决了这一问题，该备忘录规定，如果印度违背其对 NSG 的不试验承诺，日本可以中止与印度的合作”。该协议推动了两国之间的“特殊和特权战略伙伴关系”，在过去 10 多年里，这种关系得到了极大的发展。这对印度来说是一个突破，因为它成为第一个与日本签署民用核合作协定的非《不扩散核武器条约》签署国，从而实际上承认了印度作为核武器大国的事实地位（https://www.orfonline.org/research/india-civil-nuclear-agreements-new-dimension-india-global-diplomacy/）。

高能加速器研究组织（KEK）和印度科学技术部正在联合开展科学技术合作，以进一步加强两国之间的合作。在 KEK 的光子工厂建立一条印度光束线也是这一合作的一部分（https://www2.kek.jp/en/press/2008/PFMoU.html）。印度光束线项目是在日本筑波高能加速器研究组织（KEK）的光子工厂启动的，目的是在先进材料研究领域开展科学合作。印度科学技术部于 2010 年建立了第一条印度光束线。该项目于 2015 年 3 月完成。日本文部科学省和印度科学技术部同意再为光束线的第二阶段提供 5 年支持。因此，KEK 和 DST 之间的合作于 2015 年 6 月延长，以继续在筑波的 KEK 光子工厂进行印度光束线的第二阶段工作，用于先进材料研究领域的研发。共有 186 名印度科学家使用 389 天的束流时间进行了 77 项实验，创造了新的知识，并在国际期刊上发表了研究论文。根据协议，光子工厂（PF）的国际用户现在可以使用印度光束线 50% 的时间，而 50% 的时间将留给印度科学家（https://www.indembassy-tokyo.gov.in/st_cooperation.html）。

印度和日本还在网络安全领域开展了重要的联合活动。双方将在包括联合国在内的国际舞台上建立合作，讨论并分享战略和最佳做法，以促进信息通信技术（ICT）产品供应链的完整性。这将加强双方共同关心领域的合作，其中包括网络空间领域的能力建设、保护关键基础设施、新兴技术合作、共享网络安全威胁 / 事故和恶意网络活动的信息，以及应对这些威胁 / 事故的最佳做法。根据这项合作，印度和日本将建立切实合作的联合机制，以减轻对信息和通信技术基础设施安全的网络威胁。目的是通过政府与政府、企业与企业之间的合作，继续对话和参与互联网治理论坛，加强 ICT 基础设施的安全，并支持两国所有利益相关方积极参与这些论坛（https://www.news18.com/news/business/cabinet-approves-cybersecurity-pact-between-india-and-japan-2941605.html）。

为启动青年研究人员互惠奖学金计划，印度科学技术部与日本学术振兴会（JSPS）达成了一项联合协议。研究基金计划的指导方针已经敲定，该计划于 2017 年启动。印度科学技术部与日本科学技术振兴机构于 2015 年 12 月签署了国际战略合作计划意向书。该意向书旨在促进印度和日本在信息和通信技术（包括物联网、人工智能和大数据分析）中物理科学功能应用方面的合作活动。为响应最近根据该 LoI 发出的联合呼吁，2016 年成立了 3 个印度—日本联合实验室，分别涉及“以物联网和移动大数据分析为目标的智能可靠网络物理系统架构”“物联网空间安全”“基于数据科学的农耕支持系统，促进气候变化下的可持续作物生产”。2018 年 10 月，印度科学与工业研究理事会（CSIR）与广岛大学（HU）签署了研究合作谅解备忘录。HU-CSIR 国际研究与教育中心于 2018 年 4 月在广岛大学东广岛校区成立，为访问广岛大学或日本研究机构的 CSIR 高管和研究人员预留了空间。该中心促进广岛大学的实验室与 CSIR 的 38 个实验室在联合实验室开展研究合作。此外，根据这一广泛的谅解备忘录，CSIR 中央电子工程研究所（CEERI）、CSIR 国家航空航天实验室（NAL）、CSIR 中央机械工程研究所（CMERI）和 CSIR 国家环境工程研究所（NEERI）正在与广岛大学在机器人领域开展各种联合项目活动，将人工智能、控制系统和计算机视觉等技术应用于无人机 / 无人驾驶飞机。根据现有数据，印度约有 105 所大学 / 学院与日本约有 65 所大学建立了学术和研究伙伴关系（包括交换学生）。此外，根据日本学生支援机构（JSSO）的数据，截至 2018 年 5 月，共有 456 名印度学生在日本攻读博士 / 博士课程（https://www.indembassy-tokyo.gov.in/st_cooperation.html）。

确定和分析驻地国所有利益相关方的科学进步以及研究、开发和创新战略，都是科学顾问工作的基本内容。这些信息需要认真报告给本国的部委、研究中心、创新机构和企业，以便签署和执行各种谅解备忘录、合作意向书和合作协议。科学参赞将邀请本国的主要研究人员和机构到国外展示他们的研究活动，例如通过组织各种活动、研讨会和会议，推广本国的知识成果，提升本国的科学技术形象。在印度—日本科学委员会（IJSC）的指导下，根据与日本学术振兴会（JSPS）开展的印度—日本合作科学计划，促成了 277 个联合项目、1534 次科学家互访、40 次联合研讨会 / 讲习班、15 次亚洲学术研讨会 / 日印论坛，以及 17 次由印度和日本著名科学家举办的拉曼—水岛讲座。

附件 1 列出了印度和日本之间的一些重要联合科学技术协议。

3.2 印度和法国

在一系列国际问题上，特别是在空间探索、气候变化（包括国际太阳能联盟）、可持续增长和发展以及网络空间治理等领域，印度与法国有着长期宝贵的伙伴关系（https://www.eoiparis.gov.in/page/bilateral-brief/）。因此，两国之间的研究伙伴关系涵盖了先进的科学研究领域，以及两国研究界广泛关注的发展领域。印法合作的其他重要举措包括在尖端科学领域 / 全球关注的领域建立联合实验室。其中一些实验室包括印法水科学小组、印法地下水研究中心和印法有机合成中心。印—法高级研究促进中心（CEFIPRA）通过提供资金支持、组织研讨会 / 讲习班和其他干预机制，在加强这些联合实验室方面发挥了重要作用（www.cefipra.org; publication CEFIPRA 25 years）。

印度和法国突出强调了《巴黎气候协定》和气候问题。印度宣布坚定不移地支持《巴黎气候协定》和拯救环境的努力，这已深深融入印度的文明遗产和古老的哲学思想中（http://cbseacademic.nic.in/web_material/Circulars/2012/68_KTPI/Module_5.pdf）。印度还发起了国际太阳能联盟，以推广可再生能源。印度和法国领导人还共同为位于印度古鲁格拉姆的国际太阳能联盟临时总部揭幕。国际太阳能联盟（ISA）是由太阳能资源丰富的国家组成的一个协会，旨在满足这些国家的特殊能源需求。它将为太阳能资源丰富的国家之间的合作提供一个专门的平台。通过这个平台，国际社会、各国政府、双边和多边组织、工业界和其他利益相关者可以参与进来，帮助实现提高太阳能使用率和质量的共同目标，以安全、合理、公平、可持续和方便的方式满足国际太阳能联盟未来成员国的能源需求（https://

isolaralliance.org/about/background）。

50 多年来，印度和法国在空间领域有着丰富的合作历史，印度空间研究组织（ISRO）和法国航天局国家空间研究中心（CNES）开展了各种联合研究计划并发射了卫星。在民用空间领域历史联系的基础上，印法两国在法国总统访问印度期间（2018 年 3 月）发布了“空间合作联合愿景”。该愿景阐明了两国在空间领域未来合作的具体领域。双方共同开发的热带云卫星提供了宝贵的科学数据。作为印度空间研究组织和阿丽亚娜航天公司正在进行的双边合作的一部分，GSAT-11 于 2018 年 12 月在库鲁（法属圭亚那）发射；GSAT-30 于 2020 年 1 月 16 日发射。两国还在合作培训印度宇航员的医疗支持人员，印度总理在 2019 年 8 月访问尚蒂伊期间决定，印度宇航员将在 2022 年前参与印度的载人航天任务。法国一直是印度空间计划组件和设备的主要供应商（https://www.eoiparis.gov.in/page/bilateral-brief/）。这一合作已朝着更具应用性的领域发展，天气预报已成为两国积极研究合作的重要领域。

法国基础设施公司期待在印度项目中获得重大机遇，包括智慧城市和可再生能源。法国开发署（AFD）向印度政府提供了 1 亿欧元的贷款，用于其智慧城市计划，并积极配合各种计划，特别是昌迪加尔（Chandigarh）、那格浦尔（Nagpur）和普度切里（Puducherry）这 3 个智慧城市。法国开发署正与昌迪加尔中央直辖区政府、普度切里中央直辖区政府和马哈拉施特拉邦政府合作开展这项工作（https://www.business-standard.com/article/economy-policy/france-will-partner-india-to-build-three-smart-cities-116012500034_1.html）。

印度和法国一致认为，海洋在应对气候变化、保护生物多样性和发展方面发挥着重要作用，并认识到环境与安全之间的联系，决定扩大海洋合作的范围，以解决这些问题。为实现海洋资源的可持续利用，双方将致力于海洋治理，包括与相关国际机构进行协调。蓝色经济和沿海复原力是印度和法国的共同优先事项。在这方面，双方同意探索在海洋科学研究方面的合作潜力，以更好地了解海洋，包括印度洋（https://www.pib.gov.in/

PressReleasePage.aspx?PRID=1582729）。

印度医学研究理事会（ICMR）和法国国家医学研究院（INSERM）正在医学、生命科学和健康研究领域共同感兴趣的领域开展合作。基于双方在科学领域的卓越成就，双方同意将重点放在糖尿病和代谢性疾病、生物伦理学（重点关注基因编辑技术的伦理和监管问题）、罕见疾病，以及双方共同感兴趣的其他领域，并在双方讨论后予以考虑。两个机构之间的联合研究活动将进一步加强双方在共同感兴趣领域的国际科学技术合作框架内的关系。双方在科学领域的卓越成就将有助于成功开展特定领域的卫生研究工作（https://www.medicalbuyer.co.in/cabinet-approves-mou-between-icmr-and-inserm-france/）。

印度和法国在民用核能合作方面关系密切。法国公用事业公司法国电力公司（EDF）和印度核能公司（NPCIL）正在相互合作，在杰塔普尔（Jaitapur）建造6台EPR机组，每台机组的功率为1650兆瓦。在法国总统访问印度期间（2018年3月），NPCIL和EDF签订了《工业前进道路协议》。EDF和NPCIL之间的讨论一直在进行，目的是尽快实现该项目（http://www.mea.gov.in/Portal/ForeignRelation; https://in.ambafrance.org/Cooperation-agreement-between;nation/civil-nuclear-cooperation-important-pillar-of-india-franceengagemeneconomictimes.indiatimes.com/news/politics-and-tsushmaswaraj/articleshow/61693489.cms）。

印度和法国希望利用两国现有的大型科学设施。在此背景下，印法高等研究促进中心（IFCPAR/CEFIPRA）和SOLEIL同步加速器正在合作，为印度科学家和研究人员使用法国的SOLEIL同步加速器设施提供便利（http://www.cefipra.org/Cefipra-SOLEIL.aspx）。

网络安全也被视为一个全球关注的问题，日益增多的网络犯罪迫使各国通过双边和国际协议来消除此类间谍活动。印度和法国已经启动了双边网络安全和技术合作伙伴关系，旨在打击网络犯罪，保护公民的网络权利，促进数字商务和创新。在新德里举行的CyFy会议上，法国国家网络安全局（ANSSI）的官员与印度同行进行了会晤，众多发言人聚集一堂，讨论网络威胁和数字技术的演变及其对社会和地缘政治的影响（Ghosh 2021; see also https://portswigger.net/daily-swig/france-and-india-strengthen-ties-through-cybersecurity-cooperation-agreement）。

在研究和教育领域，印法高等研究促进中心（IFCPAR/CEFIPRA）是先进科学技术领域国际合作研究的典范。该中心成立于 1987 年，得到了印度政府科学技术部和法国政府欧洲与外交事务部的支持。CEFIPRA 通过各种活动积极参与支持印法科学、技术和创新（STI）体系的建设。科学合作研究计划侧重于印度和法国学术合作者在各个领域的学术合作。产学研发展计划强调发展法国和印度的产学研之间的联系。CEFIPRA 的专项流动支持计划为青年研究人员提供了接触合作国工作、社会和文化环境的机会。CEFIPRA 的定向计划为印度和法国国家资助机构提供了一个平台，以实施特定领域的计划。通过公私伙伴关系模式实施的创新计划是指各行业与 CEFIPRA 携手合作，作为资助伙伴支持已经确定的优先领域的研发工作的计划（www.cefipra.org）。

CEFIPRA 最初主要是一个促进印度和法国之间科学研究的资助机构。该机构大力推动前沿领域的基础研究，这些领域前景广阔，但资金支持有限。全球只有少数几个地方开展了这些领域的研究。在成立近 15 年后，即从 2002 年起，CEFIPRA 扩大了自己的作用，将自己转变为加强基础研究、应用研究和工业研究伙伴关系的催化剂。该组织进一步扩大了支持范围，推出了“有针对性的计划”，为两国的国家机构提供在各个研究领域开展合作的平台。该中心已开始支持通过公私伙伴关系促进知识创造的活动，并帮助利用知识取得经济和 / 或社会成果。CEFIPRA 对科学、技术和创新的支持吸引了学术界和产业界的研究人员。本节讨论了 CEFIPRA 的一些主要贡献，如创造知识、处理创新价值链的不同阶段，以及加强两国研究人员之间的科学、技术和创新合作。CEFIPRA 在加强两国研究所之间的联系方面发挥了重要作用。

自 2013 年起，CEFIPRA 向印度和法国学者颁发拉曼—夏尔帕克研究基金。该计划旨在通过印度和法国实验室之间的密切联系，发展和支持印法科学合作。拉曼—夏尔帕克研究基金计划是为了纪念两位诺贝尔物理学奖获得者：印度诺贝尔物理学奖获得者 C.V. 拉曼教授（1930 年）和法国诺贝尔物理学奖获得者乔治·夏帕克教授（1992 年）。该奖学金是在 2013 年 2 月法国总统对印度进行国事访问期间启动的。其目的是促进两国之间的博士生交流，以拓宽未来在科学、技术和创新领域合作的广度和深度。由 CEFIPRA 实施的这一计划旨在提高印度和法国学生的博士生技能，为他们提供在法国或印度的大学/研发机构开展部分研究工作的机会。该计划现在也向希望根据课程安排在印度学习一段时间的法国硕士生开放。该计划旨在提高法国学生的硕士技能，为他们提供在印度的大学/研究机构实习的机会。还有其他一些双边合作计划，包括成立印法部长级科学技术联合委员会。2019 年，约有 10000 名印度学生选择法国接受高等教育。两国元首在 2018 年的会晤中为 2020 年设定的每年有 10000 名学生在法国学习的目标已提前实现（https://in.ambafrance.org/Study-in-France）。在法国高等院校开设的英语授课课程的鼓励下，特别是在商业管理领域，每年约有 3000 名印度新生前往法国学习。法国政府已开始向硕士及以上学位的印度学生发放为期 12 个月的居留许可，即“临时居留授权”（APS）（https://www.eoiparis.gov.in/docs/15196434592016-07-13-notice-on-website-for-VIE.pdf）。印度政府根据法国 VIE 计划（Volontariat International en Enterprises），每年为 250 名法国学生提供签证便利，法国政府鼓励法国学生毕业后在国外公司寻找实习机会，以补充其学术经验（https://www.mea.gov.in/Portal/ForeignRelation/India-France_Bilateral_Brief_November_2018.pdf; https://mea.gov.in/Portal/ForeignRelation/France_july12.pdf）。两国还同意相互承认学历，以促进印度学生在法国和法国学生在印度接受高等教育，从而提高他们的就业能力（https://mea.gov.in/Portal/ForeignRelation/France_july12.pdf）。

印法知识峰会是法印两国在大学、科学和技术合作方面的首次高级别峰会。知识峰会的目的是加强在学术和科学合作方面处于领先地位的法印机构网络。知识峰会的目的是设计未来 5 年法印合作路线图，并与相关公司合作（https://ifindia.in/knowledgesummit/）。首届印法知识峰会于 2018 年在新德里举行，恰逢法国总统对印度进行国事访问。第二届印法知识峰会致力于高等教育、研究和创新，于 2019 年在法国里昂大学举行。峰会包括一系列互动会议，使与会者能够深化两国之间的科学和学术合作，并在航空航天、农业和食品加工、人工智能、大数据和数学、生态能源和可再生能源、海洋科学、智慧城市等优先领域提出具体倡议，如智慧城市：电动交通和运输、智慧城市：城市规划和建筑。同时，加强就业能力和创业精神以及植物自然资源的价值化（http://ifindia.in/knowledgesummit-2/）。

目前，法国政府每年投资 100 万欧元（7 亿卢比），为印度学生提供500 多份奖学金。为了使这一数字翻番，法国大使馆于 2017 年与 Krishnakriti 基金会合作创建了法印教育信托基金（https://in.ambafrance.org/Franco-Indian-Education-Trust-Scholarship-holders-felicitated）。自第一届知识峰会期间启动以来，该基金向一些印度学生提供了奖学金和择优资助。印度和法国的商学院和工程学院积极寻求合作。目前，法国驻印度大使馆承认的合作关系已超过 550 项，涉及约 120 所法国院校和 150 所印度院校（https://ifindia.in/indo-french-scientific-partnerships/; https://www.hindustantimes.com/education/higher-education-focus-of-2ndindo-french-knowledge-summit/story-LTD4YvEHIiEVB2HMbmqjII.html）。

印度和法国之间的一些重要联合科学技术协议见本文附件 2。

4 南北科学、技术和创新合作

研究成本低、科学质量高，以及印度科学、技术和创新机构、工业企业运作和合作的自由度和灵活性得到提高的新环境，都为印度与北方国家建立合作伙伴关系带来了巨大的希望和吸引力。

在当前形势下，印度已做好充分准备，不仅向北方国家，而且向全世界提供一个全球研发平台。这是因为印度拥有丰富而高素质的人力资本，也是因为印度通过与许多发达国家合作而建立起来的科学能力。在目前的新型冠状病毒感染疫情大流行中，印度通过其研究能力以及与北方国家的合作，在成功进行临床试验后成功开发出了两种疫苗，即 COVISHIELD 和 COVAXIN。

COVAXIN 是印度自主研发的新型冠状病毒疫苗。该疫苗是印度医学研究理事会（ICMR）与印度国家病毒研究所（NIV）成功合作的成果。该疫苗采用全病毒灭活 Vero 细胞衍生平台技术开发而成。灭活疫苗不进行复制，因此不太可能逆转和引起病理效应。它们含有死病毒，无法感染人，但仍能指示免疫系统对感染做出防御反应（https://www.bharatbiotech.com/covaxin.html）。

为了帮助邻国、西非和拉丁美洲国家，以及其他国家实施疫苗接种计划，印度发起了“Maitri 疫苗倡议”，根据该倡议，印度已经捐赠了 500 多万剂疫苗。

印度的疫苗外交正值国际社会对“疫苗民族主义”和疫苗供应日益不公平表示担忧之际。世界卫生组织斥责许多发达国家囤积疫苗，留给中低收入国家的疫苗少之又少。在各国争相确保疫苗供应的同时，许多国家正在转向印度，以弥补疫苗可及性和供应方面的差距。印度还站在努力确保疫苗开发和供应公平竞争环境的前沿，尤其是对于发展中国家（Surie，2021）。

印度可以为加强南北科学、技术和创新合作提供大量机会。印度政府与相关部门的科学政策研究人员和利益攸关方协商后，最近宣布成立一个名为国家研究基金会（NRF）的机构，拨款 5000 亿卢布。其目的是推动、促进、协调、选定、发展和指导全国各机构的研究工作。该基金会将进一步推动与北方国家现有的科学、技术和创新合作与机会，并在印度自身研究实力尚不充足的关键领域加强印度的作用和参与。特别是发起专门的努力和计划，进一步加强利用印度侨民的国际合作，印度侨民被视为印度研究、创新和创业的重要资产。

5 未来发展

近年来，各国政府和科学界已经认识到科学在加强国家间关系，应对各种全球挑战，造福人类方面的价值，并为此采取了行动。科学外交促进国家间共同发展的需求正以更快的速度不断发展。只有当各部委和政府机构将科学视为重要工具并将其发扬光大时，科学才是一个国家全面发展的财富。仅仅促进国际科学并不能发挥科学外交的全部能力；必须探索更多的层面，将科学外交作为解决跨国冲突、减少温室气体以实现地球可持续发展，以及发展援助、安全和贸易等问题的实用工具。

科学外交的一个重要方面是跨国科学援助，其形式是自然灾害或人为灾难后的救援行动。正在发生的新型冠状病毒感染大流行是一场全球危机，同时影响着地球上的每一个生命。这场危机迫使人类重新思考、重新想象和重新构建我们的生活方式。研究科学、政策和社会之间的网络，以及我们与大自然母亲之间的关系，是后新型冠状病毒感染疫情时代的一项重要要求。在这个紧急时刻，科学外交将成为促进全球共同应对国际挑战的有效工具。

笔者认为，在新型冠状病毒感染大流行的困难时期，在应对卫生和经济问题挑战的同时，也有必要关注可持续发展目标（SDGs）。因此，科学外交可以作为实现这一目标的工具。科学外交可以帮助我们更好地了解错综复杂的社会问题，并有助于决策。单打独斗无法形成合力，只有携手合作才能实现可持续发展目标。各国需要通过合作来解决各种问题，两国的研究人员 / 科学家应共同努力，造福全球。

6 附件

附件 1：印度和日本之间的一些重要科学技术协议

序号	协议名称	签订时间	合作内容
1	印度政府科学技术部生物技术司与日本国立先进工业科学技术研究所（AIST）谅解备忘录	2007 年 2 月	联合研究合作
2	高能加速器研究组织（KEK）与印度科学技术部（DST）之间的谅解备忘录	2008 年 10 月 22 日	双方之间的科学技术合作，以进一步加强两国之间的合作。在 KEK 的光子工厂建设一条印度光束线包括在此谅解备忘录中
3	印度核学会（INS）和日本原子能学会（JAES）之间的谅解备忘录	2013 年 9 月	促进和平利用核科学和技术
4	印度空间研究组织（ISRO）和日本 Aerospa 之间的谅解备忘录	2016 年 11 月 11 日	在专门为和平目的利用和探索外层空间方面开展未来的合作活动
5	印度渔业部（MAFF）和日本福利部（MoAFW）之间的谅解备忘录	2016 年 11 月 11 日	确定的 3 个合作领域包括农业生产力、食品加工和渔业
6	地球科学部（MoES）和日本海洋地球科学技术中心（JAMSTEC）之间的谅解备忘录	2016 年 11 月	本谅解备忘录旨在通过联合调查、巡航、研发活动等，在平等互利的基础上，建立和促进海洋和地球科学技术领域的合作
7	印度空间研究组织和日本宇宙航空研究开发机构之间的实施安排	2017 年 1 月 20 日	鼓励就日本宇宙航空研究开发机构的金星轨道飞行任务 Akatsuki（Planet-C）中的无线电掩星（一种用于测量行星系统物理特性的遥感技术）实验开展合作研究活动
8	国家量子与放射科学技术研究所（QST）与加尔各答塔塔医疗中心之间的谅解备忘录	2017 年 9 月	重离子放射治疗领域的研究合作
9	DBT 与 AIST 的联合研究合同	2017 年 9 月	将 DAILAB 扩展为 DAICENTER。DIACENTER 将合作范围扩大到与印度和其他亚洲国家（如斯里兰卡、印度尼西亚和泰国）的一些机构开展重点研究活动
10	印度农业研究理事会（ICAR）与日本农业科学国际研究中心（JIRCAS）谅解备忘录	2018 年 2 月 9 日	进行全面的研究合作
11	印度空间研究组织和日本宇宙航空研究开发机构之间的 IA	2018 年 6 月	合作验证、改进和应用利用卫星图像和地面测量的降雨产品
12	环境合作部长会议	2018 年 10 月	在污染控制、废物管理、环境技术、气候变化等领域开展联合研究合作

续表

序号	协议名称	签订时间	合作内容
13	印度—日本数字合作伙伴关系（IJDP）部长会议	2018 年 10 月 29 日	该计划设想在 6 个分领域开展合作：① 初创企业倡议；② 企业伙伴关系；③ 促进可持续发展教育机制；④ 数字化人才交流；⑤ 研发合作；⑥ 与安全相关的战略合作
14	印度国家极地和海洋研究中心（NCPOR）与日本国家极地研究所（NIPR）之间的谅解备忘录和部长会议	2018 年 10 月 29 日	联合研究合作
15	印度卫生和家庭福利部与日本政府内阁官房及日本厚生劳动省之间的谅解备忘录	2018 年 10 月	鉴于印度的长寿印度（AYUSHMAN Bharat）国家健康保护计划和日本的亚洲健康与福祉倡议（AHWIN）计划在目标和宗旨上的相似性和协同增效作用，签署了本谅解备忘录，以正式确定在卫生保健领域的合作
16	日本神奈川县与印度传统医学部（AYUSH）省的谅解备忘录	2018 年 10 月	推广阿育吠陀
17	印度科学与工业研究理事会（CSIR）与广岛大学（HU）关于建立研究伙伴关系的谅解备忘录	2018 年 10 月	根据这一广泛的谅解备忘录，印度科学与工业研究院中央电子工程研究所（CEERI）、国家航空航天实验室（NAL）、中央机械工程研究所（CMERI）和国家环境工程研究所（NEERI）正在与广岛大学在机器人领域开展各种联合项目活动，将人工智能、控制系统和计算机视觉等技术应用于无人机 / 无人驾驶飞机领域
18	印度和日本在网络安全领域的谅解备忘录	2020 年 10 月	双方将通过文化部在包括联合国在内的国际舞台上建立合作关系，讨论和分享促进 ICT（信息通信技术）产品供应链完整性的战略和最佳做法

注：资料来源于 Source https://www.indembassy-tokyo.gov.in/st_cooperation.html。

附件 2：印度和法国之间的一些重要科学技术协议

序号	协议名称	签订时间	合作内容
1	印度和法国民用核能合作协议（http://www.mea.gov.in/Portal/Foreign Relation）	2008 年 9 月 30 日	核合作
2	印度—法国高等研究促进中心与法国圣戈班谅解备忘录	2013 年 10 月 23 日	启动“炎热和 / 或潮湿气候可持续生境”计划
3	法国开发署与昌迪加尔中央直辖区政府、普度克里中央直辖区政府和马哈拉施特拉邦政府谅解备忘录（https://www.business-standard.com/article/economy-policy/france-will-partner-india-to-buildthree-smart-cities-116012500034_1.html）	2016 年	智慧城市建设与发展

续表

序号	协议名称	签订时间	合作内容
4	法国电力公司（EDF）与印度核能公司（NPCIL）谅解备忘录（http://www.mea.gov.in/Portal/Foreign Relation）	2016年3月22日	在杰塔普尔（Jaitapur）建造6台EPR机组，每台机组的功率为1650兆瓦
5	印度医学研究理事会（ICMR）与法国国家医学研究院（INSERM）谅解备忘录（https://www.medicalbuyer.co.in/cabinet-approves-moubetween-icmr-and-inserm-france/）	2018年	该谅解备忘录旨在医学、生命科学和健康研究领域内共同感兴趣的领域开展合作。基于双方在科学方面的卓越成就，双方同意特别关注糖尿病和代谢性疾病；生物伦理，重点关注基因编辑技术的伦理和监管问题；罕见疾病；其他共同感兴趣的领域可在双方讨论后予以考虑
6	印度空间研究组织和法国国家空间研究中心之间的IA（https://www.eoiparis.gov.in/page/bilateral-brief/）	2019年8月	用于联合海域感知
7	印法高等研究促进中心（IFCPAR/CEFIPRA）与法国SOLEIL同步加速器谅解备忘录（http://www.cefipra.org/Cefipra-SOLEIL.aspx）		为印度科学家和研究人员使用法国同步光源设施提供便利
8	科学和工业研究理事会（CSIR）与法国国家科学研究中心（CNRS）谅解备忘录（https://vigyanprasar.gov.in/isw/CSIR-and-CNRS-come-together-for-translating-research-and-technology.html）	2019年12月	建立合作框架，促进和支持科学和技术研究。共同感兴趣的研究领域包括生物技术（包括植物和海洋生物技术）、健康研究、环境和气候变化研究、工程科学和技术、材料科学和技术、能源科学和技术，以及水研究
9	印度和法兰西共和国在可再生能源合作领域的谅解备忘录（https://economictimes.indiatimes.com/industry/energy/power/cabinet-approves-mou-with-france-on-renewable-energy-cooperation/articleshow/81309411.cms?from=mdr）	2021年1月	为在互利、平等和互惠的基础上促进新能源和可再生能源领域的双边合作奠定基础。它涵盖与太阳能、风能、氢能和生物质能有关的技术

注：资料来源于 https://www.indembassy-tokyo. gov.in/st_cooperation.html。

参考文献

Ghosh R（2021）How NRF aims to revitalise research ecosystem https://timesofindia.indiatimes.com/home/education/news/how-nrf-aims-to-revitalise-research-ecosystem/articleshow/809202 81.cms.

Royal Society (2010) New frontiers in science diplomacy. https://royalsociety.org/topics-policy/ publications/2010/new-frontiers-science-diplomacy.

Surie M D (2021) India's vaccine diplomacy: made in India，shared with the world. https://devpolicy.org/indias-vaccine-diplomacy-made-in-india-shared-with-the-world-20210329/.

Turekian V C，Gluckman P D et al (2018) Science diplomacy: a pragmatic perspective from the inside，science & diplomacy. https://www.sciencediplomacy.org/article/2018/pragmatic-perspe ctive.

南北伙伴关系中的科学外交

关于研究所作为海洋科学外交工具角色的反思：ZMT 的合作使命

丽贝卡·拉尔，塞巴斯蒂安·费斯，雷蒙德·布莱施维茨[①]

摘要： 位于德国不来梅的莱布尼兹热带海洋研究中心（ZMT）在与“全球南方”国家机构密切合作开展合作研究项目方面拥有30年的经验。该中心的使命是采用跨学科的研究方法为热带海洋资源的可持续利用和管理提供科学依据，并扩大社会影响。该中心的研究成果具有独特的应用前景。在本文中，我们将以热带海洋资源中心为例，从“全球北方”的一个

---

① 丽贝卡·拉尔（通讯作者），塞巴斯蒂安·费斯，雷蒙德·布莱施维茨
莱布尼茨热带海洋研究中心（ZMT），华伦海特斯特尔，不来梅 D-28359，德国
电子邮箱：maisonib@hotmail.com
塞巴斯蒂安·费斯
电子邮箱：sebastian.ferse@leibniz-zmt.de
雷蒙德·布莱施维茨
电子邮箱：raimund.bleischwitz@leibniz-zmt.de

维努戈帕兰·伊特科特，贾斯迈特·考尔·巴韦贾（主编），发展中国家的科学、技术和创新外交，发展研究
https://doi.org/10.1007/978-981-19-6802-0_20

研究所的角度提供见解。虽然该中心专注于超越国界的工作，但又在特定的国家学术和政治环境中行事。我们概述了该中心成立的政治和机构背景，以及过去几十年的发展历史，并介绍了该中心使用和参与的几种工具和主要项目。然后，我们讨论了该中心的使命和前景对研究中心、合作伙伴和工作人员的影响，并根据全球挑战、研究政策、资金、学术结构和合作等方面不断变化的国际形势，思考研究中心未来可能发挥的作用和所采取的方法。

关键词：科学外交；跨学科；研究伙伴关系；协同设计；南北合作

1 引言

海洋科学为应对气候变化、可持续发展和粮食安全等全球挑战提供了重要的数据和信息（Reid et al.，2010）。国际海洋科学在所有学科中都至关重要。它不仅能促进我们的理解、创造创新和找到应对当地和全球挑战的解决方案，而且已经并将继续建立科学家及其组织之间的重要关系，促进国家之间的外交关系。

下面，我们以德国为例，讨论海洋科学外交的特点和趋势，强调科学和外交在海洋事务中的重要性和相互关联性。本章将对莱布尼茨热带海洋研究中心（ZMT）的案例进行批判性思考——该研究中心因其理念和使命而积极参与科学外交。我们概述了该研究中心与科学外交有关的方法、工具和项目实例。然后，我们讨论了科学外交对 ZMT 及其合作伙伴的影响。尽管对科学外交的强烈关注并非 ZMT 的独特之处，但我们希望利用其视角和经验，就如何支持科学外交提供一些想法，并为正在进行的关于科学的未来及其在社会中的作用的讨论做出贡献。我们正在着重思考以下问题：什么样的科学外交在未来是重要的？世界科学知识与技术伦理委员会的作用应该是什么样子的？是否有类似“科学外交领导力”的东西，我们可以在不袒护合作伙伴的情况下加以追求？

2 方法

为了提供海洋科学外交的总体背景，特别是德国海洋科学背景下的海洋科学外交，我们概述了与科学外交相关的海洋科学史和科学政策文献，包括科学文献，以及立场文件、政策文件等。然后，我们根据作者的工作经验，以及 ZMT 及其工作人员在过去几十年中发表的各种文件，列举分析了 ZMT 战略和活动的多个实例。

3 结果

3.1 海洋科学外交——历史、特点和趋势

科学外交在某种程度上是海洋事务的特殊外交：海洋科学外交是海洋科学与外交政策之间的相互作用，具有一系列复杂的条件和趋势，其中包括：各系统之间的关联性、资源在水体中和大面积区域内的高度流动性、监管框架的缺乏或包括海床在内的深海的未知性。此外，海洋正在成为新的经济前沿（Jouffray et al.，2020;World Bank; United Nations Department of Economic and Social Affairs，2017），然而可持续发展目标的资金不足（Johansen and Vestvik，2020），可持续蓝色经济的投资缺乏，这将使我们几乎不可能可持续地利用海洋（Sumaila et al.，2020）。另一个新兴市场是“蓝碳”，即利用海洋从大气中吸收碳的能力，海洋外交成为气候战略的一部分（Macreadie et al.，2021）。然而，海洋科学外交还必须面对“殖民科学 ”或“降落伞科学 ”的悠久历史。正如其他学科一样，“全球北方”的富裕国家（或高收入国家）数百年来一直在开发南方的自然资源和人类知识。许多（如果不是大多数）早期的自然科学家和探险队都是作为殖民企业的一部分，在全球南部的海洋领域创造了基本的科学知识（Carpenter，2007; Stiller and Semmler，2018）。殖民时代的遗产继续影响着科学合作的模式（Gui et al.，2019），尤其是金砖五国对自身国家科学项目进行

了大量投资，并日益在全球舞台上树立起自信的学术地位，但欧洲、北美国家，以及澳大利亚的科学项目仍在很大程度上主导着全球海洋科学知识的生产（Partelow et al.，2020）。这就不但造成了依赖性，而且往往无法满足当地的研究或发展需求。由于并非所有国家都能获得必要的技术和能力，特别是由于相关基础设施（研究船、实验室、设备）成本高昂，从而导致全球海洋科学领域存在严重的不平等。《全球海洋科学报告》（IOC-UNESCO，2020）显示，发展中国家在海洋科学方面的国家投资和研究影响力普遍较低。因此，南方国家缺乏海洋知识，发展中国家继续依赖外部/外国研究能力和专业知识。此外，如果未来的气候战略通过管理不善的抵消计划使北方的污染者受益，而"全球南方"的人民和海洋生态系统将遭受损失，则存在"碳殖民主义 "的风险。

1967 年，联合国大使阿尔维德·帕尔多（Arvid Pardo）向联合国大会介绍了海洋是人类共同遗产的原则。这一原则是他与他的朋友和同事伊丽莎白·曼·博尔杰塞（Elisabeth Mann Borgese）自 1967 年以来共同制定和倡导的。他们的努力促成了 1974—1982 年的第三次联合国海洋法会议（UNCLOS Ⅲ）。随着专属经济区（EEZ）的引入，即距离海岸约 370 千米（200 海里）的区域，当时制定的海洋法规定了各国勘探和使用资源的权利。这些新的权利不仅伴随着评估和监测领海海洋资源的责任，还为国际作业船队的渔业和这些领域的研究制定了条例和限制。对数据、信息和知识的需求，以及技术进步和资源的需求，特别是在发展中国家，刺激了国际合作和跨境海洋研究。今天，科学对于执行《联合国海洋法公约》（UNCLOS）至关重要，例如，为大陆架外部界限划界提供证据或为鱼类种群评估提供证据。60% 以上的海洋是国际水域，因此不属于任何国家的管辖范围。根据《联合国海洋法公约》，目前正在努力制定一项具有法律约束力的新国际文书——国家管辖范围外海洋生物多样性协定（BBNJ）。这是与发展中国家最相关的海洋科学外交领域之一，也是（海洋）科学外交行动的一个很好的例子（Harden-Davies，2018）。预期中的 BBNJ 既涉及海洋科学研究的国际合作，也将包括有关海洋技术转让的规定。根据

UNCLOS 协议，向发展中国家转让海洋技术仍然是执行最少的方面。此外，发展中国家为 BBNJ 谈判和一般海洋科学外交提供证据的能力也被视为一个挑战（Harden-Davies and Snelgrove，2020）。海洋科学外交可以改变海洋技术转让的游戏规则，开展科学和技术需求评估，实施国际海洋学委员会—教科文组织信息交流中心机制，使技术持有者和技术需求相匹配，并采用不同的、不那么家长式的框架（例如，技术的共同开发）（Polejack and Coelho，2021）。

尽管科学外交没有一个统一的定义，含义也有许多争论，但对科学外交的 3 种类型 / 种类似乎达成了一致（Langenhove，2017; based on The Royal Society and AAAS，2010）：

外交促进科学：利用外交手段促进国际科学合作。例如，外交用于在政府或机构层面建立合作协议，最终支持科学界。主要动机可能是外国科学和能力可以提高自己的国家能力（Langenhove，2017）。

外交中的科学：科学家直接参与外交进程。科学证据（或专家意见）为支持决策的谈判提供信息 / 形成谈判。科学知识（或行为者）被用来改善外交政策行动。

科学促进外交：科学合作被用作建立和改善国家间关系的工具——这是一个外交目标。当国与国之间发生冲突时，这一点尤其重要，但这也涉及跨国问题或仅靠一个国家的努力无法解决的问题。

朗根霍夫（Langenhove，2017）认为，科学合作提供了不以意识形态为基础的关系，并通过调动科学网络支持外交政策。

由于科学外交是弥合“科学—政策鸿沟 ”和促进国际关系的一种做法，它可以为政策建议（包括科学、环境、卫生或外交政策）开辟创新渠道。海洋或海洋科学“与外交有着内在联系，支持为实现更可持续的未来而进行的谈判”（Polejack，2021:1），对于支持联合国 2030 年议程至关重要。2030 年议程和可持续发展目标（SDGs）是受（主要是科学）信息和知识影响的外交谈判的结果（Polejack，2021; Sachs et al.，2019）。联合国海洋科学促进可持续发展 10 年（2021—2030 年）是为实现 2030 年议程而做出的努力。联合国十年的格言是“我们希望的未来所需要的科学”。它提到了 2012 年联合国可持续发展大会（United Nations，2012）的成果文件“我们希望的未来”，这是 2015 年制定联合国 2030 年议程和可持续发展目标的基础。尽管联合国十年没有在任何相关文件中强调科学外交（这一术语）的重要性，但它提及了所有要素，如依靠科学证据的政策 / 外交，以及研究应对全球挑战的责任。泡勒杰克（Polejack，2021）得出结论，联合国十年是承认和强调科学外交在实现十年目标中的重要性的一个机会。

3.2 德国的（海洋）科学外交方法

德国在海洋科学（IOC-UNESCO，2020）和教育与科学领域的国际合作方面都投入了大量资金。不同的联邦部门（BMZ、BMBF、AA 等）都有支持科学外交活动的专门计划。例如，联邦外交部（AA）在其他国家建立了“科学之家 ”或“卓越中心”，专门支持德国科学和创新的传播。作为发展政策的一部分，联邦经济合作和发展部（BMZ）支持在与发展特别相关的研究领域（如自然科学、农业科学或环境保护）对学者进行教育和培训。德国教育和科学部（BMBF）设有一个国际局，通过“科学技术合作”（STC）协议和对协议下双边项目的资助来支持国际化。德国的研究政策和国际化战略预见到了拥有重要战略科学技术资源和未来市场潜力的国家的突出地位。BMBF 每年为国际研究项目投入大量资金，并拥有一些旗舰项目，如佛得角的明德罗海洋科学中心或加纳的西非气候变化和适应性土地利用科学服务中心（WASCAL），后者已发展成为一个区域科学倡议和注册的国际组织。BMBF 还推出了一项科学外交奖的表彰举措。德国的科学外交方针可以从不同的战略文件中找到依据，如《联邦政府科学与研究国际化战略》（BMBF，Federal Ministry of Education and Science，2008），《科学外交》战略文件（AA，German Foreign Office，2020），以及德国联邦经济与社会部的《教育战略》（BMZ，2015）。德国学术交流中心（DAAD）是德国最大的支持国际学术合作的组织，由欧盟和上述各国的部委资助。德国联邦外交部的 2020 年科学外交战略文件概述了德国对科学外交的不断发展的理解。该文件强调了学术流动和科学合作对于德国外交政策可持续发展的战略意义。德国的科学外交将在形成网络方面发挥积极作用，并对科学和研究自由做出全球承诺。新战略的提出与促进科学成为“民主行动的必要条件 ”的意图有关，它强调科学和社会的自由日益受到威胁，受到误导性传播（假新闻）的破坏，并受到资源缺乏等问题的挑战。除了科学加强民主结构这一政治任务，科学外交对于应对全球挑战的重要性也得到了强调。

尽管德国各部委之间的合作普遍良好，但协调起来可能会很困难，且争议一直存在。相互冲突的观点阻碍了部门间就德国科学外交的战略重点达成共识（Flink and Schreiterer，2010）。毋庸讳言，这种战略、责任和资金来源的分散可能会让德国以外的政策参与者和学术合作者感到困惑。正如德国研究基金会（DFG）主席卡特娅·贝克尔（Katja Becker）在提到 2022 年德国外交部战略文件（Becker，2022）时所概述的那样，为了加强科学外交，科学界和政界需要共同回答这样一个问题：在加强合作的前提下，如何在全球挑战面前保持和促进科学的自主性和质量。她认为，现在是明确政策参与者和学术界在科学外交中的责任的时候了。

海洋研究和保护是德国政策领域的一个重要领域，例如，在 2021 年年末上台的政府的联合协议（SPD et al.，2021）中就规定了这一点，并构成了德国未来政策的七大支柱之一。德国很早就参与了海洋科学外交。其中一个例子是，20 世纪 70 年代，德国参与了南大洋磷虾的研究，将磷虾作为日益增长的世界人口的蛋白质来源，这是科学家推动的一项研究举措。这为德国加入南极条约体系——一个高质量的研究和地缘政治领导体系——铺平了道路，并促成了阿尔弗雷德·韦格纳极地与海洋研究所于 1981 年的成立（Kehrt，2014）。德国在海洋科学外交方面优先开展工作的近期实例包括提议在南极威德尔海建立海洋保护区，大力参与联合国海洋科学十年，或支持海洋区域论坛和区域海洋治理伙伴关系（PROG）等创新交流形式（Neumann et al.，2021）。

3.3 ZMT 案例——对科学外交的贡献

德国的热带海洋研究一直是零星的、不协调的，直到 20 世纪 80 年代末，德国开始筹备建立莱布尼茨热带海洋研究中心（ZMT，最初称为热带海洋生态学中心）（Ekau，2018）。根据 ZMT 创始人的说法，成立 ZMT 的主要原因是支持德国“发展援助”（现在更常见的说法是“发展合作”）在热带发展中国家的科学能力建设（Hempel et al.，2018）。从这个意义上讲，这些国家应该能够以可持续的方式开发其专属经济区（EEZ）的资源，并履行其国际义务，例如多边环境协定中的义务。根据亨普尔（Hempel）的观点，战后数十年的家长式捐助心态已让位于 1991 年 ZMT 提出的“不来梅标准”中概述的伙伴关系方法。该标准于 2015 年进行了调整（ZMT，2015）。

ZMT 仍是德国研究热带海洋生态系统及其对人类社会服务的唯一研究机构。它在德国海洋研究环境中具有独特的地位，并在制定德国与热带地区伙伴国家之间的沿海科学合作议程方面发挥着至关重要的作用。ZMT 自成立以来就被指定开展科学外交活动，这已写入章程。章程（Gesellschaftsvertrag）规定了 ZMT 的使命，包括就海洋研究问题，特别是海洋研究的扩展和发展，以及与热带国家的科学合作问题，向自由汉萨城、不来梅和德国联邦政府提供建议。30 年来，ZMT 的工作一直以该中心的使命为指导和启发，即为保护和可持续利用热带沿海生态系统提供科学依据。它根据合作伙伴的需求，与国际和国家合作伙伴密切合作，开展研究、能力建设和咨询活动。通过这样做，ZMT 可以被视为海洋领域跨学科和变革性研究的先驱。

在此，我们认为该研究中心可被视为科学外交的工具，因为它自成立以来就将科学与外交结合在一起。ZMT 一直致力于在各国之间架设桥梁，并一直倡导将促进科学合作作为外交政策的一项重要内容。在下文中，我们将以 ZMT 为案例，说明一个机构支持国家和国际 / 跨境关系建设，以及外交政策实施的一系列工具。这里强调的任何成就都应被理解为与国际伙伴合作的结果。来自热带沿海国家的 ZMT 合作伙伴为科学外交工作和下文讨论的各种倡议做出了巨大贡献（知识、路径和基础设施）。

（1）ZMT 的科学外交工具：ZMT 在科学和外交两方面的努力相互交

织，可以说是循环往复。对热带海洋国家进行外交访问的研究项目对制定新的合作政策和外交工具（国际合作协议、资助计划）产生了影响，进而对热带海洋技术中心建立和长期保持这些关系的能力产生了影响。

由于该中心的身份是研究中心和德国莱布尼茨协会的成员，因此无法正式采取明确的科学外交战略。不过，这种战略的某些方面在 ZMT 的所有战略、报告和宣传册中都有所体现。在其能力发展战略（ZMT，2018）中，强调了科学外交的重要性；它“必须基于对伙伴国家利益攸关方需求的尊重和认真关注”，并基于平等的对话。以不来梅标准为基础的 ZMT“伙伴关系方法”（Stagars，2019）一直指导着其科学外交的方法——与热带地区的合作伙伴密切合作、平等地开展研究项目。ZMT 的研究项目通常还包含强有力的能力发展和培训内容。研究中心及其工作人员——越来越多地具有跨学科和国际背景——通过促进建立以科学合作伙伴的深入参与和不受限制的数据和信息交流为基础的长期项目，表达了他们对满足合作国科学和发展需求的承诺。从这个意义上说，科学外交方面的努力是一项战略目标。然而，在实践中，我们也承认其不足之处，因为它们的实施可能在某种程度上是探索性的或机会主义的，往往在很大程度上基于相关科学家的个人议程和关系。下面，在展望未来之前，我们将对迄今为止支持跨界关系建设、德国外交政策制定或实施，以及地方政策支持的最重要的工具进行反思和讨论。

（2）合作协议/谅解备忘录（MoU）：ZMT 的一个核心优势和特点是研究中心的学术和非学术合作伙伴网络，这也是其“伙伴关系方法”的体现。基本要求之一是与研究机构、大学、其他网络和国际组织签署谅解备忘录形式的合作协议。这种谅解备忘录通常是为了启动研究和申请联合资助而制定的，随后通常会有更具体的协议或具体的联合项目。当然，谅解备忘录的内容不尽相同，并根据各个项目或合作的具体情况进行调整，但所有协议的核心内容通常包括工作人员和学生的交流与培训、数据和信息共享、联合出版物，以及组织联合活动。此外，它们还可能包括具体的能力培养活动、利益相关者对话、基础设施的使用或提供建议。这些谅解备忘录通常也特别鼓励和促进 ZMT 接待来访客人。

（3）ZMT 的访客：ZMT 非常欢迎客人的到来，因为他们为研究中心带来了个人和国家的见解和观点（不同的学科、价值观、规范和信仰）。这些客人往往需要资源（办公场所、使用信息技术），这增加了预算的紧张和行政工作量。然而，研究中心决定不仅要以开放包容的心态和开放的耳朵欢迎客人，还要尽可能地为来访客人提供支持。研究所制定了具体的入职程序，包括一套欢迎材料，介绍重要的程序和其他相关知识，包括文化方面的知识。这些程序并不局限于新员工，而是明确针对研究所接待的大量客人。申请数量不断增加。每年，发展中国家的青年科学家都有机会申请不结盟运动奖学金，该奖学金由 ZMT 与不结盟运动和其他发展中国家科学和技术中心（NAM S&T Centre）联合颁发，资助在不来梅 ZMT 进行为期 3 个月的研究。许多访问学者还获得了其他奖学金，如亚历山大·冯·洪堡基金会或德意志学术交流中心的奖学金。回国的访问学者不仅经常成为 ZMT 的大使，也成为德国学术体系和德国海洋科学的大使。

（4）ZMT 校友：校友是 ZMT 重要的社会资本和基础设施。目前，ZMT 已拥有 800 多名校友，并已建立起一个由学术界、决策者和传播者组成的南北网络，他们都已了解 ZMT 的科学外交精神和文化。这种文化也体现在 ZMT 的口号“全球挑战需要超越国界的科学”中，它既指学科界限，也指地理界限。因此，研究中心对这一网络进行了投资，并通过校友战略和校友关系官员为其提供支持，同时还为自发组织的会议和项目提供支持。校友中有博士后、博士生、硕士生、本科生，以及国际客座科学家。后者是欢迎来访的客人，例如在为期 3 个月的不结盟运动奖学金框架内或基于长期的双边合作关系。现在，大多数 ZMT 校友都在学术机构、部委、职能机构或非政府组织工作。在资源方面，对这一网络的支持是微小的，但校友对研究中心的支持却是无价的。校友往往是在当地（重新）建立联系的第一个接触点：新的研究提案、为其他同事或决策者牵线搭桥、传播信息、进入其他网络、更好地了解国外机构的情况以及加强跨文化能力，这些都是 ZMT 的诸多优势——有时校友的努力并没有得到直接 / 有形的补偿。一些校友担任“ZMT 大使”，是 ZMT 在校生的榜样和导师。

（5）高级别政治代表团访问：许多代表团和政治人物在不来梅或伙伴国会见了 ZMT 代表，寻求合作、讨论和交流。例如，2019 年与帕劳外交部长弗斯蒂娜·K. 莱胡尔 – 玛拉格（Faustina K. Rehuher-Marugg）的会晤，2010 年印度尼西亚研究和技术部长苏哈尔纳·苏拉普拉纳达（Suharna Surapranata）的访问，以及与印度尼西亚、毛里求斯、墨西哥等国相关部委或大使馆代表的会晤。德国代表还努力到实地看望 ZMT 的科学家。德国总理安格拉 – 默克尔（Angela Merkel，2012）和德国外交部长弗兰克 – 瓦尔特·施泰因迈尔（Frank-Walter Steinmeier，2014）在印度尼西亚会见了印度尼西亚海岸生态系统保护科学组（SPICE）的科学家。此外，ZMT 定期参加与德国地区和国家一级议会的科学政策交流，接待德国政治家代表团，并以此身份宣传其议题及其合作伙伴的立场和观点。

（6）红海海洋科学计划——科学外交和联合研究促进合作与地区和平（1995—2002 年）：了解红海的生态系统和资源对于国家和跨境管理至关重要。亚喀巴湾红海海洋科学计划（RSP）是由 ZMT 发起和支持的一项联合计划，旨在获得重要的科学见解，同时也是一个成功利用共同研究兴趣推动地区和平建设与合作的范例。埃及、以色列、约旦和沙特阿拉伯共享亚喀巴湾的海岸线，巴勒斯坦位于腹地。20 世纪 90 年代中期，ZMT 与该地区其他科学家在珊瑚礁研究方面的合作促成了这一联合计划，即对亚喀巴湾沿岸珊瑚礁生态进行前沿研究，并以建立可持续关系为目标。这是研究中心的成功案例之一，体现了前所未有的地区合作（Stagars，2019）。ZMT 协调了联合能力发展活动，支持当地研究基础设施的升级，并启动了德国研究船的联合巡航和后续项目。大部分研究工作在以色列的大学间研究所（IUI）和约旦的亚喀巴海洋科学站（MSS）进行，包括研究巡航和考察。该项目在许多方面都取得了成功，不仅有助于更好地了解该地区的沿海和海洋环境，还促成了联合出版物的出版、人员交流、联合指导硕士和博士论文，以及具有跨文化能力的校友网络的持续发展。该项目可被视为科学外交的一项重要努力，它促进了约旦、以色列和巴勒斯坦科学家之间的合作，在阿以冲突和战争导致政治关系紧张的背景下，这种合作一直持续至今。

（7）具有持久遗产的标志性项目——红树林动态与管理（MADAM）（巴西，1995—2005）和 SPICE（印度尼西亚，2003—2016）：MADAM 项目是德国研究机构与一个南半球国家成功开展科学技术合作的典范。1976 年，德国与巴西签署了一项双边科学技术合作协定，并以此为基础，在 1990—1991 年和 1994—1995 年，德国和巴西的船员进行了联合考察航行。在这些最初的联合活动中取得的经验和建立的合作最终形成了 ZMT 在巴西的第一个长期项目的基础：红树林动态与管理（MADAM; Saint-Paul，2010）。根据研究中心的不来梅标准（ZMT，2015），该项目的特点也成为后来 ZMT 项目的标志：① 联合规划；② 共同出资；③ 持续时间超过 10 年（Ekau，2018）。MADAM 项目从 1995 年持续到 2005 年，来自 ZMT 和巴西两家学术机构的科学家参与了该项目，其中包括重要的能力建设内容。该项目产生了与巴西东北部卡埃特河口红树林系统相关的生态、社会、经济、政治和机构进程方面的新知识，为自然资源管理和政策做出了贡献。在撰写本报告时，MADAM 项目的遗产仍在继续——在该项目中建立的、最初由双方共同运营的野外站现在完全由当地合作伙伴支持和运营。MADAM 项目为帕拉州联邦大学布拉干卡校区的大幅扩建奠定了基础。该校区目前开设了多个理学硕士和博士课程，设有一个海岸研究所，并拥有多个院系，共有 45 名教授。ZMT 在巴西（以及南部非洲）的长期活动使该研究所成为欧盟与巴西、南非举行的三边谈判中的一个有贡献的合作伙伴。这些谈判旨在加强大西洋盆地的研究、创新与合作，最终于 2018 年 7 月在萨尔瓦多通过了《贝伦声明》（见下文）。后来，在政府间双边科学技术合作协定框架内的第二次长期研究合作中也采用了类似的方法，这次合作的对象是印度尼西亚。科学保护印度尼西亚沿海海洋生态系统（SPICE; Jennerjahn et al.，2022）项目的持续时间甚至比 MADAM 更长（最初的准备工作始于 2003 年，项目于 2016 年正式结束）。项目的 3 个阶段涵盖了对印度尼西亚具有高度科学意义和战略重要性的多个专题，包括红树林、海草和珊瑚礁社会生态系统、河流对近海的输入，以及海产养殖的发展。这些专题由一个地球和海洋研究双边指导委员会讨论和确定，ZMT 的工作人员定期参加该委员会。委员会中不仅有来自两国的学术合作伙伴，而且还有印度尼西亚海洋事务和渔业部的职能机构。

（8）本格拉环境渔业相互作用与培训方案（BENEFIT）（1997—2007年）和本格拉洋流委员会：本格拉洋流大型海洋生态系统覆盖南非、安哥拉和纳米比亚西部沿海水域。区域合作对于共同管理鱼类种群、生物多样性、石油和天然气储备等资源至关重要。1993 年，联合国教科文组织代表团与 ZMT 的科学家一起访问了这 3 个国家，并建议建立合作伙伴关系，以建立和实施海洋研究和联合决策框架。1994—2007 年，举行了一系列地区会议，以加强地区和国际利益攸关方之间的地区合作。1997 年，在挪威和德国的资助下，本格拉环境渔业相互作用与培训方案（BENEFIT）成立。ZMT 通过举办研讨会、渔业和海洋管理方面的专门培训计划，以及在德国研究船上进行联合调查等方式做出了贡献。经过多年的国际联合研究、合作，以及安哥拉、纳米比亚和南非之间的密集谈判，2007 年成立了本格拉洋流委员会，随后于 2013 年制定了《本格拉洋流公约》。一路走来，ZMT 支持研究和能力发展，并就研究议程制定和海洋环境问题的需求提供建议。在 BENEFIT 计划之后，ZMT 的科学家继续与区域参与者密切合作，并参加了 2008—2014 年的大多数重大区域活动。如今，无论是在国家层面还是通过委员会，区域研究都为保护和管理提供了证据，因为国家和区域咨询机构的工作人员都是参加过 BENEFIT 计划的科学家。

（9）全大西洋研究联盟——一个专门的科学外交项目：ZMT 在巴西（MADAM）和南非（BENEFIT）的合作建立了一个值得信赖的网络，并在该领域的跨界研究中积累了专业知识，从而使 ZMT 在全大西洋研究联盟中发挥了突出作用。该联盟是科学外交的一个案例：外交支持全球联合研究和能力发展。该联盟推动实施《贝伦声明》，这是欧盟与巴西、南非之间关于大西洋研究与创新合作的联合政治宣言。这种南南合作显示了建立以科学为基础的联盟的意愿，旨在影响全球海洋议程（Polejack et al.，2021）。

在该联盟中，ZMT 通过 AANChOR 项目（2018—2022 年）与盟友开展联合活动，支持能力发展以及信息和数据共享的共同标准。该项目联盟汇集了来自 5 个欧洲国家、2 个拉丁美洲国家和 2 个非洲国家的合作伙伴。该项目支持欧洲和南大西洋国家之间的合作，并与北大西洋挂钩项目 AORA-CSA 并行开展。

4 讨论

4.1 “合作使命”对 ZMT 及其合作伙伴的影响

虽然该研究中心努力保持中立、非意识形态的立场，但显然也有其特定的议程，这导致 ZMT 作为热带国家与德国和其他工业化国家之间的知识中介，建立了核心竞争力。在努力完成其使命——为当地和全球的可持续发展挑战寻找解决方案——的同时，它还对扩大自身网络、使其工作更有意义和影响、获得更多资金，以及加强其在德国和国际海洋研究界的地位等方面感兴趣。当然，它还努力实现“影响 ”方面的目标，包括对科学和社会的影响。虽然不来梅标准的应用意味着研究课题通常涉及对 ZMT 合作伙伴具有相关性和重要性的项目，并强调能力培养，但这也对研究所的学术定位、产出类型、科学活动的组织方式、科学家的工作，以及与合作伙伴的互动产生了重要影响。

1）对 ZMT 的影响

作为一个在一定程度上依赖于第三方资助的学术机构，ZMT 必须与学术界的其他行为者进行竞争，这就意味着要在科学卓越性的基础上进行评估，同时还要在科学影响和相关成功指标的社会影响之间取得平衡（见下文）。虽然全球南部的学术机构经常有解决紧迫社会问题的应用性工作的任务并非常重视这一工作，但全球北部的学术体系和资助机制仍然经常优先考虑学科和基础研究，而不是跨学科和应用方法（尽管近年来这种情况正在慢慢变得更加多样化）。ZMT 更为广泛和面向社会的定位意味着潜在资助者的范围更广，从传统的学术资助者（如德国科学基金会或欧洲研究理事会）到各部委、民间社会组织和发展合作机构。不过，这也意味着，在每一种情况下，ZMT 都要与这些特定领域的其他行动者竞争，而这些行动者的重点更加明确。要有效解决目标迥异且往往相互竞争的两个不同目标系统的问题，就会对报告工作产生实际影响，有时会增加工作量，还需要兼顾不同的、部分相互冲突的论述和观点（例如，关于“成功”和“卓越”的指标和定义，另见 Günther，2018）。

2）对 ZMT 科学家的影响

ZMT 的使命和战略意味着它的工作场所与其他学术机构相比也有些不同。投资于值得信赖的长期合作伙伴关系，以及合作伙伴的能力发展需要更多的时间和资源，而且可能需要在科学和其他方面的卓越性、项目职位候选人的作用和相关性、培训和教育等的标准之间进行权衡。这意味着，与该研究中心类似，在那里工作的科学家个人在与来自更传统的、专注于单一学科的机构的其他行为者竞争资金或职位时可能处于不利地位。因为这些机构仅以传统学术指标衡量的科学成就为基础。在很大程度上，尤其是职业生涯初期的研究人员在此类合作中面临的挑战与跨学科项目中遇到的挑战类似（Felt et al.，2013）。过去许多旗舰项目都具有长期性，这意味着个人职业生涯的大部分时间都是在同一项目的后续阶段中度过的，例如，从硕士生到博士后，从而成为对伙伴国有深入了解的人脉广泛的专家，这种情况并不罕见。与此同时，在更传统的学术卓越性衡量标准方面可能会有所取舍，这对于追求传统学术职业道路的个人，以及在应用研究与基础研究侧重点和程度不同的机构之间流动的个人来说是一个挑战。这一点还体现在，尽管 ZMT 的校友中有担任高级学术职务的人，但也有许多人的职业道路并不平坦，他们往往在学术界之外或在科学与社会的结合部工作。当今世界的节奏更快，许多合同的项目期限和结束日期都很短，尤其是对博士后而言，这对长期或以任务为导向的项目设计方法，以及多年来建立的持久、可信赖的合作伙伴关系提出了挑战。与此同时，学术界和资助者越来越重视跨学科和跨学科的专业知识，以及科学与社会之间的联系，这意味着像 ZMT 这样的机构的培训和经验将得到认可。

3）对合作伙伴的影响

虽然 ZMT 战略和不来梅标准的应用旨在确保研究所在全球南部的合作伙伴从合作中获得明确的利益，但它们也要求合作伙伴实现多重目标（社会和学术）并承担责任（包括共同出资）。平等的伙伴关系意味着有共同责任达到学术标准，包括最先进的方法和良好的科学实践。国家科学政策或地方学术传统可能产生的期望，包括关于发表什么、在哪里发表或将谁列为作者的决定，需要与 ZMT 必须遵守的其他考虑因素和标准相协调，包括资助者的规定或德国科学基金会规定的良好科学实践标准。在合作中实现共同出资的既定目标可能符合建立更加平等的伙伴关系的愿景，并在一定程度上符合研究和项目资金在许多情况下很难甚至不可能向全球南部的合作伙伴转移资金的现实，但往往仍然与资助机会和优先事项极不平等的现实相冲突。幸运的是，这种情况正在慢慢改变，无论是在为参与南北合作的伙伴提供资金方面，还是在许多伙伴国家的筹资环境方面，例如，贝尔蒙论坛的筹资呼吁就强调了可持续性挑战、跨学科方法和多国伙伴关系。对德国不同部委的战略、利益和资助计划缺乏了解，会增加伙伴关系的压力。

4.2 两个目标系统的冲突——科学卓越与现实世界问题

学术影响被理解为促进科学理解，通过标准化的衡量标准和指标（如科学期刊的影响因子）来衡量。与此同时，ZMT 还需要说明其在学术界以外的影响（另见 ZMT 影响手册；Stagars，2019），这种影响的标准化程度较低，但同样存在争议。研究中心的使命是致力于“全球北方”和“全球南方”的能力发展和咨询，努力实现两个目标体系：在卓越的学术领域和期刊影响因子方面展开竞争，并努力寻找解决现实世界中政策和实践问题的办法，同时考虑利益相关者的利益、需求和观点。然而，并不只有研究中心一家在追求这些不同的目标体系。随着应对（通常是全球性的）重大环境和社会挑战的应用科学领域（如可持续性科学）的兴起，人们对研究影响（包括对更广泛社会的影响）的不同理解和衡量标准的活动和兴趣与日俱增。例如，旧金山研究评估宣言（DORA）明确指出，要从期刊影响因子转向个人评估。由资助者和科学机构发起的大规模项目和倡议，包括贝尔蒙特论坛或未来地球计划，正在发展、资助和实施让社会行动者和政策制定者参与的科学活动，并强调“全球南方”学术合作伙伴的参与。尽管这些发展肯定不是完美无缺的，但它们为像 ZMT 这样的机构提供了一个合适的环境，使其能够定位自己，并使其对科学和社会的贡献得到充分的认可。这在很大程度上强调了在法国担任欧盟理事会主席国期间通过的《巴黎研究评估呼吁》(2022 年法国开放科学委员会）中的规定。它呼吁“建立一个评估系统，根据研究提案、研究人员、研究单位和研究机构的内在价值和影响进行评估，而不是根据出版物的数量和出版地点进行评估”。该呼吁综合了关于拓宽对研究影响的理解的长期讨论和建议，并呼吁在研究过程，以及对其产出和成果的认可方面实现更大的多样性。作为对 ZMT 的一种影响，开拓精神近年来经受住了考验，需要根据不断变化的科学政策和资金状况进行一些调整，以便与热带地区的合作伙伴一起保持世界领先的地位，并创造影响。

5 结论

科学外交需要利用可持续发展。对我们来说，这意味着支持“南方视角”，要培养尊重和相互学习，并承认气候和地球紧急状况对“全球南方”国家的影响尤为严重。可以从 ZMT 的经验和方法中汲取一些重要教训，其基础是支持与当地情况相关的研究（Agnes et al.，2022）、能力发展、公平的研究合同和公平的预算。争取伙伴关系的长期性（≥ 10 年）是研究所的早期原则（不来梅标准）之一，但这一原则一直难以实施。然而，长期伙伴关系（从上述项目实例中可以看出）在建立长期的、值得信赖的伙伴关系方面更为有效，有助于和平、稳定，也有利于外交政策和发展合作。ZMT 扮演着牵线搭桥和知识中介的角色，将国际学生、客人和合作伙伴联系在一起。通过学术培训，它为培养一批具有跨文化能力和良好网络的专业人员做出了贡献。海洋科学外交可以改变发展中国家的游戏规则，特别是在海洋技术方面；它对 2030 年议程和“联合国生态系统恢复十年”（the UN Decade on Ecosystem Restoration）倡议至关重要。公海和深海的管理不能沿用传统模式，需要通过公平谈判达成框架，既能分享使用权和收益，又能灵活应对变化。为使像 ZMT 这样的研究机构能够在这一领域做出更好的贡献，需要就科学与政策之间的（海洋）科学外交中的角色和责任开展更多对话，同时也需要就研究评估的未来开展更多对话，以适应研究机构的变革能力。与此同时，需要进一步鼓励和支持 ZMT 的科学家及其合作伙伴，以及与研究中心有关联的其他相关利益攸关方参与决策过程和国际议程的设置。这尤其涉及为国家进程和全球谈判提供证据和观点的能力，例如关于生物圈保护区（BBNJ）的谈判（和深海采矿），以及全球评估（因为“全球南方”的代表性不足）。最后，需要承认科学是一种“软实力”。科学打着“中立”行为者的幌子工作，却同时拥有既得利益，并受到精英的影响，这可能具有挑战性，甚至是有害的。

研究具有固有的伦理层面，尤其是在可持续发展的背景下——研究活动的社会后果问题，以及不采取行动或不干涉的后果问题都需要认真考虑。像 ZMT 这样的机构可以帮助克服精英议程、权力不平衡以及“全球北方”/“全球南方”在研究方面的现实差距所造成的障碍。它不仅在德国和国际论坛上为其合作伙伴和当地利益攸关方代言，还在合作伙伴国内为当地合作伙伴，特别是边缘化行动者代言，即通过开展科学活动支持个体渔民和其他边缘化社区，以及解决性别问题、权力失衡、既得利益或腐败问题。它还可以使下一代研究朝着零碳排放、公平贸易和公平深度转型。为实现这一目标，需要与对等和公平的合作伙伴一起，掌握包容性领导的新技能，以促进全球繁荣，抵御碳殖民主义等风险。

致谢：我们要感谢过去几年中与 ZMT 和我们的伙伴机构的许多同事进行的宝贵讨论，这些讨论有助于形成本文所表达的一些观点。同时，我们也要感谢各资助方，尤其是德国联邦教育与研究部（BMBF）对红海计划、MADAM 和 SPICE 项目的支持，他们为 ZMT 制定研究和科学政策议程提供了便利。塞巴斯蒂安·费斯（Sebastian Ferse）感谢 BMBF 在勒纳塑性（LeNa Shape）项目（项目编号：01UV2110F）框架内提供的资助。塞巴斯蒂安·费斯和丽贝卡·拉尔（Rebecca Lahl）感谢德国研究基金会（DFG）为德国未来地球委员会（DKN）的“预测和改造沿海未来 ”工作组提供的支持。这项工作部分源自 DKN 工作组“预测和改变海岸未来”，并为未来地球全球研究网络“未来地球海岸 ”的发展做出了贡献。本文所有观点仅代表作者本人。

参考文献

AA，German Foreign Office（2020）Science diplomacy（Strategy Paper）. https://www.auswae rtiges-amt.de/en/aussenpolitik/themen/kulturdialog/science-universities/2209874. Accessed 15 Mar 2022.

Agnes B，Helena B N，Melody B B et al（2022）Knowledge-driven actions: transforming higher education for global sustainability: independent expert group on the universities and the 2030 agenda. UNESCO Publishing，Paris.

Becker K（2022）Internationale beziehungen: mehr wissenschaftsdiplomatie! ZEIT campus. https://www.zeit.de/2021/47/wissenschaft-diplomatie-internationale-beziehungen-austausch? Accessed 15 Mar 2022.

BMBF，Federal Ministry of Education and Science（2008）Internationalization of education，science and research-strategy of the federal government. https://www.auswaertiges-amt.de/ blob/2436494/2b868e9f63a4f5ffe703faba680a61c0/201203-science-diplomacy-strategiepapier data.pdf. Accessed 15 Mar 2022.

BMZ，Federal Ministry of Economic Cooperation and Development（2015）BMZ Education strategy-creating equitable opportunities for quality education. Bundesministerium für Wirtschaftliche Zusammenarbeit und Entwicklung（BMZ），Bonn，Germany.

Carpenter K（2007）A short biographyof pieter bleeker. Raff Bull Zool.

Ekau W（2018）The founding of a centre for tropical marine ecology in bremen. In: Hempel G，Hempel I，Hornidge A K（eds）Scientific partnership for a better future: bremen's research along tropical coasts, Edition Falkenberg, Bremen, Germany.

Felt U, Igelsböck J, Schikowitz A, Völker T (2013) Growing into what? the (un-) disciplined socialisation of early stage researchers in transdisciplinary research. High Educ 65:511–524.

Flink T, Schreiterer U (2010) Science diplomacy at the intersection of S&T policies and foreign affairs: toward a typology of national approaches. Sci Pub Pol 37:665–677.

French Open Science Committee (2022) Paris call on research assessment. https://osec2022.eu/paris-call/. Accessed 15 Mar 2022.

Gui Q, Liu C, Du D (2019) Globalization of science and international scientific collaboration: a network perspective. Geoforum 105:1–12.

Günther F (2018) Die Bewertung wissenschaftlicher Leistung am Leibniz-Zentrum für Marine Tropenforschung.

Harden-Davies H (2018) The next wave of science diplomacy: marine biodiversity beyond national jurisdiction. ICES J Mar Sci 75:426–434.

Harden-Davies H, Snelgrove P (2020) Science collaboration for capacity building: advancing technology transfer through a treaty for biodiversity beyond national jurisdiction. Front Mar Sci7:40.

Hempel G, Hempel I, Hornidge A K (2018) Scientific partnership for a better future: bremen's research along tropical coasts. Edition Falkenberg, Bremen, Germany.

IOC-UNESCO (2020) Global ocean science report 2020–charting capacity for ocean sustainability.In: Isensee K (ed) UNESCO Publishing, Paris, France.

Jennerjahn T C, Rixen T, Irianto H E, Samiaji J (2022) 1–Introduction–science for the protection of indonesian coastal ecosystems (SPICE). In: Jennerjahn TC, Rixen T, Irianto HE, Samiaji J (eds) Science for the protection of indonesian coastal ecosystems (SPICE). Elsevier, pp 1–11.

Johansen D F, Vestvik R A (2020) The cost of saving our ocean–estimating the funding gap of sustainable development goal 14. Mar Policy 112:103783.

Jouffray J-B, Blasiak R, Norström A V et al (2020) The blue acceleration: the trajectory of human expansion into the ocean. One Earth 2:43–54.

Kehrt C (2014) » Dem Krill auf der Spur « antarktisches wissensregime und globale ressourcenkon–flikte in den 1970er jahren. Gesch Ges 40:403–436.

Macreadie P I, Costa M D, Atwood T B et al (2021) Blue carbon as a natural climate solution. Nat Rev Earth Environ 2:826–839.

Neumann B, Unger S, Weiand L, et al (2021) Marine regions forum: an international stakeholder forum to strengthen regional ocean governance.

Partelow S, Hornidge A–K, Senff P et al (2020) Tropical marine sciences: knowledge production in a web of path dependencies. PLoS ONE 15:e0228613.

Polejack A, Coelho L F (2021) Ocean science diplomacy can be a game changer to promote the access to marine technology in latin america and the caribbean. Front Res MetrS Anal 6:7.

Polejack A, Gruber S, Wisz M S (2021) Atlantic ocean science diplomacy in action: the pole–to–pole All Atlantic Ocean research alliance. Hum Soc Sci Commun 8: 1–11.

Polejack A (2021) The importance of ocean science diplomacy for ocean affairs, global sustainability, and the UN decade of ocean science. Front Mar Sci 248.

Reid W V, Chen D, Goldfarb L et al (2010) Earth system science for global sustainability: grand challenges. Science 330:916–917.

Sachs J D, Schmidt–Traub G, MazzucatoM et al (2019) Six transformations to achieve the sustainable development goals. Nat Sustain 2:805–814.

Saint–Paul U (2010) MADAM, Concept and reality. In: mangrove dynamics and management in North Brazil. Springer, pp 9–15.

SPD, Bündnis90/Die Grünen, FDP (2021) Mehr fortschritt wagen. Bündnis für freiheit, gerechtigkeit und nachhaltigkeit. https://www.spd.de/fileadmin/Dokumente/Koalitionsvertrag/Koalitionsvertrag_2021–2025.pdf. Accessed 15 Mar 2022.

Stagars M (2019) Concepts collaborations common grounds–The impact of our work beyond research and academia. Leibniz Centre for Tropical Marine Research (ZMT), Bremen, Germany.

Stiller M，Semmler A K（2018）With a steamer to the south pacific. In: Hempel G，Hempel I，Hornidge A K（eds）Scientific partnership for a better future: Bremen's research along tropical coasts，edn Falkenberg，Bremen，Germany.

Sumaila U R，Walsh M，Hoareau K，et al（2020）Ocean finance: financing the transition to a sustainable ocean economy，World Resources Institute The Royal Society，AAAS（2010）https://royalsociety.org/~/media/royal_society_content/policy/ publications/2010/4294969468.pdf. Accessed 15 Mar 2022.

United Nations（2012）The future we want: outcome document adopted at Rio+ 20. United Nations，Rio de Janeiro，Brazil.

Van Langenhove L（2017）Tools for an EU science diplomacy. European Commission，Brussels，Belgium.

World Bank; United Nations Department of Economic and Social Affairs（2017）The potential of the blue economy: increasing long-term benefits of the sustainable use of marine resources for small Island developing states and coastal least developed countries. World Bank，Washington，DC，USA.

ZMT，Leibniz Centre For Tropical Marine Research（2015）Bremen criteria. https://www.leibnizzmt.de/images/content/pdf/OKE_Office_Knowledge_Exchange/ZMT_Bremen_Criteria_2015. pdf. Accessed 15 Mar 2022.

ZMT，Leibniz Centre for Tropical Marine Research（2018）Capacity development strategy 2025. https://www.leibniz-zmt.de/images/content/pdf/Mission_Werte/Capacity-Development_Strategy_2025.pdf. Accessed 15 Mar 2022.

共同设计弥合海洋研究、政策和管理之间差距的研究伙伴关系：梅尔·维森倡议

斯文·斯特贝纳，亚历山德拉·格里森①

摘要：“就科学、技术和创新开展合作并加以利用，按照共同商定的条件加强知识共享”是可持续发展目标17的具体目标之一。总体目标是“加强执行手段，振兴全球可持续发展伙伴关系”。在过去设计南北合作项目时，“全球北方”作为主要的供资伙伴所确定的优先事项有时会导致差异，从而限制了项目成果对“全球南方”国家可持续发展决策的适用性。本文描述了一项专注于海洋知识的非洲德国倡议——梅尔·维森（Meer Wissen）

---

① 斯文·斯特贝纳（通讯作者），亚历山德拉·格里森
德国国际合作协会（GIZ）有限公司，波恩，德国
电子邮箱：sven.stoebener@giz.de
亚历山德拉·格里森
电子邮箱：alexandra.gerritsen@giz.de

维努戈帕兰·伊特科特，贾斯迈特·考尔·巴韦贾（主编），发展中国家的科学、技术和创新外交，发展研究
https://doi.org/10.1007/978-981-19-6802-0_21

倡议。该倡议通过设计多方利益相关者伙伴关系项目来解决这一差异问题。该项目侧重于基于解决方案的科学过程，产生新的海洋知识，并刺激科学和政策界面上的对话和知识转让。梅尔维森倡议以海洋为重点，为联合国海洋科学促进可持续发展十年（2021—2030 年）（海洋十年）做出了贡献。

关键词：可持续发展目标 17；可持续发展目标 14；联合设计项目；南北合作；南南合作；多方利益相关者伙伴关系

1 引言

社会对海洋的依赖比以往任何时候都更为迫切。全球约 40% 的人口居住在距离海岸 100 千米以内的地区（United Nations，2017）。目前有 6 亿多人生活在低海拔沿海地区，预计到 2050 年这一数字将增至 10 亿多人（Neumann et al.，2015）。这些近海是人类与海洋互动的热点地区。此外，海洋经济是世界上发展非常迅速的经济之一，为渔业、运输、生物技术、能源生产、海底采矿、旅游业等许多具有巨大经济价值的部门带来了利益。但是，我们的海洋正受到威胁，其恶化正日益威胁着人们的生命和生计。风暴潮和海啸等极端天气事件的严重性和频繁发生带来了越来越大的风险，并将继续挑战我们的抗灾能力。此外，我们还目睹了生物多样性的持续丧失、过度捕捞、生境破坏、污染、海平面上升，以及相关的海岸侵蚀。人类活动造成的这些严重影响，再加上气候变化、海洋缺氧和酸化，对以渔业和水产养殖为生的 8 亿人造成了特别严重的影响。鉴于海洋面临的压力与日俱增，科学和研究是健康海洋的重要支柱。海洋科学使我们能够了解海洋过程并确定以解决方案为导向的应用。实现 2030 年议程的宏伟目标，包括可持续发展目标（SDG）14（“水下生命”），需要加强全球伙伴关系，汇聚多方力量，调动一切可用资源和能力。与海洋研究密切合作是为政策和管理层面的决策者提供最新的、准确的科学信息以有效保护和管理海洋资源的关键。然而，在许多发展中国家，这些信息和数据往往不可用、无法获取或已经过时。研究议程和所产生的数据往往不能满足决策者的需要。同样，许多发展中国家无力开展所需规模的研究，需要更多的能力来系统地评估数据，并为基于知识的决策得出可行的结论。

认识到科学和政策更密切合作的重要性，作为德国联邦经济合作和发展部（BMZ）“海洋保护和可持续渔业十点行动计划 ”的一部分，梅尔·维森倡议——非洲—德国海洋知识合作伙伴于 2018 年启动。

梅尔·维森项目由 BMZ 资助，并由德国国际合作机构（GIZ）协助开展，支持那些与实施地区的需求有明确联系的研究项目，并支持那些制定了战略以提高其成果与决策和政策制定相关的研究项目。该倡议加强了非洲和德国海洋研究机构之间的合作关系，确保未来的政策与决定建立在更好的信息基础之上。迄今为止，梅尔维森正在为 7 个非洲沿海国家的 12 个合作项目提供支持。2021 年 10 月，发起了一项新的呼吁，为新的伙伴关系项目提供更多的资助机会，以改善以海洋和沿海自然保护为基础的解决方案的知识库，并促进其在国家战略和行动计划中的使用和采纳。这一呼吁是梅尔·维森倡议对联合国海洋科学促进可持续发展十年（2021—2030年）的贡献，并与联合国教科文组织政府间海洋学委员会共同发起。

越来越多的非洲沿海国家正在制定实施可持续蓝色经济的战略。这些战略需要新的、创新的海洋科学，为保护和可持续管理海洋与沿海生态系统和资源的知情决策奠定基础。科学和政策之间的知识转移可以帮助沿海国家发展经济，使其与海洋生态系统保持弹性和健康的长期能力相平衡。例如，梅尔·维森伙伴关系项目确定了生物多样性和生态系统价值较高的区域，并测量和监测生态系统服务，以进行更好的预测。这有助于利益相关者了解未来海洋对沿海社区的影响，从而更好地规划和管理人类对沿海生态系统的利用。

梅尔·维森倡议是在海洋未来的关键时刻发起的。当前的危机要求我们彻底改变对待海洋及其珍贵的野生动物和宝贵的自然资源的方式。2019 年生物多样性和生态系统服务政府间平台（IPBES）全球评估报告警告说，66% 的海洋正在经受人类活动日益累积的影响。为了使“海洋十年 ”为海洋和沿海地区的可持续发展创造更好的条件，需要加强科学和政策的衔接，以便为人类的利益做出强有力的综合决策。梅尔维森倡议致力于通过汇集实现海洋可持续性所需的各种知识和数据，缩小科学成果与有效决策之间的差距。这样做的重点在于：① 在与德国海洋研究机构的合作项目中加强非洲海洋科学家的能力；② 促进政策制定者和海洋研究人员就非洲有效的海洋保护问题开展对话，从而改善研究成果向政策制定过程的转化，促进以知识为基础的管理；③ 通过使用现代技术和数字应用程序、开放式数据平台和在线课程，促进数字化和创新。

2 共同设计以解决方案为导向的可持续发展研究

全球变化和对可持续发展的需求要求我们在环境问题的研究中采用新的战略和方法，向更具综合性的研究转变。研究问题需要以社会挑战和需求为导向，因此需要在与公民社会、政府和其他利益相关者的互动中加以确定，以便对政策和社会产生变革性影响。来自不同学科的研究人员应相互合作，并与相关利益攸关方合作，更直接地将重点放在创造知识上，以便为社会和决策者提供信息。这意味着我们必须摆脱“一切如旧”的科学，即通过单一学科分析问题，并使用传统的学术指标，如影响因子和引用次数来衡量产出，转向更具应用性和跨学科的研究，以及不同知识的整合。共同设计被定义为“一个迭代和协作的过程，涉及不同类型的专业知识、知识和参与者，以产生特定背景的知识”（Norström et al.，2020），是跨学科的一个要素（跨越学科和学术界限，通过整合来自多个学科和学术界以外的参与者、共同制定目标，以及发展综合知识和理论，在科学和社会之间架起桥梁）。在海洋科学领域，由于海洋依赖者的多样性，有必要共同设计一个项目，从而让相关利益方，如当地社区、政治决策者和私营部门（渔业、石油和天然气公司或其他公司）的代表参与进来，共同制定和实施海洋研究项目。“全球北方”和“全球南方”之间越来越多的资助计划认识到，有必要通过支持变革进程和强调共同设计要素，将发展合作与研究议程联系起来，以实现以科学为基础的可持续发展。

梅尔·维森倡议支持非洲和德国海洋研究机构之间的合作项目，并将共同设计作为跨区域科学合作项目遴选的一项基本标准。该倡议的核心始终是基于共同设计过程理念的“平等伙伴关系”。强有力的合作伙伴关系和共同设计方法确保了能共同确定优先事项，成果符合当地需求，并为合作伙伴和决策者所用。梅尔·维森支持这种共同设计方法，在为期两年的资助计划实施阶段之前，专门资助一个共同设计阶段。梅尔·维森倡议的核心目标是找到解决社会问题的办法，支持平等伙伴关系。这意味着“所有合作伙伴共同开展活动和制定措施，非洲和德国科学家共同承担决策、项目管理和实施方面的责任，预算分配体现平等伙伴关系”（Ferse et al., 2022）。梅尔·维森项目的共同设计阶段包括两方面：其目的是① 在研究人员之间建立（平等的）伙伴关系，以实施项目；② 通过让当地参与者参与进来，使项目面向当地参与者的需求。研究人员和非学术利益相关者共同制定合作项目。“在共同设计阶段，利益相关者和学术参与者以协调、综合的方式开展工作，以最佳方式建立对研究目标的共同理解，确定相关学科、参与者和处理该专题所需的科学整合步骤，并就不同群体在推进研究方面的作用达成一致意见”（Mauser et al., 2013）。在海洋和政策领域向这种年轻类型的研究过渡并非没有挑战，“跨学科、跨地区和跨社会群体的工作需要在沟通、机构安排和资金方面采用新的方法和理念。共同设计需要学习标准研究工具包之外的新技能，包括确定相关利益攸关方、考虑公平问题、解决沟通和语言障碍以及应用冲突解决方法”（Ferse et al., 2022）。此外，共同设计研究问题和共同创造知识意味着所有参与其中的科学家和利益相关者要有明确的角色和责任。这不仅涉及“全球北方”和“全球南方”之间的研究项目，也是地区和地方层面综合和跨学科研究项目中的一个明确的问题。

与梅尔·维森特别相关的“是经常遇到的涉及全球北方（通常是资金来源）和全球南方（研究地点所在）研究人员的合作研究项目的例子”（Ferse et al., 2022）。在“全球北方”，科学家往往专注于方法、概念框架和学术文献，而在“全球南方”，他们对问题的多层面有深刻的理解，与基层有更紧密的联系，能接触到实地网络，并具有很强的跨学科性。通常，在设计伙伴关系项目时，“全球北方”往往充当资助机构，根据自己的优先事项确定研究重点。这种决策权上的差异限制了合作成果对全球南部国家的实际适用性。此外，全球南部国家的机构无法获得原始数据，导致无法将研究结果落实到政治决策过程中。在这种情况下，特别重要的是要考虑如何公平分配权力，以透明的方式解决能力、资源和结构方面的不平衡问题，以提高实际相关性并维持公平的伙伴关系。所有梅尔·维森合作伙伴项目都要解决这一不平衡和多方利益相关者合作的问题。在西印度洋地区，梅尔·维森与西印度洋海洋科学协会（WIOMSA）合作实施。西印度洋海洋科学协会还支持科学发现与（地区间）政治决策之间的知识转移。此外，西印度洋海洋科学协会还促进学术界和非学术界利益相关者之间的对话，以实现可持续的社会变革。

总之，“共同设计能带来更好的、与社会相关的信息，从而改进政策决策（例如，通过利用更多样化的知识来源和有针对性的、共同制定的调查路线），并使项目产生更持久的影响，包括使已开发的结构在单个项目的资助期结束后仍具有持久性”（Ferse et al.，2022）。

3 将科学知识转化为决策和实践

梅尔维森倡议中的所有项目都在通过加强海洋研究能力、促进对话和从科学到政策的知识转移，以及促进数字解决方案和创新为科学变革做出贡献。以下 3 个例子展示了该倡议如何加强科学、政策和社会之间的知识转移。

“东非渔业数据”（FIDEA）项目通过建立一个收集、共享和分析渔业数据的地区框架，应对东非地区缺乏足够数据和专业知识的挑战。该项目在联合研讨会期间，并通过地方和区域合作伙伴的支持，如非洲渔业管理和水产养殖国际协会和联合国粮食及农业组织（FAO），成功地将政策制定者、研究机构和渔业部门联系起来。FIDEA 正在努力加强与西南印度洋渔业委员会（SWIOFC）和内罗毕公约秘书处的合作。与世界粮农组织的联系使项目合作伙伴能够对坦桑尼亚（桑给巴尔市）和莫桑比克的渔业信息系统进行广泛审查，并为西印度洋地区国家审查和提交关于可持续发展目标 14.4 进展情况的第一份报告提供了机会。通过这一进程，FIDEA 与粮农组织密切合作，促进研究和管理机构在国家一级就可持续发展目标 14.4 的相关技术问题进行沟通和协调。这一合作的部分成果应用于坦桑尼亚和莫桑比克举行的高级别部长级会议，会议讨论了渔业信息系统的审查问题，并就改变当前渔业信息系统的前进方向达成了一致意见。迄今为止，FIDEA 的重点是巩固数据基础设施，以保持研究成果对当地决策者的持久影响和适用性。粮农组织与坦桑尼亚渔业研究所（TAFIRI）的合作将有助于了解西印度洋地区各国在实现可持续发展目标方面取得的进展。粮农组织的方法推动了不同的数据收集计划，以便能够开发一个信息系统，该系统不仅在其主要组成部分上是统一和标准化的，而且还能满足国家层面的分析和报告要求。目前，FIDEA、WIOMSA 和粮农组织正在开展另一项合作，以支持西印度洋国家在项目期结束后的能力建设活动。这种合作旨在提高人们对监测的认识，通过各种机制（如 SWIOFC 或特定国家项目）支持渔业数据收集、监测和评估方面的能力建设活动，并设想与 WIOMSA 合作，使这一目标扩展到 FIDEA 项目之外。总的来说，这些活动旨在加强从数据收集到鱼量评估的工作流程，以支持可持续发展目标 14.4.1 的监测和报告。FIDEA 由国家渔业研究所（IIP）、坦桑尼亚渔业研究所（TAFIRI）、莱布尼茨热带海洋研究中心（ZMT）和达累斯萨拉姆大学海洋科学研究所共同推动。

坦桑尼亚的伙伴关系项目“评估鳗鱼的生物多样性”（BIOEELS）评估了洄游鳗鱼的生物多样性，绘制了鳗鱼渔业价值链图，检查了鳗鱼上岸量和捕获率，增强了社区监测和管理其资源的能力，并通过知识转让和能力建设促进了可持续性。东非鳗鱼物种是宝贵的食物和收入来源。此外，由于温带鳗鱼物种的减少，热带鳗鱼在国际活鱼贸易中作为水产养殖的苗种正受到着越来越大的关注。BIOEELS 绘制了两条河流现有鳗鱼栖息地的地图。在绘图过程中，该项目与当地渔民合作，创造了相互学习的经验。此外，BIOEELS 的科学家还在潘加尼（Pangani）和鲁菲吉（Rufiji）河口记录鳗形鱼种和相关鱼种的捕获量构成。对调查员进行了使用电子渔获量系统调查（eCAS）移动应用程序的培训，这是一个收集渔业数据的数字工具。600 多条记录已输入 eCAS 系统，数据可在 eCAS 系统上查阅。除了评估鳗鱼潜在栖息地的生物多样性和研究坦桑尼亚某些系统中洄游鳗鱼的生物学和生态学，该项目还侧重于通过调查鳗鱼渔业和渔业产品的市场和价值链，评估影响鳗鱼渔业可持续性的社会文化和经济因素。通过在 Pangani 的两个村庄和 Rufiji 河的 4 个村庄举办社区研讨会，向主要利益相关者介绍了该项目，还进行了访谈，以收集有关物种和捕捞动态的当地知识，特别是有关历史渔获量的知识。对该地区不同的利益相关者（渔民、主要信息提供者、贸易商、官员）进行了进一步访谈，旨在评估与鳗鱼有关的价值链。达累斯萨拉姆大学、坦桑尼亚渔业研究所和德国图宁渔业生态研究所合作，对现有管理框架的现状和有效性进行评估，并就改进各层级鳗鱼管理的管理框架提出建议。

“西印度洋治理与交流网络”（WIOGEN）是一个科学的网络平台，也是社会学习方法的综合愿景。WIOGEN 专注于海洋和海岸治理，并为西印度洋地区的社会科学和海洋科学搭建桥梁。虽然该项目由国际海洋研究所和莱布尼茨热带海洋研究中心主办，但 WIOGEN 由网络成员领导，并遵循自下而上的方法。WIOGEN 致力于成为该地区学术界、民间社会和政府的研究人员与政策制定者的跨学科联盟。该项目就科学与政策的接口、海洋核算和利益相关者的参与举办了多次在线培训。成立了工作组，以交流知识并促进该地区有意义的能力发展。WIOGE 主办了一次海洋治理会议，以支持西印度洋地区治理方面的区域科学政策交流。会议重点讨论了“实践中的政策”，讨论了为区域海洋治理战略提供科学支持的问题。为筹备海洋治理会议，WIOGE 主办了一次政策简报写作培训。

设计、规划、实施和推广旨在保护、可持续管理或恢复海洋生态系统及其资源的行动意味着政治和行政程序，涉及利益和信念各不相同的广泛利益相关者。在为健康海洋进行谈判和确定最佳解决方案的过程中，科学证据发挥着关键作用。上述 3 个项目表明，通过评估和监测所产生的结果和知识可以被海洋和海岸规划与管理方面的循证政治决策所利用和转化。

4 结论

联合国海洋科学促进可持续发展十年通过促进科学合作和提供与政策相关的知识，为支持全球和地区机构提供了一个独特的机会。海洋十年启动了一个新的利益攸关方进程，该进程具有包容性、参与性和全球性，旨在规划、实施和提供“我们想要的海洋所需的科学”。[①] 要想取得成功，这一进程需要采用新的方式，将所有海洋利益攸关方聚集在一起，共同参与以解决方案为重点的科学进程，以产生新的海洋知识。十年能否实现海洋科学的变革，将取决于各学科研究人员与政策制定者和非政府利益攸关方（如民间社会和私营部门）密切合作的共同努力。在这十年中采取和实施的行动将对海洋的未来起到决定性作用。

梅尔·维森倡议利用这一机会加强协调，并确保所产生的知识对非洲的政策制定者既有相关性又有可见性。能力、资源（机构、财政、人力资源）、相关行动者的广泛参与、科学与政策之间的持续对话，以及政策框架所界定的背景，是建立成功的科学—政策互动机制的关键决定因素。因此，我们需要建设科学生产能力和才能，建立以公开、透明和公平的方式在所有利益攸关方之间共享数据、信息和知识的创新方式。在加强海洋治理框架的同时，加快实施透明的监测和审查过程是实现国际协定目标的关键。

① 联合国海洋科学促进可持续发展十年（2021—2030 年）愿景。https://www.oceandecade.org/vision-mission/.

参考文献

Ferse S, Fujitani M, Lahl R (2022) Co–Design in collaborative marine research projects–A guidance with examples Version 2.0: 6 MeerWissen_Co–Design_Guide_2.0._2022. https://meerwissen.org/fileadmin/content/images/news/publications___events/Guidance_Co–design_Web.pdf.

Mauser W, Klepper G, Rice M et al (2013) Transdisciplinary global change research: the co–creation of knowledge for sustainability. Curr Opin Environ Sustain 5 (3–4) :420–431.

Neumann B, Vafeidis A T, Zimmermann J, Nicholls R J (2015) Future coastal population growth and exposure to sea–level rise and coastal flooding: a global assessment. PLoS ONE 10:e0118571.

Norström A V, LöfMF C C et al (2020) Principles for knowledge co–production in sustainability research. Nat Sustain 3:183–190.

United Nations (2017) Ocean fact sheet package, The Ocean Conference, United Nations, New York, pp 5-9. www.un.org/sustainabledevelopment/wp–cntent/iploads/2017/05/ovcean–fact.sheet–package.pdf. Accesssed Jun 2017.

可持续发展的研究网络和新型伙伴关系：欧盟创新废水技术研究项目如何发展为一个基于自然解决方案的国际网络

约汉·克利福德，让－巴蒂斯特·杜索索斯，塔贾纳·谢伦伯格，克里斯托夫·索德曼 ①

摘要： 欧盟科学外交的目标之一是发展欧盟与“全球南方”国家之间的科学合作伙伴关系，以促进可持续发展领域的合作，尤其侧重于联合国

① 约汉·克利福德
工程学院，戈尔韦大学，戈尔韦，爱尔兰
电子邮箱：eoghan.clifford@universityofgalway.ie
INNOQUA 项目，水研究设施，戈尔韦大学，戈尔韦，爱尔兰
让－巴蒂斯特·杜索索斯
NOBATEK/INEF4，私人研究与技术中心，昂格莱，法国
电子邮箱：jbdussaussois@nobatek-inef4.com
INNOQUA 项目，昂格莱，法国
塔贾纳·谢伦伯格
魏玛包豪斯大学和 BORDA e.V.，魏玛，德国
电子邮箱：schellenberg@borda.org
克里斯托夫·索德曼（通讯作者）
非政府组织 construction.media e.V.，不来梅，德国
电子邮箱：c.sodemann@constructify.media

维努戈帕兰·伊特科特，贾斯迈特·考尔·巴韦贾（主编），发展中国家的科学、技术和创新外交，发展研究
https://doi.org/10.1007/978-981-19-6802-0_22

可持续发展目标（SDGs）的实施。“欧盟地平线 2020”是欧盟科学外交工具箱的一个重要组成部分。本文介绍了一个由“欧盟地平线 2020”资助的研究项目。该项目通过为农村和城市环境开发模块化、可持续、可负担和具有创新性的废水处理解决方案，为实现可持续发展目标 6“确保人人享有清洁水和卫生设施的可用性和可持续管理”做出了贡献。它通过让来自四大洲（非洲、亚洲、拉丁美洲和欧洲）的国家和 12 个国家的多个利益攸关方参与研究、示范和测试专业知识，响应了对包容性研究框架的需求，并采用了由地方驱动的发展和创新方法。该项目在技术创新方面的国际科学合作在很大程度上有赖于相关利益团队的个人承诺，现在已经为基于自然的解决方案建立了一个新的联盟。

关键词：可持续发展目标；水与卫生；南北合作；欧盟地平线 2020；伙伴关系网络；基于自然的解决方案

1 引言

回溯到 2016 年 6 月欧盟创新废水技术研究项目（INNOQUA）启动之初，20 个联盟伙伴中没有人想到这个“欧盟地平线 2020”研究项目可能符合科学外交的概念——很可能我们中的大多数人甚至都没有听说过这个概念。但是，当我们应邀为本书撰稿，并回顾过去 4 年半来我们在研究和开发基于自然的创新的废水处理技术方面所做的工作时，INNOQUA 项目被证明是“全球南方”国家与欧盟之间科学合作的典范，并促成了建设性国际伙伴关系的发展。

INNOQUA 的理念是开发基于自然的有效低技术解决方案，这些解决方案稳健且易于设计、建造和操作。项目的一个关键目标是为实现可持续发展目标 6（确保人人享有清洁水和卫生设施）的全球努力做出贡献。此外，任何解决方案在适应气候变化方面都必须是强有力的。在欧洲，此类解决方案将具有相当重要的意义，特别是，但不仅限于，在偏远地区和分散的情形下。然而，正如我们的 INNOQUA 咨询委员会成员、南非夸祖鲁－纳塔尔大学已故的克里斯·巴克利（Chris Buckley）教授所说的那样——“全球南部地区对分散式废水处理系统有着巨大的需求”。INNOQUA 项目采用的技术是在全球南部和欧洲不同国家的气候、社会和经济背景下开发和测试的。INNOQUA 项目从一开始就是一个研究项目，涉及四大洲（非洲、亚洲、拉丁美洲和欧洲）国家的研究、示范和测试专业知识。这发展成了一个非常富有成效的国际科学合作，并在项目结束后继续进行，还促成了一个新的联盟——NOVAQUA 联盟。该联盟从实践和科学两方面促进了基于自然的卫生解决方案的传播。NOVAQUA 联盟由联盟的核心小组组成。NOVAQUA 联盟既是科学外交的成果，也是科学外交的工具。下文将对此进行详细介绍。

2 INNOQUA 概述——联盟、技术和研究

正是在持续面临卫生和废水处理挑战的背景下，INNOQUA 项目联合体于 2016 年成立，旨在为农村和城市环境开发模块化、可持续、负担得起的创新型废水处理解决方案。该联合体由 20 个具有不同背景和技能的组织组成，包括来自 12 个不同国家的非政府组织（NGO）、大学、商业研究组织、技术提供商、企业发展和其他实体。该项目由欧盟委员会通过地平线 2020 研究与创新计划提供支持，资助项目编号为 689817，预算为 690 万欧元。INNOQUA 项目集成了单个模块化、低成本、可持续和基于生物的水处理和再生技术，其配置与当地环境和市场相匹配。该项目包括 4 种处理技术，并根据当地条件进行了不同的组合。使用远程系统监控和操作，既是为了实现更全面的系统管理，也是为了确定其在各种情况下对系统进行长期监控时的稳健性。所采用的 4 种处理技术如下。

木屑过滤器（Lumbrifilter）可用作一级和二级处理系统。它由有机和无机介质组成，为物理过滤提供了介质。与此同时，蚯蚓消耗并消化有机固体，而溶解的污染物则在微生物生物膜中被消耗和转化。

水蚤过滤器（Daphniafilter）通过微生物生物膜、浮游大型植物和水

蚤（小型水生甲壳动物或“水蚤”）的组合提供三级处理。

生物太阳能净化系统（BSP）通过微藻生物膜的活动作为三级处理解决方案。该设备专为日照充足的气候条件而设计，其薄层级联设计还能通过阳光照射进行部分消毒。

紫外线消毒：与之前的技术不同，紫外线消毒是一种广泛使用的技术，它利用紫外线辐射对预处理后的废水进行消毒，然后再使用或排放到环境中。

该项目进行了不同技术就绪度（TRL）的实验，以清楚地了解、优化和评估 Lumbrifilter、Daphniafilter 和 BSP。

（1）实验室规模测试（技术就绪度达到 5/6）既使团队能够了解基于自然的解决方案在废水处理效率方面的局限性，也为通过调整过滤介质和床层深度、负荷率和其他性能因素来优化工艺提供了机会。

（2）现场原型测试（技术就绪度 6/7）使团队能够在真实（但受控）条件下，在两个试点地点测试和监测不同的技术集成，接收来自城市污水处理设施的分流水流。在这一阶段，可以在不同的水力负荷和气候条件下，用实际废水测试技术的性能。

（3）在最后阶段（TRL 7/8），在 11 个国家的示范设施中安装了各种技术组合，如表 1 所示。这些系统在实际条件下运行并接受监测，以分析其处理效率和所需的维护。这种监测还为生命周期分析和生命周期成本评估提供了信息，以确保这些解决方案在环境、可持续性和经济指标方面在其目标市场上具有竞争力。

表 1　11 个 INNOQUA 示范点的系统配置

国　家	设置	LF	DF	BSP	UV	循环利用
厄瓜多尔	国内公寓大楼	有	有	—	—	灌溉观赏植物
法国	办公设施	有	有	—	—	灌溉观赏植物
法国	工业、水产养殖污泥	有	—	—	—	Lumbric 堆肥装置
印度	社区	有	有	有	有	花园灌溉
爱尔兰	奶牛和牛肉农场	有	—	—	—	农业用地和年度清理
意大利	个体家庭	有	—	—	有	—

续表

国 家	设置	LF	DF	BSP	UV	循环利用
秘鲁	秘鲁大学	有	有	有	有	灌溉观赏植物
罗马尼亚	宾馆设施	有	有	—	有	—
坦桑尼亚	社区	有	有	—	有	灌溉香蕉种植园
土耳其	旅游住宅综合体	有	有	—	有	灌溉观赏植物
苏格兰	社区	有	有	—	—	—

来源：Schellenberg，2022。

3 案例研究：与印度的合作

投资于研究、开发和创新是寻求适当解决方案以解决重大社会挑战和建设复原力的基本要素。然而，尽管如此重要，研发部门总投资的 80% 却来自“全球北方”的 10 个国家（UIS，2020）。由此产生的“全球北方”的创新活动及其在研究部门（在这一领域和其他领域）不成比例的代表性，造成了一种知识等级制度，使国际发展结构的最新定义和设计过分受到“全球北方”的影响（Escobar，1995; Hartley et al.，2019; Girvan，2007）。向“全球南方”国家转让技术是在“全球北方”国家不同的条件下开发的，在转让过程中遇到了许多挑战，由于电气故障、材料供应链困难或缺乏对操作人员的适当培训计划，导致技术失败（Larsen et al.，2016; Luethi and Panesar，2013; Reymond et al.，2015）。此外，海克斯（Heeks）等人（2014）描述了“主流”创新导致不平等加剧的风险，“主流”创新是在“全球北方”国家经济制度的背景下设计的，没有考虑到边缘化人口的非正式状况，以及包容性社会发展的需求。为了增强全球南方的知识发展能力，推动更可持续的、针对具体情况的创新，亟须建立包容性的研究框架，采取由当地推动的发展方法，在当地条件下开发的更负责任的创新，最好是由当地利益攸关方开发，且至少要有当地利益攸关方的参与（Hartley et al.，2019；Girvan，2007）。从一开始，INNOQUA 研究项目组就侧重于通过当地利益相关方的参与和在全球 11 个示范点的当地条件下开发技术，建立一个更具包容性的研究框架。对其中 4 个地点的调查是在全球南部，更具体地说是在秘鲁、厄瓜多尔、坦桑尼亚和印度进行的。不过，应该指出的是，知识转让应该是双向的。在财力和物力有限的情况下制定的解决方案，可能比在全球北方采用的解决方案更具有可持续性和效率。这种双向知识转让对所有利益相关者都有好处，对帮助发展与广大利益相关者的关系意义重大。在这一章中，把印度的合作与展示作为一个合作案例进行了介绍，事后看来，这种合作被认为是成功的科学外交的一个范例。

印度示范点位于快速发展的特大城市班加罗尔的郊区。与全球南部的许多城市中心一样，该市正经历着巨大且不受控制的人口增长模式。根据 2001 年和 2011 年进行的人口普查，人口从 650 万人增加到 960 万人，这还没有考虑到普遍存在的非正规人口和居住动态（Census，2001，2011）。在班加罗尔，基础设施和基本服务的可及性和覆盖面，尤其是非正规和郊区边缘化人口的可及性和覆盖面，仍然是一个巨大的挑战（KSPCB，2018）。此外，据报道，面对运营“城市系统”所需的大量资源及其产生的相关废物流，该市正接近崩溃。班加罗尔曾被称为“湖泊之城”，现在正经历着日益严重的水危机（Raj，2013）。考弗里河是一个主要水源，每天供应 146 万吨的水，这些被抽出的水有 100 多千米河长，为约 580 万人提供服务（BWSSB，2017）。该流域日益增长的用水需求和持续的水污染正在加剧区域性跨界水资源冲突，从而进一步加剧了对昂贵且高能耗的长途水运输的需求（Goshet al.，2018; Ramesh，2012）。

在印度进行的 INNOQUA 调查由非营利组织 BORDA 公司负责，该公司由经验丰富的当地合作伙伴 DEWATS 传播协会联盟（CDD Society）提供支持。该协会就比迪工人聚居区（包括班加罗尔西南部约 800 户家庭）的示范点位置提供了咨询。这个被边缘化、经济薄弱的社区没有接入下水道网络或处理系统。据报告，这个社区面临着日益严重的缺水和粮食不安全问题。

印度示范点 INNOQUA 系统配置

在印度示范点安装和测试的 INNOQUA 系统配置旨在处理 9 户家庭产生的废水。处理过程旨在通过灌溉社区花园内的粮食作物，实现处理后的水和营养资源的再利用，从而在日益缺水的环境中实现更可持续的资源管理。该演示包括 INNOQUA 研究项目中采用的所有 4 种处理技术，即木屑过滤（Lumbrifiltration）、水蚤过滤（Daphniafiltration）、生物太阳能净化和紫外线消毒。与欧洲的示范点相比，印度示范点在天气条件、当地材料供应、当地人力资源，以及不同技术所使用的首选物种的普遍性等方面都存在很大的不同。在这次示范中，决定向系统中添加未沉淀的高浓度废水，以应对粪便污泥管理（FSM）中普遍存在的挑战。这些问题展示了这些技术在相对具有挑战性的条件下的表现。图 1 为印度示范点的示意图。值得注意的是，演示的两个并联系统包括：① 串联的木屑过滤器、水蚤过滤器和紫外线净化装置；② 串联的木屑过滤器和生物太阳能净化装置。

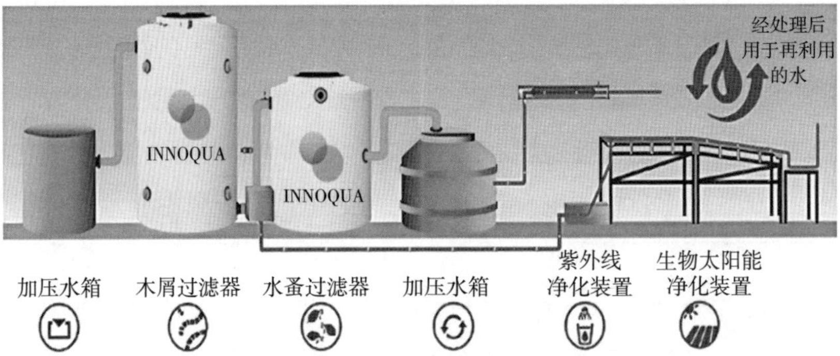

图 1　印度示范点的 INNOQUA 系统配置（INNOQUA，n.d.）

3.1.1 木屑过滤器

木屑过滤器类似于先进的滴流过滤器，由不同层的填充材料和堆肥蠕虫组成。作为一种以自然为基础的技术，其处理原理基于蚯蚓堆肥的自然转化过程。在欧洲地区，木屑是主要的有机介质，但在印度，木屑不易获得，因此用椰壳屑代替。由于天气条件差异很大，温度是一个关键参数，超过了许多蠕虫物种的耐受极限。在与当地的蚯蚓堆肥公司面谈后，决定使用 3 种不同的蠕虫，即赤子爱胜蚓（Eisenia fetida）、堆肥蚯蚓（Perionyx excavatus）和非洲夜行蚯蚓（Eudrillus eugeniae）。据报道，这些物种在班加罗尔的表现良好，由于它们各自的特性和耐受极限略有不同，因此在高温或高湿条件下出现运行故障的风险应该会降低。试运行后，考虑到观察到的固体废物流入量，废水计量系统从穿孔管系统改为防溅板，以避免因堵塞而导致运行故障（图 2）。

图 2　安装在印度示范点的木屑过滤系统（照片由 T. 谢伦伯格拍摄）

3.1.2 水蚤过滤器

水蚤过滤器（图 3）是三级处理阶段，以湿地原理为基础。在这种结构紧凑的反应器中，水蚤起到澄清作用，捕食悬浮颗粒，而水生植物则起到消除营养物质的作用。推荐的物种大型蚤（Daphnia Magna）在南印度的原产地并不广泛，温度超过约 25℃会限制它们的功能（Mueller et al., 2018）。由于该领域的研究非常有限，大型蚤的信息、可用性和来源在印度是一个挑战。最后，我们在班加罗尔找到了一家当地供应商，该供应商提供了用于演示的水蚤，而水浮莲（Pistiastratiotis）和浮萍（Lemna minor）则作为水蚤过滤器中的水生植物。

图 3　水蚤过滤器（照片由 T. 谢伦伯格拍摄）

3.1.3 生物太阳能净化

生物太阳能净化系统是一种三级处理系统，也是湿地原理和光生物反应器原理的结合。在生物太阳能净化中，微藻和细菌处理引入的废水，而级联系统的大表面积允许通过在白天暴露于太阳辐射下进行进一步的紫外线消毒。在 INNOQUA 项目中，生物太阳能净化系统采用当地采购的材料进行了改造（图 4）。用来自班加罗尔附近池塘的水进行微藻的接种。

图 4　生物太阳能净化系统侧视图（照片由 T. 谢伦伯格拍摄）

3.1.4 紫外线消毒装置

紫外线消毒由 We UV Care 提供的一套商用低压紫外线灯系统进行，用于降低处理后废水中的病原体含量。在缺水环境中，消毒工艺变得非常重要，因为经过处理的水将被回用。

在印度进行的示范调查（包括 476 天和 31 个不同的采样日）使我们能够评估和进行系统调整，以改善在当地条件下的运行，并在此背景下进一步开发 4 种处理技术。两种处理技术流程的总体效率都很高。木屑滤池、水蚤滤池和紫外线消毒处理流程平均去除 97.7% 的总悬浮固体（TSS）、98.9% 的 5 天生化需氧量（BOD5）、95.5% 的化学需氧量（COD）和 94.5% 的铵态氮（NH_4^+-N）；木屑滤池和生物太阳能净化处理流程平均去除 86.6% 的总悬浮固体（TSS）、97.3% 的生化需氧量（BOD5）、90.6% 的化学需氧量（COD）和 97.2% 的铵态氮（NH_4^+-N）。污水病原体浓度在世界卫生组织处理水安全再利用指南的范围内（Schellenberg，2022）。然而，评估显示，不同技术就绪度存在很大差异。虽然木屑过滤器的处理性能稳定且较高，但在印度的案例中，水蚤过滤器却无法实现稳定运行，原因是不稳定的进水造成系统负荷过大，偏离了初步建议的运行准则。对生物太阳能净化的评估表明，其处理性能良好，但不稳定；为了稳定运行，对维护要求进行了修改（例如，需要每 6 个月对级联系统进行一次清洁）。不同技术的详细技术性能结果在谢伦伯格 2022 年出版的报告中描述。

在上述工作的基础上，结合当地的其他建议，对设计和运行进行了调整，印度示范点被移交给当地合作伙伴 CDD 协会（CDD Society）进行进一步调查。在分析这些技术时，进水被泵送到木屑过滤器上，以便更好地评估进水负荷，但在重力进水条件下测试木屑过滤器将大有裨益。还需要进行进一步的调查，在其他不受控制的环境中长期测试给定的系统，以便在更大范围内验证其性能，以及操作和维护要求。

4 项目中的科学外交

从 INNOQUA 项目一开始，印度的工作就在我们的技术开发和国际科学合作中发挥了重要作用。一方面，这是因为印度次大陆对分散式低技术卫生系统的需求特别大。另一方面，INNOQUA 项目从一开始就计划在印度建立一个示范点，并与来自民间社会的强大外部合作伙伴——班加罗尔的 CDD 协会——进行密切交流。一些交流和信息项目由此发展起来，最终为科学合作奠定了稳定的基础。因此，该项目中科学外交发展的一个关键方面（自然而然地发生）是印度当地利益攸关方从一开始就参与其中。此外，他们还极大地影响并改进了项目在系统设计和运行方面的思路。因此，示范基地的成功开发与所有各方都息息相关。

为此，我们的联盟成员 BORDA 在 INNOQUA 项目启动后不久，于 2017 年 2 月在印度钦奈举行的第四届粪便污泥管理（FSM）大会上首次公开介绍了我们的项目及其研究任务。通过自己的展台和两次研讨会发言，向 3000 多名国际专家展示我们的研究理念。两年后，在南非开普敦举行的非洲卫生 /FSM5 后续会议上，我们在欧洲非政府组织的大型联合展台上展示了具体的研究成果。顺便提一下，与会的大多数联合体成员利用访问南非的机会，参观了德班的一个公私合作示范项目，该项目利用兵蝇幼虫处理污水污泥。从这些考察中汲取的经验教训可以转化为项目目标和技术开发方面的改进，从而对欧洲的示范点产生积极影响。在 2017 年 10 月于新德里举行的第五届印度水周上，INNOQUA 也参加了印度水界的活动。

然而，在某种程度上，我们国际研究合作的突破是 2019 年 1 月在班加罗尔举行的半年一次的项目会议。在为期 3 天的时间里，20 个联盟伙伴都来到了印度这个大都市，其中的部分活动是在 CDD 协会的所在地举行的。CDD 协会的专家介绍了他们的培训中心，并在第三天介绍了他们在班加罗尔的湖泊复兴项目，以及在附近德瓦纳哈利（Devanahalli）的印度首家 FSM 工厂。对 Devanahalli 工厂的参观向 INNOQUA 的研究人员展示了印度分散式卫生设施的巨大潜力，也是联合体将印度的知识带回给欧洲利益相关方的一个重要实例。项目会议结束后，INNOQUA 的一些研究人员留在班加罗尔，与 CDD 协会的工程师一起进一步扩大和优化 INNOQUA 示范基地。他们特别讨论了 BSP 系统的未来安装问题，该系统已在西班牙赫罗纳大学进行了测试。这些天密集的个人接触和共同的工作经验最终为未来可持续和信任的合作奠定了基础。2019 年 9 月，INNOQUA 的一个专家团队再次来到班加罗尔，安装 BSP 系统。2019 年 11 月，CDD 协会管理层参观了赫罗纳大学的示范点。

2020 年 1 月，INNOQUA 参加了在印度海得拉巴举行的 INK@WASH 会议并发表演讲。这为创业公司 / 创新者、导师、学术机构、非营利组织、资助者和州 / 市政府之间的合作和伙伴关系提供了一个独特的平台。在这一密切的欧洲—印度合作的最后，INNOQUA 联盟与 CDD 协会在 2020 年年底共同组织了一次成功的虚拟会议，稍后将讨论该会议。

正如本章开头提到的，INNOQUA 联盟并没有有意识地开展科学外交活动。但事实上，我们的团队一直都非常重视在大型国际专家论坛和会议，以及小型地区水专家研讨会上与外部专家积极交流我们的技术。与此同时，项目团队建立了网络，有助于改进我们的技术，最重要的是传播我们的技术。为此，我们想提及几项特别突出的活动，它们尤其以欧洲与全球南部的合作为目标。

2018 年 5 月，INNOQUA 与 BORDA 联合参展，在慕尼黑 IFAT（世界领先的水、污水、废物和原材料管理贸易博览会）上主持了两场演讲，该展会每两年吸引约 20 万名贸易访客来到德国。

2019 年 8 月，INNOQUA 在斯德哥尔摩世界水周（World Water Week）的主要活动中设有展台并做了重要发言。该活动被认为是全球最重要、规模最大的水专家专业论坛。在那里，还与一个西非国家的国营水务局进行了有效的接触，该局希望对 INNOQUA 技术进行测试，并在更大范围内使用这些技术。

2019 年 12 月，INNOQUA 参加了在斯里兰卡科伦坡举行的国际水协会水与发展大会暨展览会，并设立了一个展台，举办了三场自办研讨会，与会者参与踊跃。国际水协会的这次会议被认为是国际水领域非常著名的会议之一。在这次会议上，我们与科伦坡的一家中型公司建立了联系，该公司对在斯里兰卡将 INNOQUA 系统用于商业用途很感兴趣。

最后，2020 年 2 月，我们在非洲水协会举办的第 20 届 AfWA 国际大会暨展览会上再次获得展位和展示。在乌干达首都坎帕拉举行的这次会议上，我们的技术，特别是我们在坦桑尼亚的示范点，引起了东非各国，特别是肯尼亚的投资者和政府机构的极大兴趣。

遗憾的是，由于新型冠状病毒感染疫情在全球范围内的流行，以及相关的旅行和工作限制，在激活当地利益相关者和联系以实施 INNOQUA 技术方面，这些非常积极的关系不得不暂停。然而，由于大流行病，原计划为期 4 年的 INNOQUA 研究项目又延长了 6 个月，这样我们就能够就我们的项目举行一系列国际虚拟会议。我们与拉丁美洲、东南欧和中东的学术界、商界和民间社会部门的合作伙伴一起，组织了这些会议。这些会议作为一个平台，就基于自然的卫生解决方案的应用开展交流。

在印度的例子中，由联盟合作伙伴 BORDA 牵头，INNOQUA 与 CDD Society 合作，组织了一次“污水处理中的蚯蚓过滤：印度的进展和前景”研讨会。在 2020 年 10 月成功举办的这次在线活动中，我们吸引了众多发言人和大约 100 名与会者。会议进行了现场直播，随后在优兔（YouTube）上发布了全文。正如主题所示，在科学合作过程中，我们已将我们的网络扩展到更广泛的蚯蚓过滤领域。最后，应当在此提及的是，这些会议促成了与另一个网络，即国际蠕虫卫生联盟的持续合作，www.iwbsa.org。

科学外交不仅仅是建立网络。它寻求发展有弹性的科学合作，就 INNOQUA 而言，其目的是促进欧盟与“全球南方”国家之间的合作，以落实联合国可持续发展目标。正如 INNOQUA 的例子所清楚表明的那样，这种合作的发展不仅取决于技术创新，而且在很大程度上也取决于相关方和研究团队的个人承诺。在我们的欧盟研究项目中，我们成功地离开了自己的实验室和办公桌，多次组织与“全球南方”科学家的直接和个人接触，包括共同的实践经验。我们认为这是一个成功的秘诀，最终促成了 NOVAQUA 联盟的成立。该联盟的任务是传播 INNOQUA 技术和其他基于自然的解决方案。这一点最近在与中国研究小组的具体和新的合作中得到了体现。

5 未来：NOVAQUA 联盟

经过四年半的合作和创新，项目结束了，但并不是活动的结束。事实上，联盟合作伙伴决定继续努力，在他们所在的地方推广以自然为基础的水和废水处理解决方案。例如，2021 年 11 月，NOVAQUA 联盟作为非营利组织成立。NOVAQUA 联盟的主要目的是聚集来自不同国家和不同专业领域的专业人士，为水处理提供基于自然的解决方案。该组织由废水处理、化学、微生物学、土木工程、社会学或城市规划方面的专家组成。团队分享以往项目的经验和教训，既开展研发活动，又提供技术支持，为各种水处理项目确定适宜的解决方案。联盟扩大了其网络，目前包括与中国研究人员、行业和其他水资源利益相关者的合作。该专业组织不仅汇聚了国际专业知识，还让小组接触各种社会文化背景，从而能够制订出更好的本地解决方案。后一方面不容低估，正如 INNOQUA 项目所证明的那样，社会文化和经济方面在确保实施的解决方案的技术效率，以及其长期可持续性和社会接受方面发挥了巨大作用。我们的工作表明，急需因地制宜的解决方案来解决水，特别是废水和粪便污泥处理问题。反思 INNOQUA，成功的科学外交需要知识和创新的双向交流，需要当地专家和利益攸关方的参与，以及确保解决方案的根本需要，愿意与所有相关利益攸关方进行实地接触，并证明所提出的解决方案经过了调整，纳入了当地可用的专业知识和反馈。

参考文献

BWSSB (2017) Bengaluru water supply and sewerage project (phase 3) —final report. BangaloreWater Supply and Sewerage Board, Republic of India.

Census (2001) Census of India 2001, District census handbook–part A & B—Bangalore district. Village & Town Directory, Directorate of Census Operations Karnataka, Karnataka, India.

Census (2011) Census of India 2011—Karnataka, district census handbook—Bangalore, village and town directory. Directorate of Census Operations Karnataka, Karnataka, India.

Escobar A (1995) Encountering development—the making and unmaking of the Third World. Princeton University Press, ISBN: 978–0–691–15045–1.

Girvan N (2007) power imbalances and development knowledge, theme paper prepared for the project Southern Perspectives on Reform of the International Development Architecture, The North–South Institute, published in OECD repository under. https://www.oecd.org/site/oecdgfd/ 39447872.pdf. Accessed 2 May 2022.

Gosh N, Bandyopadhyay J, Thakur J (2018) Conflict over cauvery waters: imperatives for innovative policy options. Observer Research Foundation, India 978–93–88262–25–5.

Hartley S, McLeod C, Clifford M et al (2019) A retrospective analysis of responsible innovation for low–technology innovation in the Global South. J Respons Innov 2:143–162. https://doi.org/10.1080/23299460.2019.1575682.

Heeks R, Foster C, Nugroho Y (2014) New models of inclusive innovation for development. InnovDev 4 (2) :175–185. https://doi.org/10.1080/2157930X.2014.928982.

INNOQUA Project (n.d.) INNOQUA technology and performance, INNOQUA Project Reports. https://cordis.europa.eu/project/id/689817.

KSPCB (2018) Annual report 2017–2018. Karnataka State Pollution Control Board,

Bengaluru.

Larsen T A，Hoffmann S，Luethi C et al（2016）Emerging solutions to the water challenges of an urbanizing world. Science 352（6288）:928–933. https://doi.org/10.1126/science.aad8641.

Luethi C，Panesar A（2013）Source separation and decentralization for wastewater management. In: Larsen T A，Udert K M，Lienert J（Eds）. IWA，London，pp 455–462.

Mueller M F，Colomer J，Serra T（2018）Temperature–driven response reversibility and short–term quasi–acclimation of Daphnia Magna. PLoS ONE. https://doi.org/10.1371/journal.pone.0209705.

Raj K（2013）Sustainable urban habitats and urban water supply: accounting for unaccounted for water in Bangalore City，India. Curr Urban Stud 1:156–165. https://doi.org/10.4236/cus.2013. 14017.

Ramesh N（2012）Bringing home the Cauvery. The Hindu，accessible https://www.thehindu.com/news/cities/bangalore/bringing–home–the–cauvery/article3422587.ece. Accessed 9 July 2021.

Reymond P，Renggli S，Luethi C（2015）Towards sustainable sanitation in an urbanising world. In:Ergen M（ed）Sustainable urbanization. IntechOpen https://doi.org/10.5772/63726.

Schellenberg T（2022）Exploring the Niche: real–environment demonstration and evaluation of innovative nature–based–sanitation technologies in a water scarce community context in India.

In: Arora S，Kumar A，Ogita S，Yau Y.–Y（eds）Innovations in Environmental Biotechnology.

Springer Nature，Springer Singapore，ISBN 978–981–16–4444–3，https://doi.org/10.1007/978–981–16–4445–0.

UIS（2020）Global Investments in R&D. Unesco Institute for Statistics. FS/2020/SCI/59. http://uis.unesco.org/sites/default/files/documents/fs59–global–investments–rd–2020–en.pdf. Accessed 24 June 2021.

终　章

发展中国家的科学外交展望

维努戈帕兰·伊特科特，贾斯迈特·考尔·巴韦贾[①]

摘要：发展中国家将科学、技术和创新外交更多地视为加强其科学和技术基础的工具，以应对全球挑战在地方和区域的表现。他们认识到几十年来南北国际合作所带来的益处，以及加强南南合作的潜力。本书的撰稿人强烈建议，有必要提高对科学、技术和创新外交（STID）的认识和应用，以更好地利用现有或正在进行的南北合作新模式。

关键词：南南合作；南北合作

引言

本书所有章节的作者都承认，科学技术及其应用在为能源、环境和健

---

① 维努戈帕兰·伊特科特
不来梅大学（已退休），不来梅，德国
电子邮箱：vittekkot@gmail.com
贾斯迈特·考尔·巴韦贾
不结盟运动和其他发展中国家科学技术中心（NAMS&T Centre），新德里，印度

维努戈帕兰·伊特科特，贾斯迈特·考尔·巴韦贾（主编），发展中国家的科学、技术和创新外交，发展研究
https://doi.org/10.1007/978-981-19-6802-0_23

康等诸多全球关注的问题寻找解决方案或补救措施方面具有重要意义。为此，许多北方国家一直在利用科学技术的潜力，促进其整体发展。发展中国家可以选择国际合作，以支持加强和推进其科学技术基础。人们认为，这种支持对于他们实现 2030 年可持续发展议程及其 17 个可持续发展目标（SDGs）至关重要。为实现可持续发展目标，需要应用科学技术和更为广泛的全球伙伴关系的新模式，这一点已得到充分认可。新型冠状病毒感染疫情表明，科学、技术和外交对于在开发和分配必要的抗击工具过程中开展有效的国际合作与协调，以及改善“封锁”和类似限制所造成的社会和经济后果具有重要意义。

国际合作不但经常被用于促进科学知识的发展，而且被用作促进更广泛国家利益拓展的工具。

努力成为创新驱动型经济体的发展中国家需要在科学、技术和创新领域开展国际合作，而本书中的文章表明，大多数发展中国家都受益于过去的南南合作和南北合作，提高了其科学技术人员的能力和改善了基础设施。毛里求斯的农业等关键部门的高等教育实现了国际化便是这方面的例子。为了利用新建立的人力资源和基础设施促进经济发展，政府需要采取后续激励措施，吸引投资，创造新的就业机会。

在中东和北非（MENA）地区，国际合作是社会和经济进步的主要推动力之一。这些国家在水、卫生和粮食领域面临着巨大的挑战，它们已开始认识到科学、技术和创新外交的重要性，并开始在彼此之间，以及与该地区以外的合作伙伴开展合作。然而，这些国家的科学、技术和创新外交实践仍处于早期阶段。各国需要做更多的工作来提高对这一主题和现有工具的认识，并增强其外交政策实践者和外交使团的科学外交能力。

强大的科学技术基础似乎有助于积极开展科学外交。要发展和保持强大的科学、技术和创新基础，重要的第一步是在相关领域提供优质、包容和负担得起的教育。然而，许多国家的情况并非总是如此。许多发展中国家还面临着学生对科学技术学科的兴趣和入学率下降的问题。科学技术领域的就业机会有限，而其他部门的工作更有利可图，这些都是问题的一部分，这将影响科学技术的发展，并长期影响科学、技术和创新外交的开展。

一些国家，如印度，拥有强大的科学、技术和创新基础，已将科学、技术和创新纳入其外交政策，特别是与“全球南方”国家的合作，并积极参与联合国发起的能源、环境和健康计划。在南非，科学技术的应用一直是发展成果的主要贡献者，该国继续努力加强科学技术基础。发展科学技术所需的国际参与是其未来战略的一部分，科学机构在其中发挥着主导作用。值得注意的是与消除撒哈拉以南非洲地区动物疾病有关的工作。

对尼泊尔来说，认为科学、技术和创新外交作为其外交政策的一个组成部分被认为有助于实现其发展目标和指标，例如，到2030年实现可持续发展目标或获得“中等收入国家地位”。毛里求斯的经济发展严重依赖纺织、旅游和金融服务等传统经济部门，这似乎对科学学科的教育产生了不利影响，影响了该国需要创新的部门的研究成果产出。科学、技术和创新外交有助于提高与经济相关的研究产出，这在许多其他非洲国家似乎是滞后的。建议政府采取政策干预措施，提高对科学、技术和创新外交的认识，并应用科学、技术和创新外交在国内或通过国际合作实现预定的科学目标。几十年的国家科学技术政策为外交政策倡议提供支持，使印度拥有强大的科学基础设施和人力资源，并在国际科学技术领域取得了显著成功。

人们一致认为，仅靠南北合作不足以实现主要发展目标。新型冠状病毒感染疫情就很好地证明了这一点。对于经常面临类似挑战的发展中国家来说，南南合作将有助于制定互补战略。考虑到发展中国家的科学技术需求成倍增长，印度正在积极开展南南合作。南南合作的另一个例子是南非在科学、技术和创新外交方面与撒哈拉以南非洲其他国家进行接触的持续努力。为了探索南非如何为非洲联盟的科学、技术和创新发展议程做出有意义的贡献，南非与几个撒哈拉以南非洲国家进行了对话。从这个例子可以看出，南南合作要取得成功，就需要制定考虑下述内容的战略和计划，即考虑到伙伴国家的相对优势和劣势，并加大努力改善国家、区域和非洲大陆各个层面的研究能力和基础设施。

科学院和研究机构通过其国家计划和国际参与，在促进科学技术发展方面发挥着至关重要的作用。虽然埃及通过学院的参与有利于年轻研究人员获得高等教育资格，但更有助于改进他们参与的项目，使其对发展中国家的具体需求更加敏感。“全球北方”的研究院所、机构和计划负有促进与“全球南方”合作项目的特殊使命，有助于为可持续发展提供所需的科学基础，从而实现可持续发展目标。它们还解决了由占主导地位的北方资助伙伴制定议程时出现的不平等差异问题。例如，莱布尼茨热带海洋研究中心的伙伴关系项目旨在为负责任地管理热带海洋系统提供所需的科学基础，重点关注社会问题。梅尔·维森（Meer Wissen）等倡议通过与全球南方国家共同设计多利益攸关方项目以解决差异问题，并通过基于解决方案的科学进程产生新的海洋知识，并促进科学—政策界面的对话和知识转让。另一个例子是建立了一个基于自然的解决方案联盟，该联盟源于“欧盟地平线 2020”计划内的一个项目，以满足对包容性研究框架的需求，并与来自“全球南方”几个国家的合作伙伴和专家一起，采用当地驱动的方法进行发展和创新。

参与涉及发展中国家的区域和双边计划的经验表明，个人行动者和合作伙伴在项目中发挥着关键作用。本书介绍的地区和双边计划表明，领导人和合作伙伴之间的个人交流在计划的成功中发挥了重要作用。一个例子是毛里求斯参加了南非平方千米阵列射电望远镜项目，通过几个有益于学术界和学生群体的科学技术项目获益，并发展了该国科学技术基础。

总之，人们普遍认识到并接受科学技术是我们应对人类面临的全球挑战的最佳选择。人们还一致认为，挑战的艰巨性和所需的解决方案需要全球努力和国际合作，这已超越了传统的南北合作。加强南南合作和新的南北合作模式将是答案之一。从为本书提供的资料中可以看出，对科学、技术和创新外交的认知和实践表明，这些强化的和新的合作模式已经存在或正在形成。为了利用它们，发展中国家需要制定能更好地适应和满足其科学、技术和创新需求的外交政策。